주한미군사고문단사

Military Advisors in Korea: KMAG in Peace and War

주한미군사고문단사

초판 1쇄 발행   2018년 11월 1일

저　자 ｜ 로버트 소이어
역　자 ｜ 이상호, 윤시원, 이동원, 박영실
발행인 ｜ 윤관백
발행처 ｜ 도서출판 선인

등록 ｜ 제5-77호(1998.11.4)
주소 ｜ 서울시 마포구 마포대로 4다길 4 324-1 곳마루 B/D 1층
전화 ｜ 02)718-6252 / 6257　　팩스 ｜ 02)718-6253
E-mail ｜ sunin72@chol.com
Homepage ｜ www.suninbook.com

정가 18,000원
ISBN 979-11-6068-217-5 93900

·잘못된 책은 바꿔 드립니다.

주한미군사고문단사

로버트 소이어(Robert K. Sawyer) 저
이상호·윤시원·이동원·박영실 역

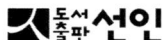

추 천 사

　20세기 중반에 미육군은 오랫동안 수행해온 역할과 임무에 더하여 새로운 영역을 담당하게 되었다. 미국 군인들은 익숙하지 않은 언어를 사용하고 낯선 관습을 가진 사람들이 거주하는 많은 지역에서 동맹이자 친구, 그리고 상담자로서 머무르며 활동하고 있다. 미국 군인들은 다른 이들에게 미국식 생활 방식의 대변자로서, 미국의 현대적 장비와 전술교리에 대한 믿음직한 옹호자로서, 그리고 전체 자유세계의 안보를 달성하기 위한 범지구적인 차원의 동반자로서 인내심과 임기응변, 어학능력, 그리고 우수한 전문 지식 등의 여러 가지 재능을 발휘해야만 했다. 미국 군인들은 임무를 수행할 때마다 미국과는 크게 다른 관습을 가진 사람들을 이해하기 위해 최대한의 노력을 해야만 했다.

　이와 같은 미육군의 새로운 임무를 수행한 선구자들 중의 하나가 바로 KMAG이라고 알려진 주한미군사고문단(Military Advisory Group to the Republic of Korea)이었다. 초창기 주한미군사고문단에서 근무한 사병과 장교들은 이 새로운 모험에 수반하는 수많은 좌절과 영광, 그리고 문제점과 그에 대한 부분적인 해결책, 실패와 성공을 경험하였다.

　소이어(Sawyer) 소령과 허미즈(Hermes)는 한미 양국의 장병들이 함께 노력해서 커다란 성과를 이룩하면서 발휘한 정신과 행동을 생동감 있게 되살렸다. 이 저작에서는 미육군이 한반도에서 경험한 것들만을 서술하고 있지만 여기에 담긴 교훈들은 다른 국가에 고문단 임무를 위해 배치된 장교들에게도 중요한 가치가 있다. 또한 이 책은 일반 대중에게 조국으로부터 부여받은 다양한 임무를 미국의 군인들이 어떻게 달성해 냈는지를 알려줄 것이다.

한 직업군인과 또 한 명의 전문 군사 역사가가 이 저작을 준비하기 위하여 함께 작업을 했다. 현재 캔자스의 레븐워스(Fort Leavenworth)에 있는 육군 지휘참모대학에 재학 중인 소이어 소령은 1951년에서 1955년까지 미육군 군사감실(Office of Chief of Military History)에 근무하는 동안 초고를 작성했다. 소이어 소령은 2차세계대전과 한국전쟁 참전 용사로서 1945년 프랑스에서 현지임관된 뒤 1950년 제25보병사단 소속으로 한국에서 싸웠다. 그는 은성훈장과 동성훈장, 그리고 상이기장을 수여받았다.

허미즈 또한 2차세계대전 참전용사로서 1942년 보스턴 대학에서 석사학위를 수여받았으며 현재는 조지타운 대학 사학과에서 박사과정을 수료하였다. 허미즈는 1949년부터 군사감실의 직원으로서 차후 발간될 미육군 한국전쟁 공간사인 『Truce Tent and Fighting Front』의 저자이기도 하다.

1961년 12월 15일 워싱턴
미육군 군사감 윌리엄 해리스(William H. Harris) 준장

저자서문

　미국의 군사원조단이 세계 곳곳에서 활동하고 있으며 군사원조가 계속될지도 모르는 시대에 군사원조를 담당한 가장 오래된 조직의 이야기는 그저 과거의 이야기에 머무르지 않을 것이다. 주한미군사고문단, 또는 통칭 KMAG이라고 불린 조직은 최초로 조직된 고문단이었을 뿐 아니라 평화시는 물론 전시에도 활동했던 몇 안 되는 조직이기도 하다.
　주한미군사고문단이 한국군을 조직하고 발전시키는 과정에서 직면한 문제는 오늘날 아프리카와 아시아의 신생국가에서 활동하고 있는 미국 군사고문단이 직면한 문제와 그 정도의 차이만이 있을 뿐이다. 사실 이러한 문제는 본질적으로 같은 것이다. 기술적으로 고도로 숙련되어 있으며 능숙한 하나의 집단과 욕구와 의욕은 있지만 아직 교육을 받지 못했으며 훈련도 부족한 다른 한 집단 간의 소통, 교관과 교육받는 대상이 이해할 수 있는 군사용어를 확립할 필요성, 그리고 미국 기준에서 보면 극도로 원시적이라 할 수 있는 환경에서 가용한 자원을 가지고 군사 조직을 만들어내는 임무와 같은 것이 그렇다.
　주한미군사고문단이 그들의 앞에 닥친 문제들, 그리고 이를 해결하기 위해 고심하거나 임시변통으로 만들어낸 방법을 통해 얻은 경험에서 많은 것을 배울 수 있을 것이다. 주한미군사고문단 고문관이 활동하는 과정에서 나타난 몇몇 문제는 또 다시 비슷한 형태, 혹은 다르게 변형된 형태로 다시 맞닥뜨리게 될 수 있다. 이 연구가 그와 같은 문제점들을 밝혀내고 직면할 문제들을 완화하거나 해결할 수 있다면 그 목적이 달성될 것이다.

주한미군사고문단의 역사는 공식적으로 이 조직이 만들어진 1949년 7월 1일부터 시작되었지만 그 기원은 2차대전 직후로 거슬러 올라간다. 1945년에서 1948년 사이에 그 씨앗이 뿌려지고 자라날 토대가 마련되었다. 그러므로 대한민국 국군 형성에 대한 이야기는 2차대전 직후 미래에 한국군의 근간이 될 조직이 만들어지고 미국 군사고문관들이 처음으로 보안군 조직과 훈련을 위해 배속된 시점부터 시작해야 할 것이다.

소이어는 대위 계급으로 1951년에서 1955년 사이에 군사감실에서 근무하는 동안 주한미군사고문단의 기원에서 전쟁 첫 번째 해에 고문단이 겪은 이야기들을 다루는 초안을 완성했다. 이 시기에 군사고문단과 한국군은 창군과 증강으로 인한 어려움과 충분한 준비를 갖추기 전에 닥친 전쟁의 시련을 겪으면서 엄청난 부담과 압박을 받고 있었다. 군사고문단은 1951년 중반 휴전협상이 시작되고 전선에서 전투가 소강상태로 접어들면서야 보다 여유로운 시간을 가지고 기반을 굳건하게 재건할 수 있었다. 1951년에서 1952년 사이에 취해진 기초 작업은 군사고문단과 한국군이 휴전이 체결되고 그 이후까지도 계속해서 굳건한 기반 위에 서 있을 수 있도록 했다. 그러므로 이 연구에서는 앞으로의 모범 사례를 확립할 필요가 있기 때문에 전쟁의 두 번째 해에 관해서도 다룰 것이다.

소이어 대위가 더 이상 그의 원고를 수정할 수 없게 되었기 때문에 본인은 이야기의 틀을 조금 넓히고, 서술을 보다 논리적으로 마무리하기 위해서 1952년까지 다루기로 했다. 이 과정에서 본인은 본문의 수정을 위하여 원고의 일부 구성을 바꾸고 고쳐 썼다. 이것을 제외하면 공로는 소이어에게 있으며 본인이 한 것은 출간을 위하여 초고의 문체를 부분적으로 다듬은 것에 불과하다.

주한미군사고문단의 역사를 쓰는 과정에서 마주친 큰 문제 중 하나는 공식 기록이 부족하고 불완전했다는 점이다. 소이어 대위는 현재 있는 기록으로는 일관적이고 완전한 이야기를 구성하는 것이 불가능했기 때문에 주한미군사고문단에 참여했던 인물들의 회고에 크게 의존했다. 소이어 대위는 고문단 출신자들과의 면담과 서신교환, 그리고 특히 개인 기록을 통하여 그들의 이야기를 정리했다. 본인은 저자를 대표하여 소이어 대위가 원고를 작성할 수 있도록 협력한 주한미군사고문단의 각 고문관들에게 크나큰 도움을 받았음에 감사하는 바이다. 물론 자료들을 사용한데 대한 책임과 이 책을 쓰는 과정에서 발생한 모든 오류에 대한 책임은 본인에게 있다.

본인은 이 책을 쓰는 과정에서 도움을 준 군사감실의 선임연구원인 스텟슨 콘(Stetson Conn) 박사와 이전 선임연구원인 켄트 로버츠 그린필드(Kent Roberts Greenfield) 박사에게 감사드린다. 군사감실의 루이스 모튼(Louis Morton) 박사와 로이 애플맨(Roy E. Appleman) 중령도 많은 유익한 조언을 해 주었다. 매리온 그라임즈(Marion P. Grimes)는 원고의 편집을 맡아 주었다. 아일린 블랜포드(Eileen Blandford)와 바바라 스미스(Barbard A. Smith)를 비롯한 많은 분들이 원고를 타자로 치는 것을 선뜻 도와주었다. 메리 앤 베이컨(Mary Ann Bacon)은 이 책의 문체를 다듬는 데 유익한 조언을 여러 차례 해 주었다. 루스 필립스(Ruth A. Philips)는 이 책을 더 보기 좋게 해주는 사진을 선별해 주었다.

워싱턴 D.C. 1961년 12월 15일
월터 G. 허미즈(Walter G. Hermes)

차례

추천사 / 5
저자서문 / 7

제1장 기원과 배경 13

서설 _ 13   첫 단계 _ 18   국방부서의 수립 _ 21
조선국방경비대의 창설 _ 24   조선해안경비대 _ 30   통위부 _ 33
경찰예비대로서의 경비대 _ 36   군대 창설 _ 42

제2장 임시군사고문단 51

권한 이양 _ 51   주한미군 철수를 둘러싼 논쟁 _ 53
한국군의 초창기 _ 55   군사고문단의 확대 _ 60

제3장 주한미군사고문단: 기구와 변화 65

명령 관계 _ 65   내부 조직 _ 67   운영절차 _ 77   특별한 문제들 _ 83

제4장 한국군 훈련 89

한국군 조직과 훈련프로그램의 채택 _ 89   훈련프로그램의 장애물들 _ 96
학교체계 _ 103   KMAG의 기타 고문단 업무들 _ 117

제5장 전쟁직전의 상황 123

대한군사원조 _ 123   양측의 상황 _ 132

제6장 전쟁의 발발 143
    첫 공격_143   서울 함락_149   후방_162
    원조의 안정화를 위한 노력_167

제7장 퇴각 175
    한국군 재건 임무_176   병력 보충과 훈련_185
    고문관들의 전투 참여_189

제8장 임무의 지속 195
    주한미군사고문단의 성장_195   한국 육군의 개선_206

제9장 한국군의 기반 확립 223
    학교체계의 강화_223   한국육군 지원체계의 확립_228
    주한미군사고문단에 대한 고찰_232

참고문헌 / 237
역자후기 / 249
찾아보기 / 255

제1장 기원과 배경

서설

1945년 9월 8일, 미군 제7보병사단의 선발대는 한국의 인천항에 도착해 상륙을 시작하였다. 다음날 사단 소속의 부대가 서울로 이동하였다. 일본은 서울에서 공식적으로 한국에 대한 통치권을 넘겨주었다. 미점령군은 제2차 세계대전이 끝나자 일본인들을 무장해제 하여 송환하고 한국인이 스스로 정부의 책임을 다시 떠맡을 수 있을 때까지 법과 질서를 유지하는 두 가지의 임무를 맡았다.

대다수의 점령군에게 한국은 단지 그들이 고향으로 돌아가기 전 일시적으로 체류하게 될 지도상에 존재하는 하나의 지역일 뿐이었다. 원자탄이 투하되고 소련군이 참전한 뒤 일본이 갑자기 항복하였으므로 점령군은 그들 앞에 놓인 문제들에 적절하게 대처할 시간이 없었다. 소련군이 만주로부터 한반도를 향해 남진하고 있었고 미군은 한반도에서 수백 마일 떨어져 있었기 때문에 소련과 점령지역에 대해 잠정적인 조치를 신속하게 협의해야만 했다. 미소간의 합의에 따라 소련군은 38도선 이북에서 일본군의 항복을 받고 미군은 38도선 이남에서 같은 임무를 수행할 예정이었다. 미 태평양방면 육군사령관인 맥아더 장군은 미군의 도착이 지연되는 것을 방지하기 위하여 투입 가능한 부대와 수송

수단을 기준으로 해서 점령 임무에 투입할 부대를 선택해야만 했다. 그래서 첫 번째 진주군은 그들이 통제해야 할 운명에 처해 있는 나라와 사람들에 대해 거의 알지 못하였다.

한국은 20세기에 다소의 시련을 겪기는 했지만 근본적으로 단일한 언어, 영토, 인종적인 구성을 가지고 출현한 가장 빠른 근대 민족국가 중의 하나로 오늘날까지 이어져 내려왔다.[1] 신라는 7세기에 한반도를 휩쓸었던 작은 전쟁에서 승리하였다. 신라는 중국의 도움으로 견실하게 발전할 수 있었고 한반도에서 예술과 문학의 황금기를 열 수 있었다. 관료체계, 법률, 그리고 도덕 등에서 중국의 영향력이 만연하게 되었고, 한국인들은 사회관계에 유교적 구조를 채택하였다. 이 구조 아래 한반도의 통치자들은 중국황제의 아들이나 동생의 위치를 자임하였다. 16세기에 잔혹한 일본의 침략이 있었고 나중에는 북쪽의 후진적인 야만족이 침입해왔지만 한국은 중국과의 애매한 관계를 충심으로 유지하였다.[2]

19세기 극동에서의 중요한 위치 때문에 한국은 본의 아니게 중국, 일본, 러시아 등 열강들의 투쟁의 장기판이 되었다. 1876년 일본은 쇠락하는 청제국에 대해 압력을 넣어 조선과의 통상조약을 체결하고 경제적 침략을 시작했다. 중국은 일본의 야망에 대응하기 위해 비슷한 특권을 요구하는 다른 나라들과의 조약 체결을 부추겼다.

1882년 미국은 한국과 평화, 우호, 통상, 그리고 항해 조약을 체결하

---

1) Edwin O. Reischauer and John F. Fairbank, *East ASIA: The Great Tradition* (Boston: Houghton Mifflin Co., 1960), p.411.
2) 초기 한국역사와 유교 체제에 대한 뛰어난 저작은 다음을 참고할 것. M. Frederic Nelson, *Korea and Old Orders in Eastern Asia* (Baton Rouge: Louisiana State University Press, 1946).

였다. 다음해 그 조약이 비준되었을 때, 조선 국왕은 미국에 조선군대를 훈련시킬 군사고문단을 보내줄 것을 요청했다. 5년 뒤인 1888년, 미국은 마침내 조선에 최초의 군사고문단인 세 명의 장교를 파견하였다. 사절단의 파견이 오랫동안 지연되었고 규모도 보잘 것 없었기 때문에 한국은 미국과의 우호관계가 가치 있는지 신뢰를 계속할 수가 없었다.3)

19세기 말 일본은 한국을 지배하려고 보다 공격적으로 움직이기 시작하였다. 1894~1895년의 청일전쟁에서 일본은 경쟁자인 청국을 효과적으로 제거하였으나 조선인들을 과소평가하였다. 1896년 명성황후가 살해된 것에 일본인들이 개입했기 때문에 대중적인 분노의 물결이 일어났고, 고종은 균형추로써 러시아를 끌어들일 수 있었다. 하지만, 소강상태는 일시적이었다. 적대적인 일본과 러시아의 관계는 1904~1905년에 곪아터졌기 때문이다. 러일전쟁은 일본의 최종 승리로 끝났다. 그리고 이때 일본은 전리품을 잃지 않기로 결심했다. 이후 5년 동안 일본은 한국에 대한 지배권을 강화했고, 영국과 미국에게서 한국에 대한 일본의 특별한 권리를 인정받았다. 1910년 일본은 공식적으로 일본제국에 한국을 병합하였다.4)

한국은 일본에게 40년 가까이 점령 받으면서 일본의 식민지로 변해

---

3) Tyler Dennett, *Americans in East Asia* (New York : Barnes and Noble, Inc, 1941), p.481.
4) 일본 지배하의 한국에 대한 상세한 기술은 다음을 참고할 것. (1) George M. McCune, *Korea Today* (Cambridge, Harvard University Press, 1950) ; (2) Andrew J. Grajdanzev, *Modern Korea* (New York: The John Day Co., 1944) ; (3) Robert T. Oliver, *Korea-Forgotten* (Washington: Public Affairs Press, 1944) ; (4) E. Grant Meade, *American Military Government in Korea* (New York: King's Crown Press, Columbia University, 1951).

갔다. 수많은 행정관, 공무원, 그리고 경찰이 한반도로 건너가 한국인들의 모든 중요한 행동을 완전히 통제하였다. 일본어는 정부와 법정의 공용어가 되었고 신도(神道)는 우월한 지위를 가지게 되었다. 일본 통치자들은 밀정, 경찰, 그리고 군대를 이용하여 정치적인 고삐를 죄면서 모든 민족적 저항의 징후를 신속하고 가차 없이 억누를 수 있었다.

일본의 필요에 따라 한국경제는 재편되었다. 한국은 일본의 쌀 공급지가 되었고, 본질적으로 일본의 곡물수입을 염두에 둔 단일 경작지대가 되었다. 중요한 천연자원은 일본의 산업과 경쟁하기 위해서가 아니라 일본인의 소유와 경영 아래 개발되었다. 산업과 통신시설은 한국에 대한 일본의 착취를 진전시키고, 일본의 군수산업을 지원하기 위하여 세워졌다.

제2차 세계대전이 끝날 때까지 일본인들은 한반도에서 정치, 경제, 군사적으로 중요한 지위를 굳건히 유지하였고, 중요한 직업에서 고위직의 경험을 쌓을 기회를 얻은 한국인은 극소수였다. 정계, 산업계, 그리고 군대에서 중요한 위치에 오른 극소수의 조선인들은 사람들에게 보통 친일부역자로서 간주되었다. 그래서 2차대전이 끝난 뒤 한국에서 일본인과의 협력으로 오명을 쓰지 않은 경험 있는 토착 행정관료, 기술자, 그리고 군 지휘관들을 찾는 것이 매우 힘들었다.

40년 가까이 압제에도 한국 사람들은 민족의식을 잃어버리지 않았다. 1919년 혁명(3·1운동: 역자 주)이 일어난 후에 이승만을 대통령으로 추대하는 독립적인 대한민국임시정부가 상해에서 수립되었다. 많은 변화가 있었지만 대한민국임시정부는 1945년까지 존재하였다. 또한 독립을 목표로 하고 있다고 언명한 많은 분파들이 국내외에 존재하고 있었다. 하지만 한국인의 타고난 특성인 극단적인 분파주의가 출현했으며, 일본인들은 이러한 한국인 조직의 파벌적인 성향을 이용하여 사소한

도발만으로도 싸우도록 부추겼다.

  1945년 일본이 항복하자 적대적인 투쟁이 시작되려는 조짐이 표출되었다. 하룻밤 사이에 대략 70여 개에 이르는 지나치게 많은 정치조직이 생겨났고, 제각기 한국을 정치적 황무지에서 탈출시키는 정당이 되겠다며 대중의 지지를 호소하였다. 연합국 지도자들이 1943년 카이로 회담과 1945년 포츠담 회담에서 한국이 적당한 시기에 자유와 독립을 얻을 것이라고 약속하였기 때문에 한국인들은 독립이 거의 즉각적으로 이루어질 것이라고 생각하였다.[5] 한국어에는 '적당한 시기'라는 단어의 의미를 전달할 적절한 표현이 없었기 때문에 오해가 생겨났다.

  그래서 처음 미군이 한국에 상륙했을 때 상황은 결코 긍정적이지 않았다. 한국인들은 자치를 실시하고 독립할 준비가 되어있지 않았으며 숙련된 행정 관료들이 부족했지만 즉시 독립을 기대하였다. 일본과 이어진 경제적 연결 관계의 단절은 새로운 시장이 들어서 일본이 한국인들의 필요에 따라 산업을 복구하고 재조정하기 전까지 한반도 전역에 심각한 영향을 끼쳤으므로 한국경제는 악화되었다. 게다가 일본인들은 전쟁이 끝나갈 무렵 무분별하게 조선은행권을 발행해서 인플레이션을 일으켰다.

  미군이 임무를 시작했을 때, 한반도는 한편으로 불균형적인 경제구조를 가지고 있었고 다른 한편으로는 소련과 미국 사이의 점령 협정에 의해 물리적으로, 그리고 국내의 분파집단 때문에 정치적으로 분열되어 있었다. 한국이 완전한 독립을 달성할 때까지 생존할 수 있으며 안정된 경제를 건설하고 치안을 유지하는 임무는, 고도의 노력, 기술 그

---

5) 한국의 독립문제와 관련된 사건의 개요에 대해서는 Department of State, *Korea's Independence* (Washington, 1947)을 참고할 것.

리고 임기응변이 필요한 도전이 분명했다.

첫 단계

맥아더 장군은 하지 중장을 주한미군사령관으로 발탁하였고, 제6사단, 제7사단, 그리고 제40보병사단으로 구성된 제24군단을 점령군으로 배치하였다. 하지는 민사업무를 처리하기 위해 제7사단장인 아놀드 소장을 주한미군정청(USAMGIK) 장관으로 임명하였다.6)

일본이 항복한 후에 아놀드 장군과 그의 고문들은 미군 점령지에서 한국정부를 수립하는 일을 시작하였다. 수많은 정당들이 요란스럽게 승인을 요구하였으나, 어느 정당도 대다수 대중의 지지와 신임을 받는 것으로 보이지 않았고 또한 능력이 검증되고 경험을 갖춘 인재를 제공할 것 같지도 않았다. 그러므로 미국 관리들은 한국인들이 보다 정치적으로 성숙해지며 행정기구를 넘겨받을 수 있게 될 과도기 동안 일본인 현직 관리를 유임시키기로 결정하였다.

신랄한 분노의 물결이 즉각적으로 남한을 휩쓸면서, 일본인들을 유임하기로 한 결정이 현명하지 못했다는 게 분명해졌다. 40년 동안 일본의 지배를 받은 뒤 한국인들은 적국(敵國)의 통치를 즉시 철폐하기를 원하였다. 한국인들의 입장에서 일시적인 체제일지라도 일본인 관리의 유임은 생각할 수 없었다. 어쨌든, 한국인들의 반응이 너무도 격렬하였

---

6) Hq, U. S. Army Military Government in Korea, Statistical Research Division, *History of the United States Army Military Government in Korea, September 1945~30 June 1946*, MS in OCMH files, pp.23ff. 이후 Hist of USAMGIK으로 인용.

제1장 기원과 배경 19

1945년 만남에서 이승만 박사, 대한민국임시정부 주석 김구, 하지 장군

기 때문에 미국 당국자들은 그 구상을 포기하였다. 그리고 일본인 관리들을 처음에는 미군요원으로, 나중에는 자격을 갖춘 한국인들로 최대한 빨리 교체하기 시작하였다.7)

일본의 영향을 제거하는 과정에서 미군 관리들이 취한 첫 번째 조치들 중의 하나는 경무국(警務局)의 통제권을 장악하는 것이었다.8) 한국인

---

7) Ibid, pp.73~135.
8) Interv. Col. Reamer W. Argo, 21. Nov. 51, 아고 대령은 미군선발대의 군정대 표로서 제24군단이 상륙하기 이틀 전인 1945년 9월 6일 한국에 도착했다. 다음날(9월 7일) 그는 해리스 대위에게 일본인 경무국장을 해임하라고 명령했다. McCune, *Korea Today*, pp.25~26을 참고할 것. 특별히 명시하지 않는 한 모든 면담은 워싱턴에서 저자에 의해 이루어진 것이다.

들이 잔혹하고 억압적인 조치 때문에 일본경찰을 증오하고 두려워했으므로 미군정 관리들은 일본 경찰을 당장 제거하고 한국경찰기구를 수립하는 것이 필수적이라고 생각하였다. 제24군단 헌병사령관인 쉬크(Lawrence E. Schick) 준장이 이 임무를 맡았다.[9] 그는 경제과, 복지과, 그리고 사상통제과와 같이 일반적으로 경찰 활동영역의 외적인 것으로 간주되고 있던 모든 기능을 철폐하였다. 요원을 교체하는 문제는, 항복할 무렵 단지 경찰의 30%만이 한국인이었고, 그들도 거의 모두 사소한 지위에 있었기 때문에 보다 천천히 진행했다. 경찰의 개조를 서두르기 위하여 군정은 서울에 있던 구(舊)일본경찰학교를 10월 15일에 다시 열었고, 새 지원자들에게 한 달간의 기본훈련을 시켰다.[10]

11월 남한의 새로운 국립경찰조직이 형태를 갖추기 시작했다. 대부분의 일본인들은 떠났고, 미군관리들은 일본인들의 전제적(專制的)인 방법의 자취를 제거하려고 진지하게 노력했다. 그러나 한국은 미군의 원조 없이는 갓 탄생한 경무국으로는 대처할 수 없는 전후의 불안과 선동에 시달리고 있었다. 하지만, 한국인들이 존중할 만한 기구의 토대가 놓이고 국내치안을 위한 기반도 발전하고 있었다.

---

9) Hist of USAMGIK, pt. II, p.77.
10) (1) Supreme Commander for the Allied Powers(SCAP), Summation for Non-Military Activities in Japan and Korea, No.1, September and October 1945, pt. V, p.12, 여기서부터 SUMMATION으로 인용. (2) Hq, Far East Command, History of Occupation of Korea, pt. III, ch.IV, pp.9~10, MS in OCMH files, (3) Interv with Col. Argo, 21. Nov. 51. 특별히 명시하지 않는 한 모든 면담과 서한, 그리고 기록은 OCMH 파일에 속한 것이다.

국방부서의 수립

점령당국은 거의 처음부터 복원된 경찰이 한국의 국방에 필요한 것들을 충족하는 데 불충분할 것이라는 점을 파악하고 있었다. 10월 31일 쉬크 장군은 아놀드 장군에게 "국방 준비가 정부의 주된 기능 중의 하나"임을 보고하였다.11) 미국이 후원하는 정부가 지탱하려면 내부 반란을 진압하고 영토를 지키는데 있어 민간 경찰조직보다 더 효율적인 기구를 가져야 할 것이었다. 재무부, 사법부와 같은 수준에서 한국 국방군을 창설하고 조정하는 군정 부서가 필요하다는 점이 분명했다.12)

일본의 조선총독부 조직에는 그러한 기구 구성이 없었기 때문에 주한미군정사령부는 11월 10일 국방계획의 필요성을 결정하기 위해 한국의 군사적·정치적 조건을 연구하는 장교위원회를 구성하였다.13) 주한미군정청은 위원회가 연구를 끝마칠 때까지 기구의 설치를 지연시키지 않으려고 11월 13일 국방사령부를 설치하고 경무국과 육군부와 해군부로 새로이 구성된 군무국을 관할하게 하였다.14) 다음날인 14일 쉬크장군이 국방사령부 부장으로 임명되었다.15) 그 후 얼마 지나지 않아 주

---

11) Memo, Schick for Arnold, 31 Oct 45, sub : Plan for the National Defense of Korea.
12) 쉬크는 이 비망록에서 한국경찰을 증강하여 경비대로 재편해야 한다고 제안했다.
13) 1945년 11월 10일 주한미군 특명 제26호는 1945년 11월 13일 특명 제28호로 수정되고, 이후 1945년 11월 16일 특명 제29호로 수정되었다.
14) 1945년 11월 13일 주한미군정 명령 제28호, 1945년 버지니아 대학의 군정학교와 예일 대학의 민정훈련학교에서 교육받았던 톰슨 대령에 따르면, 두 학교에서는 국방이라는 개념을 군정 또는 민정의 기능으로서 고려하지 않고 있었다. 1952년 4월의 편지.
15) Appointment Orders 31, Hq USAMGIK, 14 Nov 45.

한미군정자문위원회를 기간요원으로 하여 국방사령부 참모진을 편성하였다.

이 참모진은 연구결과를 통해 국방군을 적절히 발전 육성시켜 25,000명 규모의 경찰대를 보완하도록 건의했다. 육군과 항공대는 필수적인 지원부대와 1개의 수송부대, 그리고 2개의 전투비행대대의 지원을 받는 3개의 보병사단으로 구성된 1개의 군단으로 편성되고, 이를 합하면 지상군의 규모는 45,000명이었다.(당시 공군은 독립된 병종이 아닌 육군에 부속된 육군항공대에 불과했다: 역자 주) 해군과 해안경비대는 5,000명으로 제한하기로 했다.16)

남한의 전체 인구가 1,500만 이상이라는 점을 고려하면 이 계획에 따른 경찰과 방위군 병력이 상대적으로 적었기 때문에 신병모집계획은 고도의 신체적, 정신적 기준을 충족시킬 수 있는 사람만 채용할 필요가 있었다. 수적인 부족을 질적인 면으로 상쇄시킬 것을 기대한 것이다. 이 군대는 미군의 편성장비표(T/O&E)를 수정한 것에 따라 조직하고 미국의 잉여장비로 무장하며, 3년 기한의 예비군을 포함하였다. 해안경비대의 모집은 지체 없이 시작할 계획이었다. 그리고 경찰은 가능한 빨리 편제 정원을 충원하고 나머지 계획은 이후 12개월에 걸쳐 점진적이며 체계적으로 이행될 예정이었다.

하지 장군은 11월 20일에 그 계획을 승인하였으나, 맥아더 장군은 남한 군대의 문제는 그의 권한 밖에 있다고 생각하였다. 맥아더는 워싱턴에 이 문제를 문의하면서 경찰을 미군부대의 무기와 장비로 무장시켜 미 전술군으로부터 민간경찰기능을 이양 받을 수 있는 수준까지 발전

---

16) (1) Ltr, Hq USAFIK, 18 Nov 45, sub : Report of Proceedings of Board of Officers, USAFIK files. (2) 쉬크에 의해 제공된 기록, 1952년 2월 5일.

시켜야 한다고 제안하였다.17)

　워싱턴의 정책수립자들이 그 제안에 대해 찬반 논쟁을 하고 있는 동안 쉬크 장군의 참모들은 계획이 승인될 경우 극복해야 할 몇 가지 문제에 집중하였다. 이 문제들 중 가장 힘겨운 것 중의 하나는 언어 장벽이었다. 미군 요원들이 한국어를 거의 알지 못하였고 유능한 통역관들을 얻기도 힘들었기 때문에 그들은 서울의 감리신학교에 군사영어학교를 열기로 결정하였다. 군사영어학교는 가능성이 있는 한인 장교들에게 기본적인 군사 영어 표현을 가르치는 것을 목적으로 하였고 12월 5일에 강좌를 시작했다.18)

　학교에 등록한 학생들 중 상당수는 일본이 패망할 즈음에 생겨났던 수많은 사설군사단체의 출신자들이었다. 약 14개의 비공식적인 준군사조직이 남한의 여러 지역에서 만들어졌다. 사설군사단체의 구성원들이 미군을 곤란하게 하는 경우가 종종 있었지만 1945년 가을 동안 사설군사단체를 금지하려는 시도는 전혀 없었다. 만약 사설군사단체를 허가한다면 이들은 한국군에 약간의 훈련을 받은 기간요원을 제공할 잠재력이 있었다.19) 하지 장군은 이 같은 인적자원을 통제하는 가장 실용

---

17) (1) Incl to Ltr, Hq USAFIK, 18 Nov 45, sub : Report of Proceedings of Board of Officers, USAFIK files. (2) Rad, CAX55238, USAFPAC to War Dept, 26 Nov 45.

18) (1) History of D.I.S. (Department of Internal Security) to 1 July 1948, Hq Provisional Military Advosory Group, APO 235, Unit 2, p.20, copy in USAFIK files. (2) Historical Report, Office of the Chief, U.S. Military Advisory Group to the Republic of Korea, period 1 July to 31 December 1949, p.1. 앞으로 뒤의 자료는 HR-KMAG으로 인용할 것이다.

19) (1) Summation, No.2, 1945, p.185. (2) Ltr, Hq USAFIK CG to CG's 6th, 7th, and 40th Infantry Divisions, 24 Nov 45, sub : National Defense of Korea, 쉬크 대령의 문서에 첨부된 사본, OCMH files. (3) XXIV Corps, G-2 Summary, No.21, 27 Jan 46 to 3 Feb 46, p.7, G-2 files.

적인 방법은 이들의 역량을 국가의 통제하에 두고, 특히 한국 국방군으로 전환시키는 것이라고 믿었다.[20]

여하튼 미군정은 사설군사단체에 관한 명확한 정책을 결정하지 못한 상태에서 6개의 단체에 군사영어학교 지원자들을 보내라고 요청하였다. 자격요건이 높았기 때문에 오직 최고의 인재만이 지원할 수 있었다. 각각의 지원자들은 과거의 군사경력을 입증하는 것 외에도 중학교 졸업 이상의 학력을 갖춰야했다. 그리고 그 학교의 목적이 한국인에게 영어를 가르치는 것이 아니라 기본적인 군사영어 표현을 가르치는 것이었기 때문에 후보생들에게는 약간의 영어지식이 요구되었다. 60명 이상의 지원자가 첫 번째 과정에 참가하였다.[21]

조선국방경비대의 창설

군정 관리들이 한국국방군을 수립하려는 계획과 준비를 했음에도 불구하고 1945년 말의 시점에서 그 성과를 살펴보면 그다지 긍정적이지 않았다. 12월 미·영·소 외무장관은 모스크바에서 한반도 전역을 포괄하는 임시적인 민주정부를 수립하는 데 합의하였다. 이들은 또한 임시정부 조직에 필요한 세부사항을 토의하기 위해 한국에서 미소공동위원회를 개최하기로 결정하였다.[22] 이에 따라 워싱턴의 삼부조정위원회 (SWNCC, 2차 대전기 중요한 미국의 정책결정 기구 가운데 하나로 국무부, 전쟁부, 해군

---

20) JCS 1483/20, 1945년 12월 30일, 첨부문서B에 인용된 Rad, CAX 55238을 참고할 것.
21) Notes, Col Schick, 5 Feb 52.
22) Department of State, *Korea, 1945 to 1948* (Washington, 1948), p.3.

부로 구성되어 군부와 외교부서간의 협조의 필요성에 따라 설립되었다.)는 12월 말에 한국군 창설계획을 검토한 후 그 결정을 미소공동위원회가 개최될 때까지 연기하는 방안을 권고하였다. 미국은 소련의 오해를 불러일으키는 위험을 피하려고 노력하였다. 삼부조정위원회는 한국 국립경찰에게 미국 무기와 장비를 공급해서 종국적으로는 미 전술군이 민간 경찰기능의 부담으로부터 벗어나게 하는 데는 동의하였다.23)

워싱턴의 정책수립자들이 취할 행동은 어느 정도 예측가능했다. 하지 장군은 12월 20일 국방사령관 쉬크 장군의 후임으로 챔페니(Arthur S. Champeny) 대령을 불러들였는데, 챔페니 대령은 후일 면담에서 "하지 장군은 군대에 관한 계획은 전체적으로 너무 복잡하고 승인도 받을 수 없을 것이라고 말하였다. 하지 장군은 보다 실행 가능한 소규모 계획을 고안하라고 지시하였다. 나는 25,000명으로 구성된 경찰예비대를 만들어 보병 훈련을 시키는 계획을 제안하였다.……이 계획은 24군단에 제출되어 승인되었다"24)고 밝혔다. 그 결과 완전한 형태의 방위군 수립을 연기한다는 삼부조정위원회의 훈령이 도착했을 때 뱀부계획(BAMBOO PLAN)으로 불리는 챔페니의 대안은 국내 치안군을 증강할 수 있는 다른 방안으로 제시되었다.

뱀부계획은 경무국 산하에 일정한 주둔지를 기반으로 경비대 유형의

---

23) JCS 1483/20. 30 Dec. 45. 합동참모본부는 1946년 1월 9일 그 제안을 승인했고, 같은 날 맥아더에게 통지했다. 삼부조정위원회는 미국의 계획에 따라 한국 민간인 노무자들에게 제공되는 장비와 같은 기준에서 경찰에 제공하는 장비는 (1) 미군이 임무를 완수하거나 한반도에서 철수하게 될 경우 반납 받거나, (2) 국제 신탁통치가 실시되거나 완전히 독립된 한국 정부가 들어설 경우 한국 행정기관에 매각하거나 이양할 것을 제안했다.

24) Ltr, Gen Champeny to author, 7 Mar 52. '24군단'은 아마도 챔페니가 주한미군사령부를 이야기한 것으로 보인다.

경찰 예비대를 편성하여 경찰의 보조 전력으로, 그리고 국가적 비상사태에 투입하는 것을 구상하고 있었다.[25] 초기 단계에서는 남한의 8개 도에 각각 1개 중대씩 창설하고 화기소대를 제외한 (미국식) 보병부대로 편성될 예정이었다. 완전 편성된 부대는 225명의 한국인 사병과 6명의 장교로 구성될 것이며, 장교들은 중앙훈련학교에서 제공될 예정이었다.[26] 이 계획은 각 지역에 초기 부대 편성과 훈련장소를 선택하고 모병과 편성을 시작할 2명의 장교와 4명의 사병으로 구성된 미 육군 훈련팀을 파견하도록 했다. 각 지역에서 중대는 대략 20% 초과된 병력으로 편성하도록 했다. 짧은 기간의 훈련을 마친 뒤에는 첫 번째 중대의 초과 병력을 이용하여 두 번째 중대를 다른 지역에서 편성하는 것이었다. 두 번째 중대는 마찬가지로 세 번째 중대의 기간 요원을 제공하기 위해 병력을 초과로 모집하도록 했다. 세 번째 중대가 만들어진 다음에 대대사령부와 본부중대를 편성하고, 그 다음에는 두 번째, 세 번째 대대를 만들어서 점진적으로 각 지방마다 하나의 경비연대로 확대하도록 했다.[27]

경비대 모병소는 1946년 1월 14일 서울의 군사영어학교에서 3명의 군정 장교들의 감독 아래 문을 열었다. 대중선전이 뒤따랐다. 사설군사단체와 함께 경찰도 모병 통지를 받았다. 선전물, 라디오 방송, 그리고

---

25) 국방사령부 G-3였으며 뒤에는 국방사령부의 국장이 된 톰슨 대령이 제공한 기록, 1952년 4월.
26) 조선경비사관학교가 수립된 1946년 5월까지는 군사영어학교였다. Office of the Military Attache, Seoul, Rpt R-26-49, 12 Aug 49, G-2 Doc Lib, DA, ID 584449.
27) (1) Ltr, Office of the Civil Administrator, Hq USAMGIK, to all Provincial Governors in Korea, 9 Jan 46, sub : The Organization of the Korean Constabulary, OCMH 파일의 쉬크 대령 문서에 포함. (2) Ltr, Gen Champeny to author, 7 Mar 52 (3) Hist of D.I.S to 1 Jul 48. pp.15~17.

지역신문에 대대적으로 보도되었다. 모병에 후보자들이 몰려들었다. 미군 장교와의 간단한 면접을 마친 후 응모자들은 질문지를 작성하였고, 가까운 병원에서 한국인 의사로부터 신체검사를 받았다. 미군은 예방백신을 제공하였다. 선발된 한국인들은 서울의 동북쪽 경춘가도에 있는 구 일본군 막사지역으로 이동하였다. 그곳에는 경비대의 막사가 세워져 있었다.[28]

마샬(John T. Marshall) 대령이 이곳을 선택한 이유는 거대한 연병장과 체력 단련장, 여러 동의 2층짜리 병영, 그리고 밥을 지을 솥과 식기를 세척할 수 있는 시설을 갖춘 전형적인 일본식 주방, 일본식 욕탕, 그리고 하나의 보일러실을 갖추고 있었기 때문이다. 거의 모든 창문은 깨져 있었고, 건물은 지푸라기와 잔해로 가득 차 있었다. 게다가 부엌, 보일러실, 그리고 욕탕의 모든 파이프와 구리선이 벗겨져 있었다. 이곳에 부대가 주둔하기 전에 대대적인 수리가 필요했다. 미군정은 수리를 위해 한국인 노동자와 계약하였고, 1월 14일에는 주둔할 부대가 편성되었으며 부대의 급양과 숙영을 제공할 준비가 갖춰졌다.[29]

최초 모병은 미군의 예상을 크게 넘어섰다. 1월 말에 서울지역에서만 거의 3개 중대가 창설되었다.[30] 군정은 방치되었거나 노획한 일본군 장비에서 제한된 양의 옷과 장비를 공급하였다.[31] 부대가 조직되었

---

28) (1) Notes, Col. Thompson (2) 마샬 대령이 제공한 기록(이전에 국방부원이었고 최초의 미국인 경비사령관), 1952년 2월 (3) Ltr, Col Harry D. Bishop to author, 6 Mar 52 (4) Report of Military Government Activities, Hq USAMGIK, 14 February 1946, pt. VIII, p.5, OCMH files.
29) (1) Notes, Lt Col Marshall (2) Interv, Col Argo.
30) (1) Summation, No.4(1946.2), p.285 (2) 대한민국 장창국 중장과의 면담, 1953년 10월 14일. 장 장군은 초기 중대 가운데 하나를 지휘했다.
31) (1) Summation No.5(1946.2), p.287 (2) Rpt, n. 28에서 인용 (4) above (3) Notes, Col Thompson.

을 때, 기본적인 훈련계획은 미군 장교의 감독 아래 있었다.32) 이때 한국 국방경비대 제1연대 제1대대가 편성되었고, 마샬 대령이 초대 국방경비대 사령관이 되었다.33) 그러나 아직 마샬 대령에 맞는 한국인 상대역이 없었기 때문에 구일본군 대좌 출신으로 당시 국방사령관의 '고문관'이던 이형근(이응준[李應俊]의 오기: 역자 주)의 자문에 따라 새로운 중대장이 될 젊은 한국인 장교들을 선발했다.34)

1946년 1월 24일, 중위 18명이 해체되고 있던 미 제40사단에서 주한미군정청 국방사령부로 배속되었다.35) 16명의 장교들은 짧은 기간의 오리엔테이션을 마친 후 2인 1조로 각각 일본어를 할 수 있는 일본계 미국인 사병 1명과 함께 각 지방에 배치되었다. 이 팀은 군사영어학교의 한국인 졸업생과 제1대대에서 선발된 소수의 한국인 사병들과 함께 연대본부를 세우고 지역 모병을 통해 연대를 창설하였다. "이 임무에 필요한 자금, 식량, 의복, 그리고 장비가……거의 존재하지 않았기" 때문에 첫 번째 훈련팀은 엄청난 어려움에 직면하였다.36) 이전에 일본인

---

32) 톰슨 대령에 따르면, 일본식 제식훈련은 그것이 미국식으로 대체되는 2월 11일까지 시행되었다. 미국식 제식훈련 명령의 적합한 번역어는 4월 30일까지 마련되지 않았다. 이는 일본식과 한국식의 혼합이었다. 軍史 책임자인 스미스 장군에게 보낸 1953년 8월 28일 편지의 첨부문서에서 데루스 대령은 일본식 제식훈련이 1948년 7월까지 완전히 폐기되지 않았다고 말했다. 이것은 군기강을 세우기 위한 몇 가지 훈련을 통합하려는 것이었다.
33) (1) Notes, Col Marshall (2) Interv, Col. Argo. (3) HR-KMAG, p.1.
34) (1) Ltr, Gen Champeny (2) 국방부의 G-2였던 엘리(Louis B. Ely) 대령과의 면담, 이응준은 나중에 대한민국 육군 중장이 되었다.
35) Incl to Ltr, Col DeReus, 위에서 인용. 챔페니 장군과 톰슨 대령은 16명이었다고 말했다. 마샬 대령은 단지 7명이 있었다고 적고 있다. 주한미군사고문단사는 8명으로 기록하고 있다. 하지만 주한미군정 근무표는 그 시기에 16명의 중위와 1명의 소위가 소속되어 있었음을 보여주고 있다.
36) HR-KMAG, p.1.

이 소유했던 공장과 다른 건물들을 경비대가 사용할 숙소로 전환해야만 했다. 훈련지역을 선택하고 안전을 확보해야 했다. 식품을 현지에서 조달할 경우에는 창고를 세우거나 빌려야만 했다. 모병소도 세워야 했다. 그리고 국립경찰을 무장시키는 허가가 경비대를 지원하는 것에는 해당되지 않았기 때문에 지역 군정단과 함께 방치된 일본제 무기와 장비를 조달하는 수단을 취해야 했다.

무장과 관련하여, 당시 남한의 미 전술군은 일본군 장비를 파괴하는 계획을 이행하고 있었다. 1945년 9월 맥아더 사령부가 발표한 점령명령 제2호는 오직 전투용으로만 사용할 수 있는 일본군 장비는 미군이 정보와 조사목적을 위해 사용할 수 있거나 전리품으로 삼을 것을 제외하고 파괴하라고 명령하였다. 하지만 미군은 60,000정의 일제 소총과 소총당 15발의 탄환은 한국 육군과 해군이 사용할 수 있을 때까지 따로 창고에 보관했다. 미군은 국방경비대가 편성되자 이렇게 보관한 소총을 경비대에 지급하였다. 후일 국방경비대는 미군으로부터 미군이 전리품으로 수집한 적은 양의 일본군 경기관총을 받았다.37)

한국인으로 구성된 연대가 편성되는데 걸린 시간은 명확하지 않다. 서울에 있는 경비대에 더하여 7개의 연대(부산, 광주, 대구, 이리, 대전, 경주, 그리고 춘천)가 1946년 4월까지 창설된 것으로 보인다.38) 여하튼, 1946년

---

37) (1) "Demilitarization and Evacuation of Japanese Military Forces," *History of United States Army Forces in Korea*, pt.I (Tactical), ch.VII, OCMH files ; (2) 톰슨 대령의 기록 (3) Incl to Ltr, Col DeReus, 28 Aug 53.

38) (1) Incl to Ltr, Col DeReus, 28 Aug 53. (2) 극동 미육군 사령부 제500 군사정보단(500th Military Intelligence Service Group)이 번역한 대한민국 군사사 (Military History of Korea, 이하 MHK로 요약) 제9-3장, 151쪽, OCMH문서철의 사본. 후자의 자료(제500정보단)는 비록 가치가 있지만 몇 가지는 심각하게 편향되어 있고, 조심스럽게 사용해야 한다. 저자는 주한미군정사에서 이 연대들의 수립에 대해서 약간은 참고를 했다. 군사사에서는 단지 "1946년 5월

4월 말에 경비대의 전체 병력이 대략 2,000명을 약간 상회할 정도로 연대들의 규모는 매우 작았다.[39]

국방경비대가 대수롭지 않게 보일지라도 이것은 수년 만에 처음으로 한국에서 군사력을 건설하려는 시도의 결과물이었고, 국내의 상황이 통제할 수 없는 상황이라면 국립경찰을 지원하는 역할을 맡았다. 그리고 국방경비대는 정규군이 필요할 때에 이르면 확장의 중핵을 제공할 것이었다.

조선해안경비대

경비대의 수립과 함께 미군은 한국인들이 해안경비대를 수립하는 것을 도왔다. 제2차 세계대전 후 한반도 근해에는 밀수와 해적 활동이 만연해 있었기 때문에 이 같은 추가적인 치안 전력이 필요한 것은 분명했다. 한국의 해안경비조직은 일본의 식민통치하에서도 존재하고 있었으므로 미군정은 1946년 1월 14일 이것을 한국 해안경비의 토대로써 국방사령관의 지휘 아래로 옮겼다. 미육군 장교가 남해안의 진해(鎭海)에 훈련소를 세웠고, 2월 8일 서울에서 모병을 시작하였다.[40]

27일 춘천에……새로 수립된 경비대에 의해 추진된 최초의 모병"에 대해 언급하고 있다. 그리고 225명을 모병하는 목표가 그달 말에 달성되었다고 했다.

39) GHQ, CINCFE, USAFPAC, Summation of United States Army Military Government Activities in Korea, No.7, April 1946, p.12. 앞으로 이 자료는 Summation, USAMGIK로 인용한다.

40) (1) USAMGIK Ordinance 42, 14 Jan 46 (2) Summation, No.5, Feb 46, p.288. (3) Ltr, Gen Champeny. (4) Ltr, Col Bishop, 15 Apr 52 (5) Summation, USAMGIK, No.14, Nov 46, p.29에서는 1946년 11월 말에 조선해안경비대의 병력이 단지 165명의 장교와 1,026명의 사병에 불과했다고 기록하고 있다.

해안경비대는 국방경비대보다 더디게 발전하였다. 한국에서는 장비와 자격을 갖춘 요원이 부족한 것이 일반적인 문제였다. 해안경비대의 지휘문제는 미국인들에게는 특별한 관심거리였다. 근대적 항해술을 습득한 경험을 가진 한국인들을 찾기 힘들었기 때문이었다. 유능한 한국인 장교 없이 해안경비대가 효과적으로 운영될 것이라고는 기대할 수 없었다. 보다 심각한 문제는 조선해안경비대가 보유한 선박이 총체적으로 부족했다는 점이었다. 미군이 점령을 시작했을 때 진해에는 대략 52척의 소형선박만이 있었지만 그것도 일본군을 송환하기 위하여 제40사단이 사용했고, 조선해안경비대가 형성되었을 때는 이용할 수 없었다. 이것은 실제로 나중에 대한민국정부가 수립되었을 때 문제가 되었다. 왜냐하면 군함은 '해군 조직에서 가장 필수적이었기' 때문이다.[41]

또 해안경비대의 미 고문요원은 국방경비대의 고문관처럼 활동하지 못하였다. 이 점은 전쟁부에 미 해군과 훈련 요원을 맥아더가 긴급하게 요구한 것에서 분명해졌다.[42] 해안경비대 수립 이후 8개월 동안 조선해안경비대는 미 해군 예비역 장교와 미 해군사관학교 출신 장교 2명이 지휘했다. 인천, 묵호진(墨湖津), 그리고 목포의 기지와 진해의 훈련소는 미 육군의 초급 장교들에 의해 세워지고 운영되었는데 이들은 이러한 상황에서 예상한 것보다 더 많은 것을 달성했지만 효율적인 해군 조직을 세우는 데 필요한 경험은 부족했다. 1946년 9월 상당한 협의를 거친 뒤 한국 군인들에게 도움을 줄 수 있는 전문적인 조언을 구하기 위해 미국으로부터 15명의 미 해안경비대 장교와 사병 고문관들이 파

---

41) (1) MHK,. p.33 (2) Ltr, Gen Champeny.
42) (1) Rad, CA 55527, CINCAFPAC Command, Adv, Tokyo, Japan to War Dept, 3 Dec 45. (2) Rad, C 58428, CINCAFPAC Command, Tokyo, to War Dept, 4 Mar 46. (3) 또한 JCS 1483/42, 19 Sep 47.

견됐다.[43]

　경험 있는 미국 해안경비대원의 지휘 아래 소규모의 한국 '해군'은 상대적인 발전기에 접어들었다. 미국인들과 한국인들은 해안경비대 사령부를 서울에서 조직하였고 군산, 부산, 포항 등에 새로운 기지를 설치하고, 훈련계획을 시작하였으며 무선통신망 구축을 위한 작업을 실시했다. 1946년 가을에 해안경비대는 일본과 필리핀으로부터 도착한 다양한 종류의 군함 18척을 취역시켰다. 1947년 1월 사령관 매커비(George E. McCabe) 대령은 한국 해안경비대는 "꽤 훈련이 잘된 요원들이 배치되어 있다……"고 보고하였다.[44]

　1947년 7월 2일 재무장관대리 폴리(E. H. Foley, Jr.)는 합동참모본부에 1947년 9월 15일까지 미 해안경비대에서 파견한 고문단을 한국으로부터 철수시키는 것을 승인해 줄 것을 요구하였다. 폴리는 장교와 사병이 미국에 필요하다는 점을 지적하였으며, 의회는 1948년 회계년도 지출 청문회에서 미국 해안경비대 요원들의 해외 상주를 허가하지 않으려는 의도를 가지고 있다고 했다.[45]

　하지 장군은 합동참모본부에 1947년 11월 15일 이후 요원의 교체를 진행한다면 해안경비대 소속의 고문관들을 능력을 갖춘 민간인으로 기꺼이 대체할 수 있다는 점을 통보하였다. 조선해안경비대의 조직과 훈

---

43) (1) Capt George E. McCabe, USCG, History of U.S. Coast Guard Detachment in Korea, 2 September 1946 to 25 February 1947, copy in OCMH files. (2) 목포 기지를 창설한 체슬러(James R. Chesler) 대위와의 면담, 1952년 6월 21일. (3) MHK, p.33.을 참고할 것.
44) (1) McCabe, 각주 43번과 동일. (2) Hist of D.I.S. to 1 Jul 48, pp.21~29. (3) MHK, p.33. (4) 또한 아래의 제Ⅳ장을 참고할 것.
45) 이 논의에 관해서는 JCS 1483/9, 9 July 47, 그리고 JCS 1483/42, 19 Sep 47를 참고할 것.

련에 있어 중요한 단계가 진행 중이었고 이것이 완료되기 전에 새로운 고문단이 오게 된다면 조선해안경비대의 발전에 장애를 초래할 수도 있었다. 9월 2일, 합동참모본부는 재무장관에게 민간인 대체 요원을 모집하는 데 90일 이상이 필요할 것이며, 그리고 민간 요원이 한국에 도착한 후 고문 임무를 이양 받는데 30일이 더 필요할 것이라고 보고하였다. 장관은 새로운 요원들이 교육을 마칠 때까지 해안경비대 요원들의 철수를 연기하는 데 동의하였다.

민간인 고문관으로서 해안경비대 퇴역자들과 예비역을 모집하는 것은 합동참모본부가 예상했던 것 이상으로 시간이 걸리는 일이 분명했다. 민간인 고문관들이 자문할 한국인들에게 영향을 주기 위해서 제복을 착용하는 데는 특별 허가가 필요했다. 민간인이 임무를 떠맡을 때까지 해안경비대를 유지하는 문제에 대한 해안경비대, 합동참모본부, 그리고 주한미군정 사이의 협상은 1948년까지 지속되었다.[46]

통위부

미군정 통치기간 중 1946년 봄은 주로 미군의 전후 재편성 때문에 매우 불안정한 시기였다. 새로운 장교와 사병이 배치되면 복무를 마칠 수 있을 만큼의 점수를 쌓은 뒤 고향으로 돌아갔다. 7개월도 지나지 않아 국방부의 책임자가 5명이나 바뀌었고, 이 중 세 명은 4월 11일에서 6월

---

46) JCS 1483/48, 15 Jan 48. 저자는 정확히 언제 민간인 고문단이 도착했고, 미해군요원들이 한국을 떠났는지 미육군 또는 미해안경비대 문서철에서 확인할 수 없었다. 아마도 이러한 변화는 대한민국 정부가 수립된 48년 8월 15일에 일어났을 것이다. Ltr. Comdr Clarence M. Speight, USCG, 16 Sep 53을 참고할 것.

1일 사이에 교체되었다.47)

또 한국의 국방 조직 내에서도 변화가 발생하였다. 그 변화는 국방사령부에서 경무국이 분리되는 것으로부터 시작되었다. 1946년 초반부터 몇몇 미국인들은 한국경찰을 독립시키는 것을 지지하였다. 이러한 의견은 한국인들의 요구에 의해 지지받고 있었는데, 경찰이 국방기구의 통제를 받는 것은 적절하지 않다는 것이었다. 군정은 3월 29일 국립경찰을 독립기구로써 설치하는 것으로 이러한 주장을 받아들였다. 다음으로 4월 8일 주한미군정청은 국방부서를 포함한 모든 주요한 정부기구를 부제(部制)로 개편하였다.

1946년 6월에 국방부라는 명칭이 폐기된 것은 소련 측이 국방부라는 명칭을 사용하는 데 대해 민감한 반응을 보인 것에 자극을 받은 것이 분명하다. 하지 장군은 5월 아놀드 장군에 이어 군정장관에 취임한 러치(Archer L. Lerch) 소장과 협의하였고, 이들은 '국방'이라는 개념을 '국내치안'으로 바꾸기로 결정했다. 6월 15일에 국방부는 통위부(統衛部, Department of Internal Security)가 되었다. 육군국과 해군국을 통제하던 국방부는 철폐되고, 대신 새로운 국방경비대 사령부와 해안경비대 사령부가 조직되었다. 국방경비대와 해안경비대 편성이 발효된 날은 1946년 1월 14일로 정해졌다.48)

후에 하지 장군은 이 같은 특별한 변화를 언급하면서 다음과 같이

---

47) 버나드(Lyle W. Bernard) 중령은 4월 11일에 챔퍼니의 직위를 물려받았다. 5월에는 톰슨 대령이 버나드의 후임이 되었다. 그리고 6월 1일에는 프라이스 대령이 지휘자가 되었다. 경비대에서는 배로스 중령이 마샬 대령을 대신하여 5월에 사령관이 되었다. (1) USAMGIK Appointment Orders, 89(18 May 46), 99(8 Jun 46), 그리고 100(21 Jun. 46) (2) 마샬 대령의 기록을 참고할 것.

48) (1) Notes, Col Thompson. (2) USAMGIK Ordinances, 63(29 Mar 46), 64(8 Apr 46), 그리고 86(15 Jun 46)을 참고할 것.

기록했다.

> "……나는 점령 초기부터 미군부대가 한국의 안보와 관련된 여러 세부적인 임무에서 벗어나는 것뿐만 아니라 한국정부를 수립하는 우리의 임무를 달성하게 될 장래에 대비하여 한국군을 창설하는 데 매우 큰 관심이 있었다. 점령 초기 단계에서 고위층에서는 그러한 움직임은 소련의 오해를 살 수 있으며 미국 점령지역과 소련 점령지역을 단일 국가로 통합하기 위한 협력에 어려움을 초래하는 원인이 될 수 있다는 이유에서 공개적으로 반대하였다."[49]

한국인들이 일본인의 지배로부터 해방된 지 1년 되는 1946년 9월 다른 변화가 발생하였다. 앞서 언급했던 이유 때문에 주한미군정의 모든 부서에서 한국인들은 미국인 상대자의 밀접한 감독 아래 활동하고 있었다. 미국인들이 실질적으로 남한을 통치했다고 말하는 것이 진실에 가까울 것이다. 그럼에도 불구하고 한국인들은 빨리 배워나갔으며 러치 장군은 미국인들이 교육하고 감독을 한 지 1년 만에 한국인들이 미국인의 감독에 덜 의존해도 될 정도로 준비가 되었다는 점을 인정했다. 그의 명령에 따라 한국인들은 1946년 9월 11일에 행정 책임을 맡게 되었고,

---

[49] (1) Ltr, Gen Hodge, to Maj Gen Orlando Ward, 18 Mar 52. (2) Notes, Col Thompson, Ltr, Col Joseph B. Coolidge to author, 30 Apr 53. 톰슨 대령은 46년 3월부터 5월 동안에 국방부 부부장으로, 그리고 국방부장으로 한국방위를 위해 강력한 조직을 선호했다고 회고했다. 5월 24일 맥아더 사령부에서 파견된 대리인은 톰슨 대령에게 '외부'에서는 '육군'과 '해군'이라는 용어를 불편해하고 있으며 '외부'에서는 남한에 육군과 해군이 불필요한 것으로 생각한다고 말했다. 톰슨은 나중에 제24군단 작전참모 쿨리지 대령이 그에게 도쿄의 극동위원회 소련대표단이 '육군'과 '해군'이라는 용어에 불만을 표했고 맥아더는 "규정에 따를 수밖에" 없었다고 말했다. 쿨리지는 그런 말을 했다는 것을 기억하지는 못했으나, 미국이 오해를 사는 것을 피하려 했기 때문에 '용어'가 바뀌었을 수 있다는 점은 동의했다.

주한미군정청에서 미국인들은 고문 역할만을 떠맡도록 명령받았다.[50]

통위부 부장인 프라이스(Terrill E. Price) 대령이 고문관의 역할로 지위가 격하되었고, 한국인 부장이 주요 결정을 하는 지위를 맡았다. 국방경비대나 해안경비대 기지에 근무하는 미국인 장교들 또한 명령자에서 고문의 지위로 바뀌었다. 이때부터 공식적인 전문은 한국인 부서장을 통해 한국어로 보고되었고, 가장 중요한 문서들만 영역문서가 동봉되었다.

한국인들이 보다 독립적으로 행정을 운영할 수 있도록 이와 같은 뒷받침을 했음에도 불구하고 미국인 고문관들은 많은 부분에서 실질적으로 직접 지휘를 계속해야 했다.[51] 명령서가 하룻밤 사이에 경험과 기술적 능력을 가져다 줄 수는 없었다. 한국인들이 국내 안보에 대한 완벽한 통제를 할 수 있는 업무진행절차나 조직, 그리고 수행기법 등에 익숙해진 후에야 자신들이 일본으로부터 겪었던 오랜 억압의 결과를 떨쳐 버릴 수 있을 것이다.

경찰예비대로서의 경비대

1946년 9월에 춘천의 제8연대 고문관인 하우스만(James H. Hausman) 대위는 서울의 국방경비대 사령부로 전출되었다. 이 전출은 중요하다. 왜

---

50) (1) Dept of State, Korea, 1945 to 1948, p.121. (2) Hist of D.I.S. to 1 Jul. 48, pp.14~15. (3) HR-KMAG, p.2.
51) (1) Interv, Maj James H. Hausman, 21 Jan 52. (2) Ltr, Col DeReus to author, 23 Sep 52. 데루스 대령에 따르면 미고문관들이 직접 지휘를 계속한 것은 특히 모병과 훈련에 관련된 문제였다. 데루스 대령이 저자에게 보낸 53년 8월 28일 편지의 첨부문서를 참고할 것.

냐하면, 나중에 한 당국자가 말한 것처럼 하우스만은 "다른 누구보다도 [한국 경비대의] 무장, 보급, 이동, 증강에서……많은 일을 했기 때문이다."52)

공식적으로 이때 국방경비대의 고문 역할을 할 만한 한국인 사령관은 없었다. 국방경비대 사령부는 이형근(李亨根) 소령과 임선하(林善河) 중위 그리고 한 명의 한국인 사병으로 구성되었다. 이형근 소령은 제2차 세계대전 동안 일본군으로 복무한 것 때문에 여론의 부정적인 반응이 있을 것을 우려해 임명장 없이 실질적인 국방경비대 사령관으로 활동하고 있었다. 그 부서는 통위부 건물 안에 있는 몇 개의 작은 방을 차지하였다. 통위부는 일반 또는 특별참모부와 기술 또는 행정 병과들을 갖지 못하였다. 지방에는 1~3개 다양한 중대 규모로 축소편제된 8개의 준보병연대가 있었다.53)

하우스만이 서울에 도착한지 얼마 지나지 않아 수석고문인 배로스(Russell D. Barros) 대령은 그에게 국방경비대사령부 조직을 세우는 것을 시작하고, 대략적인 전체 계획을 빠르게 진행할 수 있게 하라고 명령하였다. 몇 달 지나지 않아 경비대에는 새로운 연대가 편성되었다.(1946년 11월에 제주도에서) 그리고 송호성(宋虎聲) 중령이 국방경비대의 한국인 사령관으로 취임하였다. 하지만 여전히 시설과 장비, 그리고 경험 있는

---

52) 최초의 주한미군사고문단장인 로버츠 준장이 군사 책임자인 워드에게 보낸 편지, 51년 11월 9일. 필자가 전직 주한 미군사고문단원들과 교환한 서한과 면담 또한 이 점을 뒷받침하고 있다. 하우스만은 뒤에 1951년 주한미군사고문단과 대한민국육군사령부와의 연락장교로 탁월하게 근무했다.

53) (1) Interv, Maj Hausman, 21 Jan 52. (2) Incl to Ltr, Col DeReus, 28 Aug 53. (3) MHK, p.151. (4) Summation, USAMGIK, No.14, Nov 46, p.26에서는 11월 말 경비대의 전체 병력은 143명의 장교와 5,130명의 사병이었으며, 조직의 수립에 뒤따라 10개월 동안 하루 평균 대략 17명의 사병이 입대했다고 기록하고 있다.

한국인 장교가 부족했으며 경비대를 확장하는 일은 2년 이상이 소요될 것으로 예상됐다.54) 또한 미국인의 감독과 조언도 부족하였다. 미육군의 재배치와 동원 해제가 본격적으로 시작되었기 때문에 국방경비대의 군정 고문관 숫자는 꾸준히 줄어들었다. 미군 장교들이 미국으로 재배치되거나 전역하려고 한국을 떠나갔지만 보충되는 인원은 소수였다. 1946년 9월부터 1948년 4월까지 국방경비대 고문의 수는 장교 4~10명 수준을 오갔지만 보통 6명 정도로 유지되었다. 동시에 통위부에 미국인 고문 장교가 대략 20여 명 정도 근무하고 있었다. 이 모든 요인 때문에 경험 없는 한국인 지휘관들이 많은 것을 스스로의 힘으로 해나가게 만들었는데 미국인의 도움이 없는 상태에서 한국인들은 큰 발전을 할 수 없었다.55)

이 시기에 경비대에 남겨진 미국인들은 매우 바빴고, 개인별로 다양하게 반응하였다. 고문관들은 서울이나 부산지역, 또는 대규모의 미군기지 가까운 지역에 주둔하지 않는다면 거의 감독을 받지 않았다. 오지의 경비연대는 고립되었기 때문에 모병에서 행정과 훈련에 이르기까지 경비대 조직에 관련된 모든 단계의 책임이 전적으로 고문관의 손 안에 있었다. 그들이 달성한 업적은 자신들의 지식과 창의력에 따른 결과였다.56)

각각의 고문관들은 한 연대 이상을 책임지고 있었으며 담당하고 있

---

54) (1) Interv, Maj Hausman. (2) Hist of D.I.S. to 1 Jul 48, p.21. (3) HR-KMAG, p.2.
55) (1) Interv, Maj Hausman. (2) Ltr, Col DeReus, 23 Sep 52. (3) Incl to Ltr, DeReus, 28 Aug 53. 데루스 대령의 52년 1월 22일 편지에서는 로버츠 준장으로부터 1948년 3월 도착했을 때 "20명 이하의 장교들이" 있었다고 들었다고 적었다. (4) 또한 메이슨(Ralph Mason) 중령이 보낸 1953년 5월 28일자 편지를 참고할 것.
56) (1) Interv, Maj Hausman. (2) Ltr, Col DeReus, 23 Sep 52.

는 연대들이 수마일 떨어져 있는 것은 일반적이었다. 한 가지 사례를 보면, 한 고문관은 그가 감독하는 부대를 순회하기 위해 남한의 산악지대를 350마일이나 돌아다녀야만 했다. 훈련은 7일을 한 주차 단위로 하여 한국인 장교와 하사관들에 대한 매일의 야간강좌를 포함해 종종 하루 16시간 동안 계속되었다. 몇몇 고문관들은 여기에 더하여 영어를 가르쳤다.[57] 하지만 훈련은 미국인 감독의 부족뿐만 아니라 경비연대가 할 수 있는 훈련 방식에 대한 규제 때문에 제한되었다. 경비대 조직은 공식적으로 단지 국립경찰의 보조기구였으므로 통위부는 개인화기 이상의 무기사용훈련을 금지시켰다.[58] 미군 G-2보고서에 따르면, 경비대는 단지 소화기 사용과 기본 제식훈련, 그리고 '소요진압의 방법'만을 훈련하였다.[59]

'치안의 방법'이 무엇을 의미하건 간에 이것은 경비연대에서 활동하고 있던 각각의 고문관들에게는 다른 어떤 것을 의미하였을 것이다. 후에 한 고문관이 기록했던 것처럼 "보다 현실적인 접근이란……「훈련의 규제」를 적당하게 해석해서 이행하는 것이었다."[60] 야전에 있는 고문관들은 경비대가 언젠가는 군대가 될 가능성을 무시하지 않았다. 경비대 연대가 미군 보병연대의 가까운 곳에 주둔한 경우 고문관들은 그들이 책임을 맡은 한국인들을 훈련시키려고 미군 무기를 빌려왔다. 때로는 시범을 목적으로 미군 사병, 심지어는 분대를 빌려오기도 했다. 그래서 비록 경비대의 무장이 일제소총(그리고 매우 적은 양의 일제 경기관총)으로 제

---

57) Ltr, Col DeReus, 23 Sep 52.
58) Ltr, Col DeReus, 23 Sep 52. 저자는 이 제한이 어디서 시작되었는지 확인할 수 없었다.
59) Quasi-Military Force, Projet 3996, 48년 5월 12일 ACofS, G-2, FE A Pac Br, DA.
60) Ltr, Col DeReus, 23 Sep 52.

한되었을지라도 한국 군인들은 미제무기를 지급받기 수개월 전부터 M1소총, 박격포, 그리고 기관총으로 훈련하고 있었다.[61]

경비대의 훈련 모두가 공식적인 훈련방법을 통해 이루어진 것은 아니었다. 데루스(Clarence C. DeReus) 중령은 훗날 공산주의자들에 의한 시민 소요와 게릴라 활동이 전술적 훈련을 할 수 있는 기회를 주었다고 기록하였다. 경비대는 이러한 사건들을 진압하면서 군사작전에서 지휘의 필요성과 시가전 전술을 포함한 많은 교훈을 얻었다. 1947년 후반기 한 작전을 수행하는 동안 데루스가 지휘하는 부대는 기습전술과 야간 전투에 대대전술을 결합시켰다. 데루스는 전술 원칙을 강조하면서 이러한 야전기동을 할 수 있을 때마다 모든 부대가 이러한 유형의 훈련으로 이득을 얻을 수 있도록 '의도적으로' 부대들을 교체 투입하였다.[62]

경비대 훈련이 효율적으로 되어 가는 것에는 다른 요소들도 영향을 미쳤다. 미국인의 감독이 제한되어 일본군 또는 중국군에 복무하면서 군사적 경험을 얻었던 한국인 장교들의 영향이 종종 두드려졌다. 미국식 전술훈련이 없을 때에 이 장교들은 자연스럽게 다른 곳에서 배운 이론을 차용하였다. 적진을 향해 만세를 부르며 돌격하는 방법이 훗날 미군이 가르친 이론과 종종 충돌했을지라도 이러한 장교들의 가치가 완전히 부정적인 것만은 아니었다. 이들은 도로망으로만 이동하지 않았으며 편제되어 있는 수송수단에 많은 것을 기대하지도 않았다. 일본군과 중국군에서 훈련받은 한국인 장교들은 말 또는 사람으로 수송하는 것에 만족하였다. 거친 한국지형에서 이러한 태도는 중요했다.[63]

---

61) (1) Ibid. (2) Interv, Maj Hausman. (3) Interv, Maj Russell C. Geist, Jr., 11 Jul 52.
62) 데루스 대령의 53년 8월 28일 편지의 첨부문서를 참고할 것.
63) (1) Ltr, Col DeReus to author, 4 Oct 52. (2) Ltr, Maj William F. West to Gen

제1장 기원과 배경   41

　이론상으로 조선경비대는 1946년에서 1947년 동안 경찰예비대로 남아 있었다. 그러나 병력과 위상이 커져감에 따라서 경비대와 경찰은 사법권 문제를 두고 심각한 충돌에 휩쓸렸다. 보통 경비대는 범법자를 체포할 권한이 없었다. 그러나 이러한 법률적인 권한의 부재를 무시하고 경비대는 임의대로 체포하거나 영장 없이 수색하였다. 경비대가 일반적인 경찰권을 침해한 것은 곧 원한과 복수를 불러일으켰다. 경비대와 경찰 사이의 나쁜 감정은 경찰이 단순히 주둔지를 벗어났다는 이유만으로 종종 군인들을 체포하는 지경에 이르렀다.
　이러한 분쟁은 직업적인 불화에 깊게 뿌리를 둔 것이었지만 정치 또한 증오와 불신의 불길을 부채질했다. 몇몇의 경비대는 거의 전체적으로 과거 사설군사단체의 성원으로 구성되었고, 그들의 정치철학은 보다 보수적인 경찰에 비해 훨씬 극단적이었다. 게다가 수많은 선동가들과 불평가들이 당시 경비대에 입대하였다. 일부는 공산주의자들과 반미성향 단체의 사주로 침투하였고, 또 다른 일부는 입대하기가 쉬웠기 때문에 들어올 수 있었다. 경비대는 열악한 환경에서 운영되었기 때문에 모병 기준은 낮았고 비교적 건강한 지원자들은 입대에 어려움이 없었다.
　1947년 한반도 남서부의 작은 도시 영암(靈巖)에서 경비대 중대와 경찰 사이에 치열한 유혈 충돌이 발생하자 미군장교들은 그들의 영향력을 발휘하여 경비대와 경찰 간부들을 불러 일련의 협의를 가졌다. 그 모임은 갈등을 당장 완화하지는 못했지만 토의를 통해 각 조직의 기능

Ward, Incl 3, 20 Nov 52. (3) Ltr, Gen Roberts to author, 22 Jan 52. (4) Ltr, Lt Col Lawrence S. Reynolds to author, 17 Sep 52. (5) Ltr, Maj West to author, 16 Sep 52. (6) Ltr, Lt Col Eugene O McDonald to author, 3 Dec 52. (7) Ltr, Gen Roberts to Gen Ward, 9 Nov 51.

을 규정하는 데 도움을 주었다. 후에 경비대는 부대 내의 불순 세력을 제거하는 캠페인을 추진하며 모병 단계부터 선동가들을 차단하기 위해 고안된 모병계획을 채택하는 데 협력하기도 했다.[64]

군대 창설

내부적으로 이러한 사건이 발생하고 있는 동안 외부의 사태 전개가 한반도의 국방 문제에 영향을 끼치기 시작했다. 모스크바 회의로 수립된 미소공동위원회는 1946년 초반기에 열렸고, 한국의 임시정부 수립을 협의할 한국인 조직의 문제로 난관에 부딪쳤다. 소련은 모스크바 협의에서 제안된 5년 동안의 4대 열강 신탁통치 구상에 반대하는 목소리를 냈던 모든 정당과 조직을 제외하길 원했다. 주요한 단체들 중 오직 공산주의자들만이 공개적으로 신탁통치를 비난하지 않았기 때문에 소련의 조건을 받아들이는 것은 공산주의자들이 지배하는 임시정부의 수립을 용이하게 할 것이 분명했다. 신탁통치안을 반대하는 자들을 제거하려는 소련의 노력을 미국이 강경하게 거부하자 미소공위는 1946년 5월 드디어 결렬되고 폐회를 하기에 이르렀다.[65]

1년 뒤 미소공위가 다시 열렸다. 그러나 소련이나 미국은 입장을 바꾸려 하지 않았고 회의는 쓸모없게 되었다. 미국은 이 같은 이유에서 앞으로 소련과 협상하는 것은 무익하다고 확신했기 때문에 한국의 통

---

64) (1) HR-KMAG, p.3. (2) South Korean Interim Government Activities(이하 SKIG로 인용), No.25, October 1947, p.135. 이 자료는 주한미군정청 국가경제위원회 작성한 것이다. (3) Hist of D.I.S. to 1 Jul 48, p.28. (4) Interv, Maj Hausman. (5) Ltr, Col DeReus, 23 Sep 52. (6) Incl to Ltr, Col DeReus, 28 Aug 53.

65) Dept of State, Korea, 1945 to 1948, pp.4~5.

일과 독립 문제를 유엔총회의 안건으로 상정하였다. 1947년 9월 유엔 총회에서는 그 문제를 검토하기로 결정하였고, 거의 동시에 소련은 반대 운동을 시작하였다. 1948년 초반기 소련은 우선 소련과 미국의 군대를 한국에서 철수하여 한국인들이 자신의 정부를 조직할 수 있도록 하자고 제안하였다. 그러나 미국은 먼저 양 지역에서 유엔의 감시 아래 선거가 치러져야 한다는 제안을 내세워 반대하였다. 선거가 치러지고 나서 한국 국방군이 국가 방위의 책임을 떠맡을 준비가 되었을 때 새로운 정부가 외국군의 철수에 관한 조치를 취해야 한다는 것이었다. 1947년 10월 미국은 결의안을 통하여 유엔한국임시위원단을 한반도에 설치하여 선거를 참관하고, 점령임무의 종료작업을 마련함에 있어서 한국인이 정부기구를 설립하게 도울 수 있도록 이 기구에 자문역할을 맡기자는 제안을 뒤이어 제출하였다.[66]

총회에서 미국결의안이 그대로 채택되자 소련은 유엔한국임시위원단에 협력하지 않을 것이라고 통고했다. 한반도의 소련 점령 지역에 가려는 위원단의 노력은 성과를 거두지 못했으나, 그럼에도 불구하고 위원단은 1948년 2월 한반도 내에서 위원단이 접근 가능한 지역에서 선거를 감독할 것을 결정하였다. 3월 1일 하지 장군은 5월에 남한에서 선거가 치러질 것이라고 발표하였다.[67]

주한미군정은 종국적으로 한국의 독립이 이루어질 것이라는 가정하에 1947년부터 1948년 동안 한국인 행정 관료들에게 점진적으로 보다 많은 책임을 부여하였다. 이 정책에 따라 1947년 5월 남조선과도정부가 구성되었다.[68]

---

66) Ibid., pp.6~7.
67) Ibid., pp.7~14.
68) USAMGIK Ordinance 141, 17 May 47.

독립에 대한 전망이 높아짐에 따라 장차 이루어질 한국군의 발전에 대한 관심 또한 높아갔다. 제2차 세계대전 이후 미군의 급속한 동원 해제와 국방예산의 삭감 때문에 군대는 인력이 부족하게 되었고, 미군의 해외 임무에 관한 정밀한 조사를 하게 되었다. 그리하여 1947년 10월 육군부는 맥아더와 하지에게 한국군에 대한 의견을 요구하였다. 하지는 1년 이내에 사령부와 지원부대를 포함한 6개의 한국군 사단을 미국의 장비와 훈련으로 편성시킬 것을 제안하였다. 그러나 맥아더는 유엔 총회에서 결의안이 나올 때까지 한국 국방군의 창설을 연기해야 한다고 생각했다.[69]

맥아더 장군은 4개월 뒤에도 한국군의 편성은 시기상조라고 염려하고 있었다. 1948년 2월 6일 맥아더는 워싱턴의 정책 입안자들에게 훈련에 필요한 장비가 부족하고, 유능한 한국인 지휘관도 부족하며, 제24군단이 한국군에 필요한 요원과 장비를 제공할 능력이 줄어들고 있기 때문에 한국군을 창설하는데 반대한다고 알렸다. 맥아더는 그 대신 국방경비대를 50,000명까지 늘리고, 한반도에 있는 미국의 자원으로 포병을 제외한 보병용 중장비를 제공하는 방안을 선호하였다. 만약 다른 장비들이 필요하다면 일본에 있는 미군의 재고품에서 조달할 수 있을 것이었다.[70]

맥아더 장군의 제안에서 중요한 점은 경비대를 대략 25,000명에서 50,000명까지 늘리는 데 105일이 소요될 것이라는 주장이다.[71] 남한 선

---

69) (1) Msg, WAR 88572, 16 Oct. 47. (2) Msg, CX 56266, CINCFE to DEPTAR, 22 Oct 47, (3) JCS 1483/47, 24 Nov 47.
70) (1) Msg, CX 58437, 6 Feb 48. (2) 또한 JCS 1483/51, 10 Mar 48 app. B.를 참고할 것.
71) 이 시기(그리고 이후) 동안 경비대의 정확한 병력 수는 저자가 입수할 수 없었다. 면담과 서신교류뿐만 아니라 주한미군사고문단 역사보고서(HR-KMAG)

대구의 한국 병기학교에서 81mm 박격포를 훈련하는 경비대

거가 5월로 예정되었기 때문에 그 문제에 대한 신속한 결정이 급박하게 요구되었다. 그러므로 합동참모본부는 1948년 3월 13일 적절하다고 판단되는 범위 내에서 보병용 소화기와 화포(37mm에서 105mm구경의), 그리고 (M24 전차와 장갑차를 포함한) 기갑차량을 제공하는 것을 승인했다.[72]

에 따르면 1947년 후반기 조직의 병력은 18,000명에서 20,000명 사이에 있었던 것처럼 보인다.

72) (1) WARX 97886, CSGPO to CINCFE, 10 Mar 48. (2) 또한 JCS 1483/51, 10 Mar 48, apps. A와 B, 그리고 Memo, CofS, US Army, for JCS on augmentation and equipping of South Korean Constabulary pp.421~422: Memo for Maj Gen J. Lawton Collins from Brig Gen Thomas S. Timberman, Chief, Operations Group, P&O, 11 Mar 48, sub : Augumentation of the South Korean Constabulary, P&O File 091 Korea, sec.I, case I, pt.11-A.

미국의 정치·군사지도자들이 한국군 창설의 적절성에 대해 논쟁하고 있는 동안 남북한은 모두 그들 자신의 계획을 진행시키고 있었다. 2월 8일 북조선 임시정부(북조선임시인민위원회: 역자 주)는 조선인민군의 공식적인 창설을 발표하였다. 그리고 통위부는 독립이 되면 보다 많은 방위군이 필요할 것이라고 예상하여 경비대 모병을 빠르게 진행하였다. 미국은 3월에 경비대를 5만 명으로 증강하는 것에 찬성한다고 발표했는데 실제 병력은 벌써 그에 근접해 있었다.[73]

조직 팽창은 모병과 보조를 맞추어 진행됐다. 그해 초반기에 군정고문관들은 한국인들이 서울, 대전, 그리고 부산에 3개 여단사령부를 수립하는 것을 도왔다. 이 여단 편제는 미 보병사단의 사령부 조직을 따라 만들어졌지만 병력은 더 적었고 한국의 상황에 맞추려고 약간의 변화가 있었다. 각각의 여단은 3개 연대를 지휘하였고, 남조선국방경비대는 경찰예비대보다는 군대를 닮아가기 시작하였다. 또 1948년 봄에는 초보적인 형태의 지원병과도 편성되기 시작했다.[74]

육군부는 4월 8일 하지에게 미군이 1948년 말엽에 철수하고 한국에서의 임무를 종결할 수 있는 철수 여건을 만들라고 명령하였다. 하지는 한국인이 군대를 공격적으로 이용함으로써 미국이 전쟁에 휘말려 들지

---

73) (1) Ltr, Hodge to Ward, 18 Mar 52. (2) Interv, Maj Hausman, 24 Jan 52.
74) (1) HR-KMAG, p.3. (2) Interv, Maj Hausman, 16 Jan 52. (3) Interv, Maj Geist, 3 Jul 52. (4) History of the Korea Army, (1 July-15 October 1948), 작성자가 불분명한 주한미군문서철에 포함된 원고. (5) MHK, p.20. (6) Incl to Ltr, Col DeReus, 28 Aug 53. 데루스 대령의 1953년 8월 28일 편지의 첨부문서. 기록들은 이 여단들과 지원병과의 편성에 대해 명확하지 않다. MHK에서는 이 여단들이 47년 12월 1일 편성되었다고 기록되어 있다. 데루스 대령은 이 여단들이 1948년 1월에 편성되었다고 적고 있다. 1952년 9월 2일자 편지에서 웨스트 소령은 1948년 3월에 단지 3개 여단과 지원부대가 존재하고 있었다고 기록하였다.

않도록 하기 위하여 한국군을 어디까지나 방어 및 국내 치안 유지를 주목적으로 하도록 교육시키고 장비를 갖추도록 유도하였다. 미국은 점령군이 철수한 후에 남한에 경제적·군사적 원조를 실행할 외교사절단을 두고 만약 필요하다면 군사고문단을 여기에 배속시키는 방안을 구체화 하였다.75)

당시 지방에 산재했던 고문관들은 그러한 임무를 수행하기에는 너무나 소수였으므로 하지 장군은 군정에 장교들의 추가 배치를 허락하였고, 제24군단에 미군장비를 사용하는 한국인들을 훈련시킬 학교를 세울 것을 명령하였다.76)

1948년 여름 동안 경비대의 훈련은 자극을 받아 영역과 내용에서 개선되었다. 보다 많은 고문관들이 통위부에 참여하면서 규칙적인 훈련 감독이 가능하였고, 국방경비대는 7월에 최초로 표준화된 훈련계획을 실시하였다. 동시에 다른 제24군단 부대들과 함께 미군 제6, 7사단은 한국군 장교와 사병을 위한 학교를 운영하며 경비대를 지원하였다. 7월 1일 제6사단이 대구에 세운 병기학교와 7월 10일 제6사단과 제7사단이 각각 진해와 서울에 세운 포병학교들도 주목할 필요가 있다. 이러한 방식으로 경비대는 미제 경기관총과 중기관총, 60mm, 80mm 박격포, 57mm 대전차포, 그리고 105mm 곡사포(M2)에 대한 귀중한 훈련을 받을 수 있었다.77)

---

75) Msg, WAR 99374 to CG USAFIK, 8 Apr 48.
76) (1) HR-KMAG, pp.3~4. (2) Intervs, Majs Hausman and Geist (3) Ltr, Maj West to author, 16 Sep 52. HR-KMAG에서는 '대략 90명'의 장교들이 인가되었다고 기록하고 있다. 웨스트는 이들이 자원했다고 증언하였다.
77) (1) HR-KMAG, pp.3~4. (2) History of the Korea Army, USAFIK files. (3) Ltrs, Maj West. (4) Intervs, Majs Hausman and Geist (5) Incl 3 to Ltr, Maj West to Gen Ward, 20 Nov 52, 3쪽 (6) 한국의 진해에 위치한 제6사단 포병학교장 스

그 사이 1948년 5월 20일 로버츠 준장이 프라이스 대령을 대신하여 통위부 고문단장으로 취임하였다.[78] 얼마 뒤 오리엔테이션 회의가 열렸고, 하우스만 대위는 통위부와 경비대 관계에 대한 자신의 불만을 토로할 기회가 있었다. 하우스만의 의견으로는 통위부가 경비대의 참모 기능과 지휘 기능을 직접적으로 통제하는 데 주된 문제점이 있었다. 1946년 이래 경비대와 관련한 모든 결정들은 고위 사령부에서 이루어졌고, 경비대 참모부는 통위부와 연대 사이의 연락 기구에 지나지 않을 정도였다. 로버츠 장군은 뒤에 그 상황을 다음과 같은 말로 묘사하였다.

"나는 거대한 사령부 두 개가 경비대를 움직이고 있다는 점을 알게 됐다.……통위부와 경비대였다. 두 기구는 거의 인접한 2개의 건물에 있었다. 그리고 두 기구의 사무실은 뒤섞여 있었다. 일선 부대에서는 장교가 부족하다고 애처롭게 호소하고 있었는데 사령부에는 불필요하게 활용되는 한국인 장교가 많았다. 한 사령부에서 다른 사령부가 찬성한 것을 반대하거나 군수장교가 한 사령부에서 거부당한 것을 다른 사령부에서 승낙 받는 등 여러 가지의 문제가 있어서 단 하나의 사령부를 두는 것이 필요하고 마땅해 보였다.……게다가, 통위부 참모부와 경비대 참모부라는 두 개의 참모부가 있었다. 상부 구조는 만들어져 있었지만 하부 구조는 부실하기 그지없었다.……"[79]

그래서 로버츠 장군의 첫 번째 활동 중의 하나는 통위부를 약화시키

트라우드(William R. Stroud) 대위의 명령, 48년 11월, OCMH 문서철.
[78] GO 15, Hq USAMGIK, 19 May 48.
[79] Ltr, Gen Roberts, 22 Jan 52. 로버츠 장군이 한국군(KA)이라고 한 것은 경비대를 뜻하는 것일 것이다. 왜냐하면 한국육군은 48년 12월 15일까지는 공식적으로 창설되지 않았기 때문이다. 메이슨 소령의 편지, 1953년 3월 28일 편지를 참고할 것.

고 경비대에 보다 직접적인 책임을 주는 것이었다. 재조직화에 따라 1948년 6월 25일 통위부는 사령부로써 기능하는 것이 중지되었으며 단순히 통위부장실로 개편되었다.[80] 이 조치는 두 조직을 미국의 전쟁부와 육군 조직에 상응하는 위치에 놓았고, 정책수립기능은 통위부에 남겨두는 대신 작전통제기능을 경비대 참모부에 주었다. 이러한 움직임은 상황을 꽤 개선하였고, 한국 경비대가 효율적으로 기능하는 것을 가능하게 하는 중요한 조치가 되었다.

한국의 선거에 반대하는 공산주의자들의 선전과 테러행위가 있었음에도 불구하고 등록된 유권자의 90% 이상이 유엔한국임시위원단의 감시 아래 치러진 1948년 5월 10일 투표에 참여하였다. 선출된 대표들은 5월 31일 서울에서 국회를 열었고, 이승만을 국회의장으로 선출하였다. 7월 12일 국회는 강력한 집행권을 가진 국회가 대통령을 선출할 수 있는 헌법을 만들었다. 8일 뒤 국회는 이승만을 대한민국의 초대 대통령으로 선출하였다.[81] 공식 취임식은 일본으로부터 해방된 지 3년째인 8월 15일에 이루어졌다.

이러한 상황에서 미군정은 선출된 대한민국 정부에 권력을 이양하였다. 주한미군정이 이승만과 그의 내각에게 통제권을 넘겨주면서 한·미양국은 주한미군의 주둔을 허용하고 최종 철수가 완료될 때까지 한국을 방어하는 임무에 대해 새로운 관계를 수립해야만 했다.

---

80) (1) History of D.I.S. to 1 Jul 48, p.15. (2) HR-KMAG, p.4. (3) Ltr, Gen. Roberts (4) Interv, Maj Hausman.
81) Dept of State, Korea, 1945 to 1948, pp.14~18.

제2장 임시군사고문단

권한 이양

주한미군정은 8월 15일 대한민국정부가 수립되면서 그 기능을 정지했다. 하지는 즉시 새로운 정부에 권한을 이양하기 위해 이승만 대통령과 협상을 시작했다. 8월 24일 이승만과 하지는 국방력을 점차적으로 대한민국 정부에 이양하는 군사협정에 조인했다. 미군은 그 업무가 완결되어 한국으로부터 철수할 때까지 한국군의 작전권을 보유하기로 하였다. 한편 국방경비대와 해안경비대에 대한 무기 공급 및 훈련을 지속하기로 하였고, 미군을 위한 기지 및 시설 이용이 가능하도록 하였다.[1] 점령기 미국에 의해 운용된 적산(敵産)과 점령기간에 한국인의 노동력과 물자 이용에 대한 지불은 9월 11일 체결된 협정으로 마무리되었다.

주한미군의 인력과 권한을 조정함으로써 군정으로부터 민정으로의 이양이 시작되었다. 트루먼(Harry S. Truman)은 미 대통령 특사 무초(John J. Muccio)에게 대사의 직위와 미군 철수에 대한 협상 권한을 부여하였다. 무초는 8월 26일에 주한미대사에 취임하고 주한미외교사절단(U.S.

---

[1] 완전한 전문을 보기 위해서는 미 하원 보고서 (House Report) 2495, Background Information on Korea, Report of the Committee of Foreign Affairs, Union Calendar 889 (Washington, 1950), pp.15~16 이용.

Diplomatic Mission in Korea)을 설립하였다. 8월 27일 하지는 미국으로 귀환했고 그 뒤를 이어 주한미군사령관 겸 제24군단장에 콜터(John B. Coulter) 소장이 임명되었다.2)

한국군에 배속된 미군사고문단의 지위는 8월 15일 이후 변화되었다. 군정의 종식과 함께 군사고문단의 공식 권한도 종료되었다. 그러나 하지-이승만의 군사협정에 따라 그들의 훈련 업무는 계속되었다. 새로운 협정에 따라 모든 군사고문단원은 주한미육군증강파견대(Overstrength Detachment, Headquarters, USAFIK)에 배속되었고, 로버츠(Roberts)가 이끄는 임시군사고문단(Provisional Military Advisory Group, PMAG)으로 조직되었다.3)

1948년 후반기에 임시군사고문단의 수는 100명에서 241명으로 증가했다. 이러한 고문관의 증가는 기존에 한국군 부대에 형식적으로 배치되어 있던 고문관의 숫자보다는 다소 증가한 것이었다. 그러나 동시에 한국군 부대도 계속해서 증강되었으며 고문관의 수요도 계속해서 늘어만 갔다. 임시군사고문단은 행정적인 목적에서 급조된 임시조직이었으므로, 공식적 지위를 가지고 있지 않았다.4)

---

2) (1) Hq USAFIK, GO 34, 27 Aug 48. (2) Msg. ZPOL 1350, CG USAFIK to State Dept, 27 Aug 48. (3) Msg. ZGBI, USAFIK to DA, 28 Aug 48. (4) Dept of State, *Korea*, 1945~48, p.20.

3) (1) Hq USAFIK, GO 31, 15 Aug 48. (2) PMAG GO 1, 15 Aug 48. (3) GHQ, SCAP and FEC, Historical Report, 1 January - 31 December 1949, II, 25. (4) Ltr, KMAG to Chief, Military Hist, 1 Sep 52, in OCMH files.

4) (1) Interv, Maj Geist, 11 Jul 52. (2) Interv, COl Ralph B. White, 임시군사고문단 재정고문, 14 Jul 52. (3) GHQ SCAP and FEC, Hist Rpt, p.25. (4) PMAG SO 1, 21, 24, 25, 29, 31~34. (5) Rpts, Weekly Activities of PMAG, Chief, PMAG, to CG USAFIK, 20 Sep 48, 11 Oct 48, 20 Dec 48. (6) Hq PMAG Staff Memo 1, 20 Aug 48, PMAG AG 314.7.

주한미군 철수를 둘러싼 논쟁

남한에 총선거가 있기 전, 하지는 1948년 말까지 미군을 철수하는 계획을 작성하고 이에 대한 준비를 하도록 지시했다. 9월 15일, 승인된 철수 계획의 첫 단계가 실행에 들어가 주한미군의 철수가 시작되었다. 하지만 한반도에 대한 개입을 종식하려는 희망과 미군의 인력과 자원 부족은 정치정세와 충돌을 빚기 시작했다.

1948년 9월 북한은 전한반도의 합법적 권한을 주장하는 정부를 수립했다. 조선민주주의인민공화국이라는 국호를 채택하였으며, 유엔의 후원을 받는 대한민국과 대결하였다. 소련과 그 위성국들은 재빨리 공산주의정권을 승인했고, 9월 19일 소련은 1948년 연말까지 한반도로부터 모든 군대를 철수할 것이라고 선언했다. 유엔총회에서 한국문제가 다시 고려되기 시작했을 때, 미국은 소련의 철수와 연계한 미군 철수를 거부했다.[5]

따라서 북한공산정권의 등장과 한반도에서 모든 외국군대를 철수하자는 소련의 주장은 미군의 철수계획을 재고하게 만들었다. 10·19여순사건은 국내 불안을 가져와 이승만 정권의 불안정을 보여주었다.[6]

한국군은 침략에 대항할 준비를 제대로 갖추지 못했기 때문에, 미 국무부는 1948년 11월 전체적인 상황이 안정될 때까지 주한미군을 계속 주둔시킬 것을 결정했다. 이승만 대통령은 트루먼에게 한국군이 내부적 위협과 외부적 위협을 통제하고, 침략과 내전을 방지할 수 있도록 육군과 해군의 고문단을 포함한 주한미군의 주둔을 요청했다.[7]

---

5) Dept. of State, *Korea*, 1945 to 1948, pp.21~22.
6) 10·19여순사건에 대한 논의는 아래의 책, pp.39~40을 참고할 것.
7) James F. Schnabel, *Policy and Direction: The First Year, June 1950-July 1951*,

1948년 가을에 미국은 한반도에서 발생한 일련의 사건으로 인해 유엔총회의 결의에 따르는 주한미군의 철수가 지연될 것으로 전망했다. 하지만 유엔총회에서 12월 12일 미군의 완전 철수를 요구한 결의안이 통과되었을 때, 한반도에는 아직까지 16,000여 명의 미군이 주둔하고 있었다. 미 합동참모본부는 맥아더에게 가능한 한 빠른 시일 안에 7,500명 규모의 1개 연대전투단으로 그 규모를 감축하라고 지시했다.[8]

1949년 1월 15일에 제24군단은 한국을 떠나 일본에서 해체되었고, 미군 제32보병연대, 제48야포대대, 공병중대와 제7기갑수색중대의 인원이 새로 창설된 제5연대전투단으로 배속되었다. 콜터 장군은 같은 날 한국을 떠났고, 로버츠가 주한미군사령관 겸 임시군사고문단장을 맡게 되었다.[9]

1949년 1월, 미 합참은 맥아더에게 전투연대의 한국 주둔 기간이 얼마나 되어야 하는지 문의했다. 이에 대해 맥아더는 만일 일련의 위급사항이 발생한다면, 한국군에 대한 군사지원을 중단해야한다고 주장했다. 그러한 상황 아래서, 맥아더는 남한 총선 1주년이 되는 1949년 5월 10일까지 미군부대를 완전히 철수할 것을 제안했다.[10]

한편, 미국은 공식적으로 1949년 1월 1일 대한민국을 승인했고, 국가

---

  a forthcoming volume in the UNITED STATES ARMY IN THE KOREAN WAR series, ch. II을 참고할 것.

8) Ibid.
9) (1) Msg. WARX 92575 to CINCFE, 15 Nov 48. (2) Msg. CX 66800, CINCFE to DA for GSGPO, 4 Jan 49. (3) Msg, DA Rad CM-OUT 81599, 21 Dec 48. (4) See also: JCS 1483/58, 22 Nov 48, pp.451~453 ; P&O File 091 Korea, sec. V ; Incl to Ltr, GHQ FEC to Dir P&O GSUSA, 7 May 49, sub : Rpt on Dispositions, strengths and Combat Capabilities of the Major Air and Ground Forces in Overseas Commands, Rpts Symbol WDGPO-6, P&O File 320.2 Pac, sec. I.
10) Msg, CX 67198, CINCFE to DA, 19 Jan 49.

안전보장회의(NSC)는 한국에 대한 미국의 외교정책을 전반적으로 검토했다.11) 백악관 참모들은 그해 3월 한국에 대한 지지와 지원은 미군의 주둔과 연계되어 있지 않다는 점과 가능하다면 6월 30일까지 미군을 완전 철수시킨다는 점에 합의했다. 그들은 또한 대통령에게 1949~1950 회계년도 예산안에 군사원조를 위한 의회의 동의를 구할 것을 주문했다. 한국의 육군과 해군, 국립경찰을 훈련시키고, 미국의 군사원조를 효과적으로 이용하기 위해, 참모진은 군사고문단의 수립을 제안했다. 대통령 트루먼은 이 제안을 1949년 3월 23일 승인했다.12)

10일이 지난 1949년 4월 3일 주한미군사령부는 6월 30일까지 철수하라는 미 국방부의 지시를 수령했다. 5월 28일부터 6월 29일 사이에 제5연대전투단이 인천으로부터 하와이로 4차례에 걸쳐 이동했다.13)

한국군의 초창기

미군이 1948년 말부터 1949년 상반기에 한국으로부터 철수하자, 미군은 이승만과 하지 사이의 군사협정에 따라 자신들의 장비를 한국군에 이양했다. 1948년 11월에 국방경비대 소총의 60내지 80퍼센트와 자동화기가 미제였다. 그러나 박격포와 중화기는 없었다. 105mm M3 곡사포는 할당된 90문 가운데 52문만을 보유했지만, 37mm 대전차포는 모두 보유했다. 불행하게도 예비부품과 모든 종류의 조준장비가 매우 부

---

11) Department of State, *Bulletin*, XX (January 9, 1949), pp.59~60.
12) P&O File 091 Korea (1949), sec. I-A, bk. I, case 5/8을 참고할 것.
13) (1) Msg, DA 86379, CSGPO to CINCFE, 24 Mar 49 (sent to USAFIK on 2 Apr).
(2) Hq USAFIK, Operation Order 3, 23 May 49, cited in Hq USAFIK, History of the G-3 Section, 15 January-30 June 1949.

족했다.14)

　1948년 봄, 한국은 기존의 9개 보병연대에 더해 6개 연대를 추가로 증설했고 네 번째, 다섯 번째 여단을 창설했다. 남한 정부는 여섯 번째 여단을 창설하기를 원했으나 미국이 더 이상의 원조를 제공하지 않을 것으로 판단했다.15)

　1948년 10월에 한국정부와 한국군은 가혹한 시련을 겪게 되었다. 내부소요는 남한 전체에 만연했고, 결국 10월 19일 여수(麗水)에서 일어난 한국군 제14연대의 반란은 심각한 위협이 되었다. 반란은 순천(順天), 보성(寶城), 벌교(筏橋), 광양(光陽)으로 재빨리 확산되었다. 주한미군사고문단은 한국의 미래는 이승만과 정부가 이 사태를 얼마나 빨리 해결하는가에 달려 있다고 평가했다.16)

　여순 사건은 제주 4·3사건을 진압하라는 임무를 제14연대에 명령하면서 발생했다. 한국군 대부분이 일본제 99식소총으로 무장했지만, 제14연대에는 미군 M1소총이 지급되었다. 그때 즉시 이동하라는 두 번째 명령이 하달되자, 공산주의자들은 서둘렀다. 공산주의자들은 제14연대 내에 팽배해 있던 경찰에 대한 반감을 이용해 반란을 조장했다.

　반란이 주변 마을로 전파되자, 진압군 측 경비대와 경찰부대가 그 관할구역으로부터 남쪽으로 이동하였다. 한국군을 관할하던 국방경비대

---

14) (1) Information on North and South Korean Army Forces, Incl 4 to Ltr, G-2, X X Ⅳ Corps, 23 Nov. 48, sub : Ranks in Korean Military Forces, G-2 Documentary Library, DA, ID 513012. 이 자료는 경비대의 80퍼센트가 미국 장비로 무장했다고 하나 다른 자료는 60%가 더 정확한 수치라고 한다. (2) See Ltr, West to Ward, 20 Nov 52 ; Ltr, DeReus to Smith, 28 Aug 53.

15) Information on North and South Korean Army Forces, cited in previous footnote.

16) Dispatch 90, American Mission in Korea, 16 Nov 48, sub : Political Summary for October 1948, G-2 Doc Lib, DA, ID 0509409.

장 송호성 준장이 군대를 지휘했고, 로버츠 장군은 송호성 장군을 지원하도록 하우스만 대위와 두 명의 참모를 파견했다. 송호성 장군과 참모들은 광주에 사령부를 설치했다. 5명의 참모가 추가로 파견되었는데 이 가운데에는 여수의 반란군에 잡혀 있다가 탈출한 2명의 중위도 포함되었다.17) 작전이 개시되었을 때 빈약한 통신수단으로 인해 참모들이 추가로 필요하게 되었다. 콜터와 로버츠는 선임 장교인 풀러(Hurley E. Fuller) 대령을 그 책임자로 파견했다.

한편, 하우스만 대위와 리드(John P. Reed) 대위는 한국군 연대의 잔여 병력을 모아서 10월 21일 정부군이 도착할 때까지 반란군의 활동을 저지했다. 정부군은 10월 22일에 순천을 탈환하였고, 2일 후 광양과 보성에 진입했다. 10월 25일, 벌교리가 함락되자 반란군들은 여수에 최후의 방어선을 구축했다. 2일 후 치열한 전투가 있은 후 저항은 종식되었고 반란군들

하우스만 대위

대부분은 북쪽의 지리산으로 후퇴했다. 지리산 지역에서 반란군들은 빨치산이 되었고 정부의 큰 근심거리로 남았다.

국방경비대 지원 및 작전수행을 위한 하우스만 대위와 동료 고문관들의 노력은 매우 우수했다. 그들의 지원이 없었다면 반란은 매우 심각

---

17) 여수 사건에 대한 기록은 다음을 참고했다. (1) HR-KMAG, p.5 ; (2) 로버츠에 의해 보내진 최초 3명의 고문단원 가운데 하나인 리드(John P. Reed) 소령이 작성한 "여수사건의 진실(The Truth About the Yosu Incident)"을 참조했다. (OCMH 파일의 사본) ; (3) Interv Maj Hausman, 22 Apr 53 ; (4) Ltr, Col W. H. Sterling Wright to Gen Smith, 26 Aug 53.

해졌을지 모른다. 지휘관, 참모, 경비대를 훈련하는데 여순사건은 매우 중요했다. 1948년 초 제주도에서의 대게릴라 작전이 경비대에게 매우 중요한 경험을 가져다주었지만, 여수작전은 부대단위의 대규모 작전을 수행하는 최초의 임무였다.[18]

여수가 함락된 직후, 한국군 내에서 숙군이 시작되었다. 경비대 내의 공산주의자들의 영향력을 제거하기 위한 숙군이 진행되었고, 로버츠에 따르면, 약 1,500여 명이 색출되어 군대에서 축출되었다.[19] 대구에서 공산주의자들의 소란(대구 제6연대 반란사건: 역자 주)이 나타난 것을 제외하고 경비대는 안정되었다.

여순사건의 여파로, 한국 정부는 제14연대를 10월 28일자로 해체하고 그 부대기를 소각했다. 4라는 단대호를 가진 모든 부대는 개칭되었고, 4의 사용이 금지되었다.[20]

여순사건 이후로 조직의 변화가 있었다. 미국은 그 명칭을 정식으로 인정하지 않았지만 8월 15일 이후 한국정부는 경비대를 국방군이라 불렀다. 11월 말 국군조직법이 통과되었고, 12월 15일, 국방부, 육군, 해군을 포함하여 완벽한 한국군 조직이 구성되었다. 이형근 준장이 초대 한국군 총참모장이 되었다.[21] 한국군 여단은 이때부터 사단으로 재편 됐

---

18) (1) HR-KMAG, p.5 (2) Hist of the Korean Army, MS, USAFIK files. (3) The Truth About the Yosu Incident.
19) Ltr, Roberts to Smith, 26 Feb. 54.
20) (1) MHK, Chart 9-3 ; (2) Ltr, West to author, 16 Sep 52. 1953년 10월 14일 실시한 면담에서 장창국 장군은 4라는 숫자가 미국인에게 13이라는 숫자가 의미하듯 많은 한국인들에게 불운의 숫자로 간주되고 있다고 언급했다. 10·19 여순 사건은 이러한 믿음을 증명해 주었는데 이후 한국군에서는 부대 단위에 4라는 숫자를 사용하지 않는다고 한다.
21) (1) MHK, pp. 21~22. (2) Ltr, West to author, 2 Sep 52. (3) 스트라우드(Stroud) 대위의 언급 등을 참고할 것. 미국은 한국 해군의 지원에 대한 어떠한 간섭

으며, 14개의 육군 병과가 만들어 졌다.22)

　미군의 무기를 한국군으로 이양하는 업무도 겨울 동안 계속되었으며, 또 징병제가 도입되었다. 미국은 5만 명 규모의 보병 무기와 장비를 이양했는데 한국의 무장병력은 1949년 3월까지 6만 5천명의 육군, 4천 명의 해안경비대, 4만 5천 명의 경찰을 포함한 11만 4천여 명으로 늘어났다. 대략 해안경비대의 절반과 경찰병력은 미군 무기와 소총으로 무장하였고 나머지는 일본제 무기를 가지고 있었다. 미 국가안전보장회의는 3월에 미군 철수를 제안하면서 한국군의 추가병력 1만 5천 명을 위해 최소한의 지원을 제공한다는 계획도 포함시켰다. 최소한의 장비에는 소총, 전투모, 침낭, 1인당 6개월 소요분의 소총탄약 등이 포함되어 있다. 해안경비대와 경찰을 강화하기 위해 국가안전보장회의에서는 추가적인 무기와 함정을 해안경비대에 제공하고 3만 5천 명의 경찰병력에게 소화기와 탄약을 제공할 것을 결의하였다. 국가안전보장회의에서는 한국군에 6개월 분량의 재고물품을 제공할 수 있을 것으로 결론을 내렸다. 대통령의 승인을 받은 국가안전보장회의의 제안은 한국으로부터 철수하기 이전인 3월 말부터 주한미군의 물자와 장비의 이양을 명령하는 것이었다.23)

　미군은 철수하기 이전에 한국군의 훈련을 도왔고 무기와 장비의 사용법을 알려주었으며 그 장비를 한국군에 이양하였다. 제5연대전투단

　　도 피하는 것을 걱정하고 있었기 때문에, 해안경비대에 대한 미국의 승인은 보류되었다. 한국 해군은 이 연구에서 해안경비대로 부를 것이다.
22) HR-KMAG, p.5. OCMH가 보유한 MHK의 번역에 따르면, 이 법은 이승만 대통령이 1949년 12월 12일 승인한 사단 편제를 규정한 것이다. 그러나 1949년 내내 미국의 자료는 한국군 '사단'이라고 부르고 있으므로 여기서는 이를 따를 것이다.
23) DA Rad, WARX 86359 to CINCFE, 29 Mar 49.

은 공격과 방어에 있어 분대, 소대, 중대 단위의 전술을 시범해 보이기도 하였다. 게다가 대대시범훈련은 한국군 장교와 하사관들에게 대단히 유익하게 작용하였다.24)

군사고문단의 확대

주한미군이 철수를 명령받은 1949년 4월 2일에 군사고문단은 조직을 확대하라는 명령을 받았다. 한국에서 고문단의 활동은 성공적이어서 대대단위까지 뻗쳐 있었고, 고문관들은 훈련을 감독하고 신병들의 잘못된 습관을 고치는 역할을 담당했다. 따라서 미 육군은 한국군의 대대본부, 국립경찰의 경찰지서, 해안경비대의 대대급까지 고문관의 활동을 포함하기로 결정했다.25) 일주일 후 워싱턴으로부터 온 메시지는 고문단을 최대 500명으로 하고 그에 따라 인원배당표(T/O)를 마련할 것을 지시했다.26) 4월 11일에 제출된 인원배당표에는 182명의 장교와 4명의 부사관, 간호원, 238명의 사병들을 포함한 총 480명이 포함되었다. 극동군사령부는 민간인들이 채용되기 이전까지 통신장비를 가지고 서울의 외교사절단을 도울 18명의 통신요원(2명의 장교와 16명의 사병)을 추가하는 건의안과 더불어 그 인원배당표를 4월 30일 제출했다.27)

---

24) (1) Notes attached to Ltr, Roberts to Smith, 26 Jan 54. (2) Hq USAFIK, Hist of the G-3 Sec, 15 Jan-30 Jun 49.
25) (1) DA Rad, 86379, CSGPO to CINCFE (info CG USAFIK), 24 Mar 49. (2) DA Rad, 86425, CSGPO to CINCFE, CG USAFIK, CG USAFPAC, 30 Mar 49. (3) Hq USAFIK, Hist of the G-3 Sec, 15 Jan-Jun 49.
26) DA Rad, WX 86933, 9 Apr 49.
27) AC of S G-3 GHQ FEC, Historical Report, 1949, Ⅰ, 45.

그 당시 군사고문단의 병력은 고작 92명의 장교와 148명의 사병으로 이루어졌다. 3명의 임시고문단 장교로 구성된 위원회가 한국에 남아있는 주한미군의 예하부대들을 대상으로 조사에 착수했다.[28] 위원회가 사병을 충원하는 데에는 어려움이 없었다. 이들은 자원자로 군사특기나 장교들의 추천에 의해 선발되었다. 그러나 장교들을 충원하는 것은 힘들다는 것이 입증되었다. 소수의 자원자를 제외하면 고문관 임무를 담당하기 위해 장교를 차출해야 했다. 위원회의 한 사람이었던 바르토식(Mattew J. Bartosik) 중령은 후에 다음과 같이 회고했다. "한국은 근무지로는 기피 대상이었다고 생각한다. 한국에서 근무했던 장교들은 그 업무에서 벗어나고 싶어 했다."[29]

처음 위원회는 해외근무 연한이 1년 이상 남은 대위나 그 계급 이상의 장교들을 고려했다. 군수지원사령부(ASCOM), 주한미군사령부, 제5연대전투단 등에서의 회합에서,[30] 자격 있는 장교들을 선발하는 데 실패하자, 위원회는 해외근무연한 6개월 미만인 중위들을 선발할 수 있도록 자격 기준을 낮추었다. 곧이어, 고문단은 정원에 충분한 고문관들을 확보하기 위해서 극동군사령부에 장교 15명을 차출해 줄 것을 요청했다. 바르토식 중령은 "위원회는 매우 인기가 없었다"고 회고했다.

고문관들을 추가로 확보하기 위해, 임시군사고문단 위원회에 의해 채용된 장교와 사병들은 상당히 좋은 대우를 받았다. 이러한 대우는 젊

---

28) HR-KMAG, an. 5.
29) Ltr, Bartosik to author, 2 Jan 53.
30) 군수지원사령부(Army Service Command, ASCOM City)라는 명칭은 1945년 9월 16일부터 사용되었는데, 이곳은 미국점령군에 의해 사용된 서울의 남쪽 구 일본군 병기창(지금의 부평: 역자 주)이었다. 한국군은 후에 이 지역을 기술병과부대의 주둔지로 사용했다. Hist of USAFIK, pt Ⅰ, ch. Ⅳ, pp.31~32를 보라.

은 장교들에게 매력이 있었다. 이들 대부분은 우수하고 촉망받는 인재들이었다. 그러나 한국의 문화, 그리고 교육으로 인해 한국군의 사단장이나 연대장들은 젊은 장교들을 애송이라고 무시하는 경향이 있었기 때문에 모두가 고문관으로 선발되지는 못했다.[31]

6월 7일 미 육군부는 잠정적으로 군사고문단을 1949년 6월 30일부터 12월 31일 사이에 극동군사령부에 소속되는 것으로 하여 총 480명으로 승인했다.[32] 후에 정원은 479명으로 변경되었다. 이러한 총 인원의 변경은 육군부가 재정, 취사 및 보안요원들을 정원에 포함시킬 수 없었기 때문이었다. 반면에, 미 육군부는 극동군사령부가 추천한 통신요원 18명을 외교사절단 소속으로 잠정 승인하고 추가로 5명의 우편요원을 승인했다. 23명의 추가 인원이 임시적으로 500명 한도의 정원에 포함되어 초기 군사고문단의 정원은 186명의 장교와 부사관, 간호사를 포함한 288명의 사병으로 구성되었다.[33]

5월에서 6월에 걸쳐 제5연대 전투단이 하와이로 떠나고, 일본으로 이동할 잔여 병력이 출발하자, 임시군사고문단은 이전에 미 제7사단이 주둔하던 서울 남쪽 외곽의 서빙고 기지 근처의 더 넓은 기지로 옮겼다. 외교사절단과 임시군사고문단에 의해 사용된 토지와 건물을 제외하고 대한민국 소유의 자산은 반환되었다.[34] 6월 30일 주한미군사령부

---

31) (1) Ltr, Bartosik to author, 2 Jan 53. (2) Ltr, Wright to Smith, 26 Aug 53.
32) DA Rad, W 89646, 7 Jun 49.
33) (1) DA Rad, WX 90559, 24 Jun 49. (2) DA Rad, WAR 90771, 28 Jun 49. (3) Ltr, DA AGAD-Ⅰ 322(KMAG) (24 Jun 49), CSGOT-M to CINCFE, 29 Jun 49, sub : Establishment of KMAG.
34) 법적으로 협약에서 반환하기로 했던 모든 재산은 9월 초순에 반환되었다. 그러나 주한미군사령부 우편국은 미군이 실제 철수할 때까지 기록을 가지고 있었다. History of the Engineer Section, USAFIK, 15 January-29 June 1949, USAFIK files.

가 해체되자, 이승만과 하지에 의해 조인된 임시군사협정은 폐지되었고 한국 정부는 한국군을 완벽하게 장악했다.35)

주한미군사령부의 철군과 함께, 임시군사고문단은 주한미군사고문단(United States Military Advisory Group to the Republic of Korea: KMAG)이라는 공식 명칭으로 1949년 7월 1일 개편되었다.36) 고문단은 주한미대사관, 경제협조처(ECA) 지역 사무소, 합동행정국(JAS)이라 불리는 조직과 함께 주한미사절단(AMIK)의 하부 기관이 되었다. 돌발적인 상황을 제외하면, 한국 경제의 어려움만이 유일한 제약이었으며 미국의 지원이 계속되는 상황에서, 군사고문단은 한국군의 조직을 보다 효율적으로 발전시키기를 기대했다.

---

35) (1) JCS 1483/72, 21 Jul 49. (2) U. N. Doc A/936, add. 1, Ⅱ, Annexes, 36. (3) Incl 2 to Dispatch 455, 26 Jul 49, American Embassy, Seoul, to Chairman, Subcommittee, U. N. Commission on Korea, Seoul, 25 Jul 49, G-2 Doc Lib DA 581109. (4) Progress Rpt by the Secy of State on the Implementation of the Position of the U. S. with Respect to Korea 19 Jul 49, P&O File 091 Korea, sec. Ⅱ, case 40/2. (5) Msg, KMAG X89, CG USAFIK, sgd Roberts, to DA, 30 June 49.

36) (1) DA Rad, WAR 90771, to CINCFE, 28 Jun 49. (2) DA Ltr, AGAO-Ⅰ 322(24 Jun), CSGOT to CINCFE, sub : Establishment of KMAG, 29 Jun 49. (3) DA Rad 90992, CSGPO to Chief, KMAG, 1 Jul 49. 주한미군사고문단은 종종 "Korean Military Advisory Group"이나 "Korea Military Advisory Group"으로 잘못 불린다. 정확한 명칭은 이 책에 명시되어 있다. (4) See Memo for Rcd, P&O Div GSUSA, FE&Pac Br, sub : Guidance for Answering Queries Relating to Withdrawal From Korea, 1 Jul 49, P&O File 091 Korea (1 Jul 49).

제3장 주한미군사고문단: 기구와 변화

명령 관계

원래 미 육군부는 주한미군사고문단을 맥아더의 작전권한을 허용한 상황하에서 무초 대사의 행정 통제하에 배치하려고 하였다. 그러나 미필리핀합동군사고문단(JUSMAGPHIL)의 경험을 갖고 있던 맥아더가 주한미군사고문단의 임무를 받아들이려 하지 않았다. 미필리핀합동군사고문단의 경우, 합참이 군사고문단을 설치하여 필리핀 군대의 자문 역할을 담당한 반면 맥아더의 역할은 이와는 별 관련이 없는 사소한 문제로 제한했었다. 주한미군사고문단의 임무에 부과된 권한을 허용하지 않는다면, 맥아더는 이 고문단을 미 대사의 권한하에 두어야 한다고 생각했다. 또한 맥아더는 군사적 이익을 보호하기 위해 군사문제에 관해서는 군사고문단이 직접 합참과 연락할 수 있어야 하고, 모든 군사적 전문이나 보고서는 극동군사령부를 통해야 한다고 주장했다.[1]

따라서 주한미군사고문단과 무초 대사 그리고 주한미사절단(AMIK, American Mission in Korea) 사이의 관계는 급격한 변화가 있었다. 무초가 한

---

1) Msg, CX 69456, CINCFE to DA, 23 Apr 49, in GHQ, SCAP and FEC Hist Rpt, 1949, vol. Ⅱ, incl 27. 맥아더 원수는 이 당시 3개의 직위를 가지고 있었다. 일본점령을 위한 연합국최고사령관(SCAP), 극동군사령관(CINCFE), 극동미육군사령관(USAFFE)이다.

국에서 미국의 정책을 수행할 책임을 가지고 있었고, 주한미군사고문단은 주한미사절단의 한 부서이기 때문에, 무초가 고문단을 책임지게 되었다. 행정적 목적으로 주한미군사고문단은 육군관할지역(Army Administrative Area) 내의 해외임무단(Foreign Assignment Activity)으로서 미 육군부 직할로 수립되었다. 극동군사령부의 책임은 한국 수역 내에서 주한미군사고문단의 병참지원과 긴급 상황 발생 시 한반도로부터 미국인들을 소개하는 것으로 제한되었다.2) 극동군사령부는 동북아지역에서 유일한 미군사령부였기 때문에, 주한미군사고문단은 맥아더 사령부와 긴밀한 관계를 유지했다. 주한미군사고문단 책임자는 도쿄를 정기적으로 방문하여 소개계획을 논의하며 한국의 정치·군사적 상황을 극동군사령부에 보고했다.3)

주한미군사고문단은 무초 대사의 관할하에서 활동하였지만, 고문단의 지휘는 로버츠 장군 관할이었다. 주한미사절단과 주한미군사고문단의 관계는 한국에 대한 미국의 군사원조에 중점을 두었다. 원조 수단과 방법, 정도에 관련한 모든 문제는 상호 연관되었고 두 기관 사이의 공식적인 회합이나 개인적 관계에 의해 협조가 유지되었다. 반면 군사적인 명령이나 행정과 관련한 대부분의 문제에 대해서 고문단은 직접 미 육군부로 이를 보고했다.4)

---

2) GHQ SCAP and FEC, Hist Rpt, 1949, Ⅱ, 26, 51.
3) DA Rad, WARX 90992, 1 Jul. 49. (2) KMAG Relationship with FEC, Orientation Folder (OFldr), sec. Ⅰ. 날짜 미상의 이 문서들은 후임자를 위해 로버츠 장군이 1950년 3월경에 작성한 것이다. OCMH 파일에서 복사.
4) Interv, Col Wright(전 주한미군사고문단 참모장), 5 Jan 1953. (2) Advisor's Handbook, 17 October 1949, an. 3. to Semiannual Report, Office of the Chief, U. S. Military Advisory Group to the Republic of Korea, period ending 31 December 1949.

주한미군사고문단을 포함하여 주한미사절단에 대한 직접적인 병참 지원은 주한미사절단 합동행정국(AMIK's Joint Administrative Service: JAS)에서 이루어졌다. 합동행정국은 다른 주한미사절단의 일상 업무를 지원하기 위해 조직된 민간기구였다. 미국인 감독 아래, 한국인 고용인은 건물과 시설물 관리, 기숙사 및 식당 운영, 그리고 다양한 업무를 수행했다. 한국 항구를 통해 극동군사령부가 병참지원을 하고, 합동행정국은 주한미군사고문단과 일본에 있는 미국 병참부 사이를 연계했다. 또한 주한미사절단의 각종 하부 부서들은 정기적으로 합동행정국에 공급을 요청하고, 일본에서 보내오는 보급품을 부산항이나 인천항을 통해 수령했다.5)

주한미군사고문단의 법적 지위와 그 요원들은 미국과 대한민국 사이의 협정에 의해 규정되고, 주한미군사고문단의 직원과 그 가족들은 주한미외교사절단의 외교직원들과 같이 면책특권을 부여받았다. 일부 한국인들은 주한미군사고문단원들이 한국의 법령에 종속되어야 한다고 생각했지만, 주한미사절단 하의 주한미군사고문단은 자신들의 외교특권을 주장했다.6)

내부 조직

주한미군사고문단이 7월에 임무를 시작하고 얼마 뒤에 로버츠 장군

---

5) (1) Interv, Col Wright. (2) 전 주한미군사고문단 보급과장이였던 마이어스(Robert E. Myers) 중령과의 면담, 1952년 7월 7일. (3) Joint Administrative Services, OFldr, sec. Ⅰ. JAS는 2등급 장비를 제외하고 모든 군수품을 주한미군사고문단에 제공했다.

6) HR-KMAG, an. 15, pp.14·15. 이 보고서에 의하면, 임시 군사협정이 종료된 1949년 7월 1일부터 1949년 말(1950년 1월 26일 주한미군사고문단 협정이 조인되기까지), 고문단은 외교적 면책 특권의 지위를 가지고 있었다.

은 미 육군부에 주한미군사고문단의 재정, 취사, 안전요원 등을 감축하는 계획을 재고해 주도록 요청했다. 그는 고문단이 한국에서 유일한 자금 조달 기관이라는 점을 지적했다. 한국인 식당 직원들은 4개의 대규모 식당을 유지할 수 없었다. 또한 주한미군사고문단 지역의 경비는 합동행정국의 인원 제한으로 인해 미국인 관리인을 지원해 줄 수 없었기 때문에 한국 경찰이 관할해야 했다.[7]

미 육군부는 한 달 내에 취사인원과 보안요원의 정원을 늘렸지만, 국무부와 경제협조처가 자신들의 재정요원을 제공해 주는 데 동의했다는 점을 지적했다. 이러한 상황에서, 미 육군부는 재정자문 계획을 포함해 주한미군사고문단에 2명의 사병이 더 필요하다고 판단했다. 이로 인해 1949년 12월 31일에는 군사고문단의 정원이 186명의 장교, 4명의 부사관, 한 명의 간호장교, 304명의 사병으로 이루어진 합계 495명으로 수정되었다.[8] 1년 후에 주한미군사고문단은 인원을 23명 감축하여 이를 민간인으로 대체했으며, 정원은 472명의 군인과 민간인이 되었다.[9]

([표 1]과 [그림 1])

군사고문단은 또한 20명의 육군부 군무원들을 채용하고 있었다. 이들 중 9명은 조선해안경비대의 고문관들이었고, 1명은 한국경찰의 통역관, 5명은 주한미군사고문단의 속기사, 2명은 식당에 근무하는 여성,

---

7) KMAG Msg, ROB 017, Chief, KMAG, to DA, 5 Jul 49.
8) (1) Msg, WARX 91952, DA to KMAG, 26 Jul 49. (2) Ltr, Dir, O&T, OACofS, G-3, to TAG, Assignment Br, DAAA Sec, 26 Jul 49, sub : T/D KMAG, CSGOT.221 (5 Jul 49).
9) (1) DA Rad, WAR 95373, CSGOT to Chief, KMAG, 13 Oct 49. (2) DAAA Personnel Authorization 2, 19 Oct 49. (3) Ltr, Dir, O&T, OACofS, G-3, DA to TAG, 13 Oct 49, sub : Rev Personnel Authorization for KMAG, File CSGOT. 2. (4) Rev T/D 400-1734, effective 31 Dec 49, copy in DA Rpt, KMAG, 31 Dec 49, an. 1.

[그림 1] 주한미군사고문단 조직도, 1949

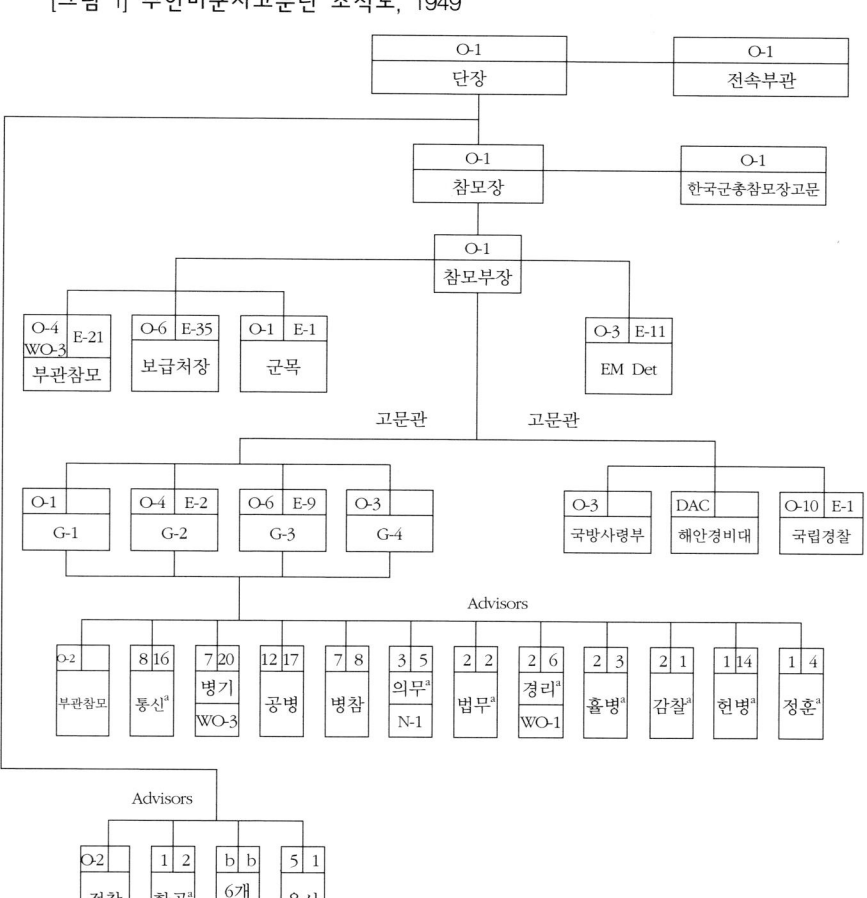

a : 겸무: 고문관 및 고문단 참모
b : 한국군 각 사단에 장교 13명, 사병 14명이 배속됨
출처: Adapted From Semiannual Report, Period 1 July-31 December 1949, United Military Advisory Group to the Republic of Korea

[표 1] 주한미군사고문단

	장군	대령	중령	소령	대위	중위	합계	간호	WO	Enl
합계	1	3	28	40	100	9	181	1	7	283
고문단장(Office of the Chief)	1	1	2	3	6	5	18		3	68
국방부(Department of National Defense Bureaus)			3				3			
한국군총참모장(Chief of Staff Korean Army)		1					1			
인사(G-1)			1				1			
정보(G-2)			1	1	2		4			2
작전(G-3)			1	2	3		6			9
군수(G-4)			1	2			3			
경리			1		1		2		1	6
감찰			1		1		2			1
법무			1		1		2			2
부관			1	1			2			
휼병					1		2			3
헌병					1		1			14
정훈			1		1		1			4
의무					1		3	1		5
병기			1	1	5		7		3	20
통신			1	1	4		8			36
공병			1	1	10		12			17
병참			1		6		7			8
정찰				1	1		2			
항공기지				1			1			2
한국육군사관학교			1	2	2		5			1
한국군 사단(6)			6	18	54		78			84
국립경찰		1	3	6			10			1

정훈 기획가 그리고 민간인 등이었다. 게다가, 주한미군사고문단은 승인되지 않은 2명의 식당 여직원과 4명의 우편교환원을 채용하고 있었다. 한국은 근무하기에 좋지 않은 곳으로 여겨졌기 때문에, 주한미군사고문단은 민간인 직원들을 채용하기가 어려웠고, 미국으로부터 대체요원을 구하기 위해서는 몇 달이 소요되었다.10)

한국군의 주요 기지 대부분이 수도 근처에 위치해 있었기 때문에, 고문단원의 3분의 2가 서울－인천지역에서 근무하며 생활했다.11) 군사고문단 사령부는 영등포로 향하는 도로 주변에 있는 서울의 한국군사령부 안에 위치해 있었다. 서울 주변에서 근무하고 있는 고문단원들은 109개 동의 서구식 집과 약국, 예배당, 장교클럽과 공공시설, 막사 등이 있는 서빙고 기지에 살았다. 영등포에서 남쪽으로 7마일 떨어진 곳에는 32개 동의 집이 있는 또 다른 주거 지역이 있었다. 서울로부터 19마일 떨어져 있고 한국군의 시설물이 많은 부평(ASCOM City)에는 60명의 미군 군속과 주한미사절단 가족들이 거주하는 주택 지역이 있었다. 나머지 군사고문단원들은 남한 전국 각지 18곳에 분산되어 있었다.12)

서울에 있는 독신 장교들은 주한미군사고문단 장교클럽이나 주한미사절단 합동행정처와 함께 호텔에 거주했다. 간호사나 고문단의 여성들은 서빙고에 있는 여성용 막사에 거주했고, 사병들은 막사에 거주했다. 서울 근처에 있는 결혼한 주한미군사고문단원들의 가족을 위해 군사고문단은 서빙고 기지 내에 있는 1개내지 4개의 침실이 있는 1층으로 건축된 109개 동의 건물 중 96개와, 영등포의 가옥 32동 가운데 17개 동을 사용했다. 같은 유형의 건물들은 대개 야전기지로 이용되었지만,

---

10) (1) Civilian Employees, KMAG, OFldr, sec. Ⅰ. (2) HR-KMAG, an 5.
11) SA Rpt, KMAG, 31 Dec 49, sec Ⅰ, p.2.
12) Quarters and Billeting, OFldr, sec. Ⅰ.

미국인 학교와 의료 및 우편시설 그리고 상점이 부족했기 때문에, 가족들은 대개 대전, 대구, 부산, 광주 등에 거주했다. 야전 기지에 있는 독신 장교와 사병들은 한국군 사단이나 연대본부 근처의 막사에 있는 부속 건물에 살았다.[13]

앞에서 언급했듯이, 한국은 미군에게 인기 있는 근무지가 아니었다. 주한미군사고문단에게 높은 물가, 불량 주택, 제한된 운송수단 및 정치적 소요로 가득 찬 남한은 문화라고 부를 수 있는 것과는 거리가 먼 조그마한 전진기지였다.[14] 그럼에도 불구하고 한국에서의 근무를 가능하게 했던 것은 비교적 짧은 근무기간 때문이었다. 일본에서의 극동군사령부 요원들은 30개월인 반면에, 가족이 없는 군인들의 한국 근무는 18개월에 지나지 않았다. 가족을 동반한 군인의 경우에도 24개월이었다. 동기 유발을 위해 한국에 근무하는 군인들은 추가적인 수당을 제공받았다. 적절한 생활수단과 기숙사가 없는 지역에 거주하는 군인들은 높은 월급을 받았다. 한국에서 생계를 위해 1일 기준 3달러와 막사 이용을 위한 보조금이 1일 기준 75센트가 지급되었다. 주한미군사고문단 기지에 있는 막사를 이용할 수 있는 경우에도, 생활보조금이 지급되었다.[15]

한 달에 받는 추가적인 월급 90달러는 개인이나 부대 내 매점에서 사용하는 데 매우 유용했다.[16] 운송과 매점 운용비용 때문에 가격은 도쿄의 매점보다 30%가 높았다. 어떻든, 모든 군사고문단원들은 월급

---

13) (1) Ibid. (2) KMAG Staff Memo 108, 27 Dec 49. (3) Ltr, Col Bartosik, 2 Jan 53.
14) Morale, OFldr, sec. Ⅰ.
15) (1) Morale ; Length of Tours and Extensions ; and Station Allowance, OFldr, see Ⅰ. (2) KMAG Staff Memo 108. (3) Station Rpt, Office of the Army Attache, American Embassy, Seoul, 1 May 50, p.20, in G-2 Doc Lib, DA, ID 66620.
16) 추가 봉급은 1950년 4월 1일에 1일 3달러 75센트로 올라, 한 달에 총계 112달러가 되었다.

에 만족했고, 많은 수의 요원들이 주한미군사고문단의 임무 연장을 요청하는 계기가 되었다.17)

주한미군사고문단원과 가족들의 건강과 치과 치료를 위해, 주한미군사고문단 의료부는 서빙고 기지 내에 조그마한 진찰실을 운영했다. 의료진에는 의무장교와 6명의 사병이 있었고, 파트타임으로 한국 여성들에게 현대적인 간호 기법을 가르치는 간호원이 있었다. 주한미군사고문단 의료실은 수백 마일 이내에 미군 의료 시설로는 유일했기 때문에 대부분의 일상 치료와 응급치료를 담당하고 있었다. 필요시에 의료진들은 야전 X-레이 기계와 조그마한 수술실을 이용했다. 한국군으로부터 빌려온 구급차는 긴급을 대비해 대기시켜 놓고 있었다. 중상자의 경우는 8마일 떨어져 있는 제7안식일 의료단(삼육위생병원: 역자 주)으로 보내지거나 혹은 항공편을 통해 일본으로 보내졌다. 다수의 장교와 사병들은 이 조그마한 주한미군사고문단 의료실조차도 이용할 수 없었기 때문에, 위생병이 주요 야전 기지 5곳에 배치되었다. 그들은 각각 의료장비와 의약품이 구비된 사물함을 가지고 있었다. 이들 위생병들은 치료와 수술 전문가로서의 경험을 가지고 있었고 응급 처리와 경상치료가 가능했다. 먼 곳에 떨어져 있는 부대에 대해서는 긴급상황에서 항공수송도 이루어졌는데, 겨울에 눈으로 고립되는 강릉에서는 제약이 많았다.18)

고문단의 종교적 필요를 위해, 주한미군사고문단은 군목과 서울교구로부터 신부를 파견 받아 배치했다. 고문단 내에 유대교 신자는 매우 적어서 유대교회는 없었다.19)

---

17) Station Allowance ; and AMIK Commissary, OFldr, sec. Ⅰ.
18) (1) Ltr, Col Bartosik, 7 Aug 52. (2) HR-KMAG, an. 18. (3) KMAG Dispensary and the VD Program, OFldr, sec. Ⅰ.

무선통신은 주한미군사고문단에 매우 중요했다. 서울과 인천을 제외한 지역의 고문관들은 넓은 지역에 분산되어 있었기 때문에 무선통신은 매일 연락을 유지할 수 있는 유일한 수단이었다. 임시로 설치된 고문단의 무선네트워크는 서울분소(SCR-399), 대구분소(SCR-399)와 이동분소로 대전, 광주, 원주, 강릉, 춘천(SCR-193's)으로 구성되었다. 추가적인 이동분소는 게릴라 토벌을 위해 작전 중인 한국군 부대에 고문관이 배치되었을 때와 같이, 특별 작전을 위해 설립되었다. 이 네트워크는 주한미군사고문단이 설치된 이후 확장되었고, 1949년 말까지 주한미군사고문단 사령부 내의 통제기지에 두 개의 분리된 연결망으로 이루어진 12개의 분소가 있었다. 연결망 하나는 남한 내에 있는 고문관들과의 연락을 위해서, 다른 하나는 원주, 옹진반도, 그리고 38선 인근 여러 지역의 한국군에 소속된 고문관과의 연락을 위해서 설치되었다.[20]

통신과에 배속된 무선통신 요원들은 주한미군사고문단 무선통신망 통제소에 배치되었다. 야전통신소에서는 통신 고문관들이 부족했기 때문에 무선통신 요원들이 무선 통신사 역할과 한국군 통신중대의 자문 역할이라는 이중 역할을 수행했다. 모든 분소는 일정한 시간표에 따라 하루 2교대로 종사했고, 서울의 연락 통제국은 양측 연결망을 끊임없이 살폈다. 전략이나 작전 정보를 전달하는 것 이외에, 무선 연락망은 잡화점 운영 및 환자 가족들 간의 연락 등 전화 대체 수단으로 활용되었다.[21]

주한미군사고문단의 대부분은 고문 역할에 종사했으나, 피할 수 없

---

19) HR-KMAG, an. 14, p.1.
20) HR-KMAG, an. 10, including Incl A.
21) Ltr, Col Bartosik to Lt Col Richard J. Butt, 28 Apr 50, sub : Orientation, OFldr, sec. Ⅰ.

제3장 주한미군사고문단: 기구와 변화 75

는 행정 업무가 있었다. 보급, 수송, 통신과 인사 행정이 여기에 포함되었다. 경우에 따라서는 고문 업무를 담당하면서 병행할 수 있는 행정업무도 있었다. 그러나 고문관이 전적으로 행정업무를 담당해야 하는 경우도 있었다.[22]

인사행정과 보급은 수많은 장교와 사병들의 노력이 필요했다. 인사행정에 있어서 모든 행정은 부관부에 집중되었다. 이로써 고문단의 인사 고문관들은 그들의 업무를 한국군을 자문하는 데 집중할 수 있었다.

고문단이 주한미군 소속의 임시 조직이었을 때, 보급과 다른 수송 문제는 군수(G-4) 고문관 가이스트(Russell C. Geist) 소령 담당이었다. 주한미군의 철수 직후, 고문단의 군수 문제를 다루는 일과 동시에 한국군의 증강을 지원하는 문제가 대두되었다. 병참문제는 주한미군사고문단의 보급이나 한국군의 보급과 같은 문제가 대두될 때마다 논의되어 혼란이 쌓여갔던 부분이었다. 가이스트는 또한 동반 가족의 집을 배분하고 유지하는 책임도 맡고 있었다. 1949년 2월 말, 로버츠 장군은 가이스트의 임무 중 하나인 부양가족 주택 문제를 해결하기 위해 맥코넬 3세(Thomas MacConnell Ⅲ) 소령을 임명했다. 그러나 주한미군이 철수하면서 군사고문단으로 다른 업무들이 넘어왔기 때문에 이는 충분하지 않았다. 군수 고문관은 한국군의 증강을 지원하는 데 힘을 쏟아야 했기 때문에 군사고문단의 일상적인 군수 업무에는 소홀할 수밖에 없었다.[23]

최종 해결은 보급처(Director of Supply)이라 불리는 개별 기관을 1949년

---

22) (1) Interv, Col Wright, 5 Jan 53. (2) Interv, Capt Kevin G. Hughes, 6 Oct 52. (3) Interv, Capt Howard Erwin, 6 Oct 52. (4) Ltr, Col Bartosik, 7 Aug 52. (5) KMAG Staff Memo 108.
23) (1) HR-KMAG, an. 4, p.2, an. 6, 1. (2) Interv, Maj Geist, 3 Jul 52. (3) Interv, Lt Col Robert E. Myers, 7 Jul 52. (4) Interv, Lt Col Lewis D. Vieman, 14 Jul 52.

6월 28일 설립하여 고문단에 포함된 모든 군수 문제를 관할하도록 함으로써 해결되었다.24) 마이어스(Robert E. Myers) 중령이 책임자였고, 가이스트는 한국군 군수 문제에 전담할 수 있었다. 고문단의 본부사령은 보급처의 보좌관을 겸임하여, 부양가족의 주택과 주한미군사고문단의 관리 유지 업무 모두를 한 부서에서 담당하게 되었다. 주한미군사고문단과 주한미사절단을 연결하는 것이 바로 이 기관이었다.25) 또 다른 주한미군사고문단의 참모 임무는 의무실, 고문단본부의 사병계, 우체국, 장교클럽과 예배당 사무실 등의 확보였다.

고문단의 정보과(G-2)를 제외하고, 다른 참모들은 고문단에 대한 업무가 거의 없었다. 정보과는 정원이 조정되기까지 요원을 선발하여 비공식적으로 정보를 수집했다. 그러나 그 기능은 초보적 수준에 지나지 않았다.26) 한국군이 미국에게 잠재적인 가치를 가진 정보를 보고하면, 정보과 선임장교 리드 대위는 그 정보를 로버츠 장군에게 보고했다. 시간이 흐름에 따라, 일일 및 주간 정보 예측과 보고서, 방문인사들에 대한 요약, 정치적 사건에 대한 조사 및 다른 일상 업무가 필요하게 되는 등 고문단 정보과의 임무가 늘어났다. 게다가 한국 내의 유일한 정보기관으로서, 고문단 정보과는 미국의 특정 비밀 정보기관과 연락을 취하였고 때로는 이들을 위해 직접 활동하기도 했다.27)

---

24) KMAG Staff Memo 33, 28 Jun 49.
25) Director of Supply, OFldr, sec. Ⅰ.
26) WARX 90992 CSGPO to Chief, KMAG, info CINCFE, sub : Terms of Reference for Chief, KMAG, 1 Jul 49. 이 메시지의 8번째 부분은 정보 수집 기관이 아니지만, 주한미군사고문단이 다른 미국의 부대와 같이 미국의 안보와 국익에 영향을 미칠 수 있는 정보를 보고하는 책임을 가지고 있다고 언급했다.
27) (1) Ltr, Maj John P. Reed, 9 Jan 53. (2) Ltr, Capt Frederick C. Schwarze, 6 Jan 53. (3) HR-KMAG, an. 3. (4) G-2 Organization and Operations, OFldr, sec. Ⅱ를 참조.

고문단 작전과의 활동은 비교적 적었다. 서울과 남한의 36,700평방 마일28)에 분산되어 있는 미국인들과 고문단의 임무 성격을 고려할 때, 훈련 계획은 적합하지 않았다. 작전과에 의해 준비되는 고문단의 소개 계획(CRULLER)을 제외하고, 고문단의 작전과는 한국군 훈련에 중점을 두었다.29) 고문단의 헌병대장, 감찰장교, 공보장교의 임무는 제한적이었다. 고문관을 위한 여가 모임은 민간인 레크리에이션 부 요원들에 의해 조직되었다. 그 부서의 군인들은 한국군 레크리에이션 부원들과 함께 근무했다.30)

운영절차

새로 부임한 고문관들은 배속 후 얼마 지나지 않아 고문단 참모들이 운영하는 공식적인 오리엔테이션에 참석했다. 이 자리에서 참모업무와 고문단이 겪는 문제점들이 소개되었다. 1949년 7월 1일 로버츠에게 하달된 권한에 따르면, 고문단은 한국의 경제력 범위 안에서 한국을 돕고, 한국 육군, 해안경비대, 경찰을 조직하고 훈련을 도와 국내 안보를 발전시키며, 미국의 군사원조가 효과적으로 사용될 수 있도록 하는 것이었다.31) 따라서 임무는 '국내 치안력'을 육성하는 데 주어져, 공격과 방어를 수행할 수 있는 이중의 능력보다는 훈련과 무기에 있어서 방어

---

28) SCAP, Summation, No. 1, Sep and Oct 45, p.1.
29) (1) Ltr, Maj West, 16 Sep 52. (2) Ltr, Col Reynolds, 17 Sep 52. (3) Ltr, Col Ralph W. Hansen, 2 Aug 52.
30) HR-KMAG, ans. 13, 16, 17, 20을 참고할 것.
31) DA Rad, WARX 90992, CSGPO to Chief, KMAG, 1 July 49.

적인 측면이 강조되었다.

로버츠 장군의 인사말에 이어, 참모장인 라이트(W. H. Sterling Wright) 대령과 인사, 정보, 작전 군수과 담당자들은 부서 운영, 그들이 주목해야 할 특별 임무에 대해 토론했고, 새로운 장교들에게 한국 근무 중에 직면할 수 있는 문제에 대해 조언을 하였다. '고문관 참고서'와 운영 지침서가 배포되었다. 이러한 오리엔테이션은 초기의 군정 고문관들에게 주어졌던 것과는 매우 달랐다. 이전에는 대개 연대가 위치한 지역 내 군정 지사의 소개와 일반적인 지시를 담은 등사판으로 인쇄한 문서가 들어있는 서류철을 받았다.32)

신임 장교들은 가능하다면 임무가 부여되기 전에 고문단 부서 모임에 일주일에 한 번씩 참석했다. 이 모임은 매주 토요일 오전에 열렸고 서울과 부평, 인천지역의 모든 고문관들이 참석했다. 여기서, 일반 및 특별부서의 대표자들과 한국군부대에 근무하는 고문관들이 고문단장에게 보고했다. 이러한 모임은 선임이나 신규 고문관들에게 현재의 정책이나 활동을 지도하는 데 매우 유익했다.33)

이론적으로 한국군의 사단장, 연대장, 대대장들은 자신의 직무를 수행하는데 미국 장교를 보좌관으로 채용하고 있었다. 이는 이른바 카운터파트 시스템이다. 고문관들은 한국 국방부, 합참, 육군 사령부의 일반 및 특수부서와 모든 기술 및 행정 부서에 파견되어 협력했다. 소규모로 한국 해안경비대와 국립경찰에도 고문단이 파견되었다.34)

하지만 미군사고문단이 한국군의 모든 영역에서 활동한 것은 아니었

---

32) (1) Orientation-Newly Arrived Officers, OFldr, sec. Ⅰ. (2) Interv, Maj Hausman, 21 Jan 52.
33) Staff Meetings, OFldr, sec. Ⅰ.
34) An. 3, Advisor's Handbook to SA Rpt, KMAG, 31 Dec 49.

다. 더욱이 고문단이 1949년 말까지 정원을 완전히 채우게 됐지만, 그 역시 모든 한국군 대대에 고문관을 파견할 수는 없었다.[35] 미국은 1949년 3월 장비를 제공할 한국군 병력의 상한선을 6만 5천 명으로 정했으나, 한국은 고문단의 반대에도 불구하고 병력 충원을 매우 빠른 속도로 진행했다. 1949년 7월 1일 고문단이 설립되었을 때, 한국군은 8만 1천 명 이상이었다. 한 달 후 그 숫자는 10만 명에 달했다.[36] 한편, 한국은 6월에 추가로 수도사단과 8사단 등 2개 사단을 새로이 창설했다. 고문단의 정원은 한국군 6개 사단에 기반하여 수립되었으나, 1949년 7월 이후 실제로는 8개 사단을 훈련시키고 있었다.[37] 1949년 12월 말까지 6개 사단 이상을 담당할 고문관의 정원수는 개정되지 않았다. 한국의 육군사관학교를 위한 추가 인원이 확보되지 않아 상황은 더욱 어려웠다. 학교가 증편되자, 고문단은 정원수를 조정해야 했다.[38] 그러나 상황은 희망이 없어 보였고, 비상근무 형태로 고문단은 한국군 대대 전체의 자문과 원조를 위해 활동했다. 서울에 주둔한 수도사단과 같이, 2개 이상의 대대가 같은 지역에 위치해 있을 때, 가능하다면 고문관이 동시에 여러 대대를 관할했다.[39]

로버츠 장군은 카운터파트가 같은 사무실에서 근무하며, 부대를 관찰하고, 한편으로 상호 긴밀하게 일일 업무와 문제점을 공유하지 못한다면 효과가 없을 것이라는 의견을 가지고 있었다.[40] 이는 주한미군사

---

35) (1) Ltr, Gen Roberts, 22 Jan 52. (2) Ltr, Roberts to Ward, 9 Nov 51. (3) Ltr, Col Hansen, 2 Aug 52.
36) HR-KMAG, an. 2.
37) (1) Ltr, Roberts to Ward, 9 Nov 51. (2) Ltr, Roberts, Nov 52. (3) Ltr, Col Hansen, 14 Nov 52.
38) 이 책의 4장을 보라.
39) Ltr, Col Hansen, 14 Nov 52.

수도사단 통신대와 함께 근무중인 군사고문단

고문단이 별도의 사령부 건물을 두지 않는 이유였다. 고문단 참모들은 한국군 사령부 건물에서 한국인들과 함께 근무했다. 그리고 이곳에 로버츠 장군과 라이트 대령의 개인사무실, 행정실, 회의실 등 주한미군사고문단이 독점적으로 사용할 수 있는 공간을 마련했다. 이외에도 한국육군본부의 어느 다른 사무실에 가 보아도 한미 양국이 사무실을 같이

---

40) (1) SA Rpt, KMAG, 31 Dec 49, sec. Ⅰ, p. 3 (또한 an. 3, Advisor's Handbook, pp.1~5을 참고할 것). (2) 1st Lt. Martin Blumenson et al., Special Problems in the Korean Conflict (앞으로는 Blumenson, Special Problems로 인용), Hq EUSAK, Ⅲ, pt. 14, ch. Ⅰ, 2, in OCMH files. (3) Ltr, Col Hansen, 2 Aug 52.

사용하고 있음을 알 수 있다. 예를 들면 육군 인사국 고문관은 한국 측 인사국 사무실에 책상을 하나 놓고 같이 근무하였다. 한국 육군의 제반 군사학교, 기술지원부대 및 일선 파견대에서도 한미 양국이 한국 육군 본부에서와 같이 긴밀한 관계를 유지하였다.[41]

이 원칙에 두 가지 예외가 있었다. 과도한 행정적, 작전 책임 때문에 로버츠 장군은 한국 국방장관과의 관계를 서신이나 회의로 제한했다. 같은 이유로, 고문단 참모장은 한국군 참모와 직접적으로 교류하지 않았다. 이 때문에 하우스만 대위는 라이트 대령과 그 상대자 사이에서 연락관으로 근무하며, 라이트 대령의 사무실에 있었다. 하우스만의 한국 경력은 이러한 취지에서 부서 장교들에게는 매우 중요한 존재였다. 그러나 연간 국방 예산이나, 한국군에 영향을 미치는 법률 등 중요한 문제가 대두될 때에는 동일 수준에서 상대편과의 회합이 빈번해졌다.[42]

고문단의 카운터파트 제도하에서, 고문관들은 상대방에 대한 직접 권한을 가지고 행동하지는 않았다. 고문관들은 제안이나 지도하는 방식으로 훈련이나 작전을 통제하기를 원했다. 주한미군사고문단의 규정집에는 "고문관은 명령할 수 없다.……그들은 보좌한다"라고 기술되어 있다. 따라서 고문관들은 자신의 영향력을 행사하기 위해 상대방을 설득하거나 그들의 존경심을 불러일으키도록 애썼다.[43] 그러나 모든 것이 순조로웠던 것은 아니었다. 때때로 고문관들은 자신들의 충고를 받

---

41) (1) Interv, Lt. Col Martin O. Sorensen, 17 Dec 52. (2) Interv, Col Wright, 5 Jan 53.
42) Conferences with the Minister National Defense ; Relationship With the Chief of Staff, KA, OFldr, sec. Ⅱ.
43) (1) Advisor's Handbook, 17 Oct 49, an. 3 to SA Rpt, KMAG, 31 Dec 49, pp.2, 3. (2) SA Rpt, KMAG, 31 Dec 49, sec. Ⅰ, p.3. (3) Ltr, Lt Col John B, Clark, 26 Dec 52. (4) Ltr, Capt Schwarze, 6 Jan 53.

아들이지 않기 위해 계급으로 밀어붙이려는 한국인 선임 장교들의 반발에 부딪치곤 하였다. 이는 특히 행정, 보급, 재정, 재무관리 분야에서 나타났다. 다행스럽게도, 한국 국방장관은 로버츠 장군에게 비협조적인 한국 장교들을 보고하도록 요청했고, 이러한 경우 조속한 조치가 효과를 발휘했다. 처분권을 가진 고문관들의 또 다른 강력한 권한은 미국이 한국군대에 재정, 군수 및 장비를 제공한다는 사실이었다. 고문관들은 "이를 명심하라, 그러나 자주 사용하지는 말라"고 지시받았다.[44]

  대부분의 한국군 장교들이 그들의 고문관을 반대한 것이 아니었고, 대부분은 미국의 원조를 환영했으며 그들이 배운 것을 실행에 옮기려고 노력했다.[45] 또한 미국인들의 방법이 모든 경우에 있어 한국인들에게 강압적으로 주입된 것도 아니었다. 미 고문관들은 미국의 방법을 이용하도록 어쩔 수 없이 제안했지만, 영리한 고문관들은 한국 장교들에게 미국의 교리를 강요하지는 않았다.[46] 한 고문관은 자신이 "한국인 사령관에게 사소한 문제에 있어 양보를 하고 중요한 양보를 받아냈다"고 회고했다.[47] 군기를 잡는 경우에는 한국식 방법이 미군에서 활용되는 방법과 매우 다르기는 했어도 한국군 사병들이 더 잘 이해할 수 있는 방법으로 입증되기도 했다. 동양의 가혹한 군기 확립 방식은 모욕적이었지만, 많은 전직 고문관들은 너무 심하게 하지만 않으면 한국군에 더 알맞은 방식이라는 것을 알았다.

---

44) (1) Advisor's Handbook, p.5 cited n. 43 (1), above. (2) Conference with the Minister National Defense, OFldr, sec. Ⅱ. 또한 데루스 대령의 1952년 10월 4일자 서한도 보라.

45) (1) Ltr, Col Hansen. (2) Ltr, Col Reynolds. (3) Ltr, Col McDonald (4) Interv, Col Sorensen. (5) Ltr, Col Clark. (6) Interv, Capt Schwarze, 6 Apr 53.

46) Advisor's Handbook, cited n. 43 (1), above, pp.2~3.

47) Ltr, Col DeReus, 4 Oct 52.

어떤 경우에는 서로의 경우 마찰이 일어났고, 그 마찰의 원인은 미 고문관들에게 있었다. 다수의 고문관들이 자신들의 지위의 중요성을 알고 있으며 임무를 적절히 수행했지만, 보충되는 인원이 부족하다보니 고문관 업무에 적합하지 못한 장교와 사병이 배치되는 경우도 있었다. 어떤 부적응자는 상대방을 군법 등으로 위협하거나 심지어 충고라는 미명하에 폭력을 행사하기도 하였다.[48] 그러나 그러한 극단적인 경우는 드물었고 잘못을 저지른 미국인들은 고문단에 오래 남아있을 수 없었다.

특별한 문제들

주한미군사고문단의 업무를 복잡하게 하는 몇 가지 문제가 있었다. 일부는 한국의 전통문화에서 비롯되었고 일부는 전후 정치적 격변에 기인하고 있었다. 동양의 고유한 관습과 습관은 미국인들이 이해하기 어려웠고, 그들은 문제가 발생했을 때 적합한 해결책을 찾기 위해 고심했다. 그리고 의사소통의 문제가 있었다.

전후에 미국인들을 위해 단기과정의 어학학교를 수립했지만, 관심 부족으로 곧 중단되었다. 주한미군사고문단 출신의 한 장교는 후에 다음과 같이 진술했다. "처음에는 출석이 좋았으나, 빈약한 교육은 곧 출석률을 급감시켰고, 결국 그 교육을 그만두었다." 로버츠 장군은 고문관들이 한국어를 익히도록 격려했지만, 극소수만이 시도했을 뿐 대다수는 포기했다. 고문관들이 한국어를 배우려는 노력은 수박 겉핥기에

---

48) Ltr, Col Hansen, 2 Aug 1952.

지나지 않았다. 만약에 사회적 교류만 필요했다면 언어 장벽은 비교적 사소한 문제였을 것이다. 왜냐하면 전문 번역가들을 활용하거나 많은 수의 한국인들이 영어를 사용할 수 있기 때문이었다.49)

사실 진정한 어려움은 한국어와 한글에 근대적 군사 지식을 이해하기 위한 용어가 부족했기 때문이다.50) 전쟁기간 동안 일본군에서 복무했던 한국인들은 필수 어휘가 모두 들어있던 일본어로 훈련받는데 별 지장이 없었다. 무엇보다도 일본어를 이해하는 한국인들이 15%에 지나지 않았고 나머지 85%는 오로지 한국어로 배우고 있었다.51) 두 번째로는 한국인, 특히 이승만 대통령이 한국에서 일본어 사용에 강력하게 반대했다는 점이다.

일본 지배하에서 한국인들의 군사적·기술적 경험이 매우 제한되었기 때문에, 자동소총이나 전조등과 같은 용어와 통제선(phase line), 지대(zone), 도약대(movement by bounds)와 같은 표현은 한국어로 번역이 불가능했다. 심지어 분대(squad)와 같은 간단한 용어조차도 한국인 병사들에게 설명하기 어려웠다. 한국어는 단어나 개념에 대한 동의어가 매우 한정적이었다. 이러한 격차를 줄이기 위해, 한국인들은 설명문에 의존해야 했다. 기관총은 '매우 빨리 발사되는 총'으로, 전조등은 '광택 있는 그릇

---

49) (1) Language Problem and Dictionary, OFldr, sec Ⅰ. (2) Advisor's Handbook, cited n. 43(1), above, p.2. (3) Station Rpt, Office of the Army Attache, Seoul 1 May 50, p.2, G-2, Doc Lib, DA, ID 666120. (4) Ltrs, Col Hansen, Col McDonald, Capt Schwarze, Maj Reed.
50) (1) Language Problem and Dictionary, OFldr, sec Ⅰ. (2) Ltr, Col McDonald, 3 Dec 52. (3) Interv, Col Wright, 5 Jan 53. (4) Interv, Col Sorenson, 17 Dec 52. (5) Interv, Capts Erwin and Hughes, 6 Oct 52. (6) 또한 Communications Procedures in Allied Operations, prepared by the Signal School, Fort Monmouth, N.J., pp.36~52 (OCMH 파일의 사본)을 참고하라.
51) Grajdanzev, *Modern Korea*, p.269을 참고하라.

안의 양초' 등으로 쓰였다. 하지만 그러한 묘사의 정확성이 개인의 상상에 달려있기 때문에, 이러한 방법도 해결이 되지는 못했다. 해석은 모순적이었고 부정확했다. 한 사람이 기관총을 위와 같이 번역하면, 다른 사람은 이를 '소음이 많은 총'으로 번역했다. 때때로 고문관들은 이러한 두 가지 해석으로 정확한 의미를 찾기를 바라며 사용하지만, 번역자들의 논쟁만 가열되었고 결국 한국인들은 무엇을 논의하는지조차 알지 못하게 되었다.[52]

완곡한 표현을 사용하는 동양적 특성에 의해 상황은 더욱 복잡해졌다. 한국인들은 서양인들보다 자신들을 표현하는 데 있어 더 많은 단어를 사용하고 자신들의 문제를 에둘러 표현한다. 이러한 습관은 한국어에 존재하지 않던 군사용어나 어휘의 해석에 사용되었을 때 문제가 더욱 복잡해진다. 따라서 모든 고문관들이 한국어를 유창하게 한다면 도움이 될지 모르지만, 반드시 문제해결이 되지는 않았다. 한국군이 매우 필요로 한 것은 장비와 교리를 위한 표준화된 용어였다.

1949년 12월 이전에는 한국인과 고문관들을 위한 적절한 용어 사전을 만들려는 노력이 소홀했으며 고문관들은 언어 문제에 개인적으로 대처했다. 일부는 그 의미를 알기 위해 한국어를 배웠고, 일부는 자신들의 통역관에게 의존했다.

12월에, 고문단 작전과는 간단한 군사용어 사전을 편찬하기 시작했다. 일상용어로 500개의 미군 용어를 선별한 후, 작전과 고문관들은 5명의 한국군 장교와 12명의 민간 번역가에게 제출했다. 편집위원회라 불리였던 이 기관이 몇 달 동안의 작업으로 이 용어를 적절한 한글로 번

---

52) (1) Ltr, Col Hansen. (2) Ltr, Col McDonald. (3) Interv, Col Wright. (4) Ltr, Col Albert L. Hettrich, 17 Nov 53.

역했다. 하지만 일부는 용어가 적절히 번역되지 못했다며 완성된 사전의 오류를 지적했다.53) 1950년 3월, 한국군은 미군용어사전(Dictionary of United States Army Terms)을 번역하기 위한 야심찬 계획 아래 추가적으로 영어에 능통한 15명 장교로 구성된 편집위원회를 만들었다.54) 이 계획이 마무리되자, 이 한국어판은 이미 사용 중이던 사전을 대체하여 한국육군의 표준이 되었다. 이 계획은 1950년 6월까지도 진행 중에 있었다.

언어 문제를 해결하기 위한 군의 노력 이외에, 한미협회라 불리던 서울의 민간조직은 군사용어를 포함한 한영사전 작업을 시작했다. 특히 이 협회는 군에서 새로운 용어를 사용하도록 단어를 만들었다. 게다가, 오씨 성을 가진 한국인과 그의 아들은 사명감을 가지고 개별적으로 군과 협력하여 군사사전을 편찬했다. 오씨는 73세의 나이에도 불구하고 번역가라는 명예를 가지고 군복을 입었다. 하지만 그와 그가 만든 사전은 전쟁초기에 사라졌다.55)

한국어 군사용어 작성에서 나타나는 혼란과 오류의 대안으로 로버츠 장군은 영어를 한국군의 공용어로 사용할 것을 제안했다. 특히 장교단에서는 다수가 이미 영어를 알고 있었고, 최신의 군사용어와 문헌을 쉽게 접할 수 있었다. 게다가 만약 한국군 장교들이 영어를 모두 배운다면, 미 군사고문단원들의 업무가 매우 단순해질 것이었다.56) 그러나 이러한 해결책은 시간과 강사의 부족으로 쉽게 받아들여지지 않았다.

---

53) (1) Ltrs, Col Hansen, Col Reynolds. (2) Interv, Col Wright, 5 Jan 53. (3) Interv, Col McDonald, 8 Apr 53. (4) Editing Committee, OFldr, sec. Ⅲ.

54) (1) Editing Committee, OFldr, sec. Ⅲ. (2) Interv, Col McDonald.

55) (1) Interv, Col McDonald. (2) Blumenson et al., Special Problems, MS, p.23. (2)항의 자료에 의하면 적어도 오씨의 사전은 적어도 한 부는 지금도 존재할지 모른다.

56) (1) Language Problem and Dictionary, OFldr, sec. Ⅰ. (2) Interv, Col McDonald.

미국인들에게 또 다른 문제는 군대 양성에 있어 한국정부의 역할이었다. 군사 경험 수준이 낮은 취약한 민주주의하에서, 상급 사령부와 참모 직위의 임명은 능력보다는 정치적 연줄에 의해 자주 좌우되었다. 정치적으로 임명된 장교들은 대개 그 지위에 걸맞은 능력이 없었고 고문관들의 교육에 냉담하거나 적대적이었다. 군사고문단에게 법적 권한이 없었기 때문에, 미국인의 충고를 받아들이는 한국인들의 주요 직위가 중요했다. 대개 무능하고 적대적인 한국 장교들은 군사고문단의 압력으로 탈락되었다.57)

한국인들에게 매우 중요한 위신이나 체면은 미국인들에게는 또 다른 문제였다. 앞에서 언급했듯, 한국군 장교들은 계급에 매우 민감했고 하위계급의 고문관들이 뛰어난 능력을 가졌는데도 협조를 꺼리는 경우가 흔했다. 한국군 고위 장교들은 대개의 경우 연령이나 계급에 있어 하급자인 참모들과 논의하기를 꺼려했다. 자신이 현안문제에 대해 내린 명령이 잘못되었지만, 체면 때문에 이를 인정하여 이미 내린 명령을 변경하거나 취소하지는 않았다. 같은 이유에서, 예하 부대장이나 참모 장교들은 자신들의 상관이나 군사고문관들에게 불리한 소식을 전하는 것을 꺼려했다. 판단에 있어 오류나 단점을 인정하기를 꺼려했기 때문에 정확한 정보를 얻기가 어려웠고, 심지어 체면을 유지하기 위해 잘못된 정보를 제공하기도 하였다.58) 이러한 문제를 어떻게 요령 있게 처리하는가가 고문관들의 주요한 임무였다. 가장 효과적인 행동은 상당한 인내

---

57) Ltr, Roberts to Ward, 9 Nov 1951. (2) See also Ltrs, Col Hansen, Col Reynolds.
58) (1) Ltrs, Col Hansen, Col Clark, Maj Reed. (2) The Road to Ruin, lecture delivered at Korean Army Staff School, 20 Feb 50, by Col Vieman, transcript in OCMH files. (3) Incl 3 to Ltr, Lt Col Walter Greenwood, Jr., to Gen Smith, 26 Jan 54.

심과 이해력, 상호 신뢰를 발전시키며 고문관과 상대편 사이에 존경심을 갖는 것이었다.

  위신문제의 또 다른 측면은 열병식이나 경호를 위해 한국군대를 이용할 때 나타났다. 열병식을 좋아하는 한국인들은 고위 인사가 서울에 올 때마다, 열병 부대인 한국 기병연대를 요청했다. 이러한 행사는 부대의 훈련계획을 방해하고, 말발굽으로 도로를 손상시키며 귀중한 가솔린을 낭비했다. 경호의 경우, 모든 한국 부대장들은 게릴라로부터 자신을 보호하기 위해 시골을 지날 때마다 많은 수의 경호원들이 필요하다고 생각하는 것 같았다. 암살 가능성이 어느 정도 있긴 했지만, 그보다도 차량과 병력을 동원하는 것이 위신을 크게 높여주었기 때문이다.[59] 이는 사소한 문제였고 사실 더욱 중요한 것은 이로 인해 한국군이 훈련할 귀중한 시간을 허비한다는 것이었다.

---

59) (1) Interv, Col Sorensen. (2) Ltr, Col Hansen.

제4장 한국군 훈련

1949년 중반 한국군 편성 상황을 상세하고 정확하게 보여주는 기록은 없다. 미군사고문단은 물론 한국군 조차 자료를 완벽히 보존하지 못했기 때문이다. 미육군과 유사한 편제의 사령부와 편성 단계가 제각각이었던 8개 사단이 편성되어 있었던 것은 확실하다. 고문단은 1949년 내내 한국군의 주요 부대와 지원부대들을 개선하고 증강시키는데 대부분의 시간과 노력을 쏟았다.

한국군 조직과 훈련프로그램의 채택

제1, 2, 3, 5, 6, 7, 8, 수도사단 등 8개 사단 중에서 수도사단만이 완편 상태에 가까웠다. 기갑연대 주력은 서울에 배치되어 있었으며 소규모 연락기 부대가 김포비행장에 배치되어 있었다. 포병은 6개의 105mm곡사포(M3) 대대와 3개의 57mm대전차포 대대로 구성되었고, 모든 부대는 서울 근교의 포병학교에 집중되어 있었다. 지원부대로는 1개 통신대대, 1개 병참대대, 2개의 병기대대, 1개의 건설공병단 등이 있었는데 편성 상태는 천차만별이었다. 한국군은 서울근처에 8개의 군사학교를 운영하고 있었다.[1]

한국군 기병대

  4개 보병사단과 또 다른 보병사단의 1개 보병연대는 1949년 후반 38선 접경에 배치되어 있었다. 그리고 3개 사단은 이남지역에서 공비소탕작전과 광산, 철도, 기타 다른 시설경비를 맡고 있었다. 사실 38선 경비를 담당한 부대나 후방 치안을 담당한 부대나 할 것 없이 훈련이 가장 심각한 문제였다.
  로버츠(Roberts) 장군은 1949년 5월과 6월에 걸쳐 한국군부대의 최근 훈련·조직 상태를 평가하고 훈련 계획을 세우기 위해서 미군사고문단 조사팀을 파견했다. 이 조사팀은 군사고문단 각 참모부 대표들로 구성되어 각 부대를 검열하고 현황을 평가하는 임무를 맡았다. 조사팀은 전

---

1) (1) HR-KMAG, with annexes ; (2) MHK, ch. Ⅱ, pp.14~29 ; (3) Ltrs, Intervs, on file in OCMH 참조.

투부대와 지원부대의 훈련과정을 모두 관찰하면서 등사기로 인쇄한 평가표를 가지고 부대별로 평가해 나갔다.2)

대전에 주둔한 제2사단 예하부대의 검열은 전형적인 사례였다. 미군 사고문단 조사팀은 여기서 한국군 부대가 접적행군(approach march)을 하는 과정을 평가했다. 고문관들은 부대가 숙영에 들어가자 위생, 위장, 은폐, 안전 등의 기본사항을 점검했다. 그 다음에는 제2사단의 주둔지로 가서 생활조건을 관찰하는 한편, 장비를 검열하고 훈련상황을 감독했다.

한국군 지휘관들에게는 검열팀의 방문에 대비해 준비할 시간이 통보되었다. 한국군이 초기에 작성한 사격 평가 보고서들은 상당부분 맞지 않았기 때문에 조사팀은 사격장을 방문해 일선부대 장병들을 관찰하는 데 주의를 기울였다. 한 부대는 사격 훈련을 100% 통과했다고 자체적으로 보고했지만, 다른 기록에 따르면 겨우 20%에 불과한 장병만이 필요한 사격 훈련 과정을 성공적으로 마쳤다. 일부 부대는 사격 훈련 대신 작전에 투입된 시간이 더 길었다. 그러나 이 점을 고려해도 부대 간에 현격한 차이가 나는 점은 충격적인 일이었다.3)

미군사고문단의 검열을 통해 중요한 문제점들이 드러났다. 한 미군 장교의 의견에 따르자면, 1949년 6월의 한국군은 "1775년의 미군수준이었다."4) 한국군은 강한 민족적 자긍심을 빼면 군대로서 내세울 만한 점이 거의 없었다. 대부분의 전투부대가 기초훈련의 모든 과정을 한두 차

---

2) (1) SA Rpt, KMAG, 1949.12.31, p.12 ; (2) Gen Roberts, Commander's Estimate, 1950.1.1., copy loaned by Capt Harold S. Fischgrund; (3) Interv, Col McDonald, 8 Apr 53, New York.; (4) Interv, Capt Fischgrund, 20 Nov 52. See also: KMAG G-3 Opns Rpt 10, 3 Sep 49 ; Lrt, Gen Roberts to Lt Gen Albert C. Wedemeyer, 2 May 49, P&O File 091 Korea, sec. Ⅲ, case 51.
3) (1) Interv, Col McDonald. (2) Interv, Capt Fischgrund.
4) Ltr, Col McDonald, 3 Dec 49.

례 완료하기는 했지만 소대나 중대단위로 훈련을 실시한 것은 아니었다. 기술병과부대들은 창설된 지 1년이 넘었지만 거의 발전이 없는 유치한 수준이었다. 훈련시설이 부족하고 훈련에 부적합한 경우가 흔했다. 모든 훈련 단계에서 잘 훈련된 장교와 부사관, 더 많은 장비, 그리고 각 분야의 기술 특기자들이 심각하게 부족했다. 게다가 검열 결과 국군 특수임무부대가 빨치산 토벌작전에서 고작 몇 명의 빨치산을 사살하면서 탄약은 수천 발씩 소비한 사실이 밝혀졌다. 한국군 병사들은 병기 교육과 사격 훈련이 절실히 필요했다.[5]

검열팀이 문제점을 밝혀내자 1949년에는 한국군에 필요한 융통성 있는 훈련 프로그램을 채택해야 한다는 논의가 일어났다. 국방경비대 시절부터 근무한 병사들은 기초훈련을 다시 받아도 특별히 해가 될 게 없었다. 그러나 이렇게 하면 한국군의 발전이 전체적으로 지체될 수 있었다. 소규모 부대 훈련을 실시하던 부대들은 이미 실시하고 있는 훈련을 계속해야 성과를 거둘 수 있었다. 미군사고문단의 검열결과 훈련 수준에 관계없이 여전히 모든 부문에서 심각한 결점이 있다는 사실이 밝혀졌다. 소대나 중대단위로써 작전하는 데 상당한 능력을 보여준 부대들도 개인훈련은 부족한 것으로 드러났다. 기초훈련이 절실했지만 일정 기준을 충족한 부대는 상위 단계 훈련으로 이행하는 것이 바람직했기 때문에 양자의 균형을 맞추는 것이 문제였다.[6]

이 문제에 대한 해답으로 1943년 9월에 공식채택된 미육군 동원훈련 프로그램(U.S. Army's Mobilization Training Program, MTP) 7-1을 활용한 프로그램

---

5) (1) Marksmanship, OFldr, sec III. (2) Roberts, Commander's Estimate. (3) Ltr, Col Hansen, 2 Aug. 52. (4) Ltr, Col Clark, 26 Dec. 52. (5) Ltr, Col Reynolds, 17 Sep. 52.

6) Interv, Col McDonald.

을 도입하게 되었는데 이 프로그램은 개인훈련에서 대대 훈련(대대훈련에 이어 12주차에 연대 지휘소 연습을 포함)에 이르는, 보병연대에 소속된 각급 부대에 필요한 단계적인 훈련 내용을 담고 있었다. 미육군 제5연대 작전주임이었던 맥도널드(Eugene O. McDonald) 소령(G-3 훈련고문)은 미군사고문단에 부임하면서 포트 베닝(Fort Benning)에 위치한 보병학교의 과거 교육계획과 MTP 7-1 복사본 등을 포함한 약간의 교범을 가져왔다. 맥도널드 소령은 다음과 같이 회고했다. "미국의 각 병과학교들로부터 교육 자료를 얻어오기 위해 몇 개월씩 보내곤 했습니다. 결국 우리는 한국군 훈련프로그램의 기본 자료로 내가 복사해온 MTP 7-1을 사용하기로 했습니다." 게다가 MTP 7-1은 무반동총과 같은 최신무기가 전혀 없는 한국군의 편제에 적합했다.7)

  MTP 7-1을 기반으로 한 미군사고문단의 훈련프로그램은 6개월 과정으로 2단계로 구성되었다. 1단계는 1949년 6월 21일부터 9월 15일까지 분대·소대·중대훈련을 실시하고, 2단계는 1949년 9월 16일부터 12월 31일까지 대대 및 연대훈련을 실시하는 것이었다. 한국군 보병연대들의 부대별 문제점과 능력에 따라 훈련을 실시하면서 일부 부대는 개인훈련에 집중하고, 또 다른 부대들은 특정 훈련을 반복했다. 합격한 부대들은 소부대 훈련으로 전환하고 일일 훈련 시간의 일부만 할애하여 특정한 기초 훈련을 반복하도록 했다. 한국군 포병부대는 1단계 과정에 따라 야전포대와 연대포병중대 훈련을 받고, 2단계 과정에서는 직접지원포병의 역할을 담당하는 대대단위 훈련을 받을 계획이었다. 기갑연대는 개인훈련과 동시에 소규모 부대훈련을 실시할 예정이었다. 기술병과는 각 병과장의 판단에 따라 앞서 언급한 방식으로 훈련을 받

---

7) Interv, Col McDonald.

서울 주둔 한국군 기갑연대 장비를 검열하는 로버츠 장군

았다. 당시에는 각 사단별로 소규모 야전공병부대로 구성되어 있던 사단공병에 대해서는 기초훈련과 개인훈련에 대한 재교육을 시작할 계획이었다. 38선에 배치된 4개 사단 예하 전투공병대대는 7월에 편성됐는데, 여기에 소속될 야전공병과 폭파공병 기간요원들은 이미 훈련을 받고 있었다. 8월 초부터 이 대대들에 대해 별도로 8주 기간의 훈련을 실시할 예정이었다.[8]

---

8) (1) Training Memo 6, Hq Korean Army, Seoul, 21 June 49, in KMAG File, FE&Pac Br, G-3 folder 20. (2) Training Program, Korean Army, OFldr, sec. III. (3) SA Rpt, KMAG, 31 Dec. 49, sec. IV, pp.13~14, 24~25. (4) Roberts, Comander's Estimate. (5) Ltrs, Col Hansen, 2 Aug. 52 and 14 Nov. 52. (6) Ltr,

사격 훈련은 모든 병과에 공통적으로 필요했다. 로버츠 장군은 훈련 받은 수준과 상관없이 모든 한국군 병사들에게 집중적으로 예비 사격 교육을 실시할 것을 강조했다. 그 후 모든 병사들은 첫 단계로 M-1소총을, 그 다음에는 다른 개인화기와 공용화기에 대한 사격 숙달과 검정사격을 거치도록 되었다. 이와 관련해서 한국군 병사들이 사격에 서툴렀던 이유로는 M-1 소총의 길이와 무게도 한 몫을 했을 것이다. 미국제 소총은 체구가 작은 동양인이 사용하기에는 길고 무거웠기 때문이다. 미군사고문단 작전과 훈련고문들은 이 같은 특징을 고려해 속사 훈련 시 병사들에게 추가시간을 허용하고, 자격점수를 낮추었다.9)

또한 군사고문단은 한국군의 시설과 장비에 맞춰 MTP 7-1을 수정했다. 예를 들어 수도사단과 제8사단이 신편되면서 이미 심각하게 부족한 상태였던 무기와 장비 보유량이 더욱 악화됐다. 미군사고문단의 분배표(Table of Distribution)에 명시한 것처럼 한국군에 대한 미국의 군수지원은 6개 사단의 병력 65,000명을 상정하고 있었다. 추가로 신설된 사단을 지원하기 위해서는 한정된 물자를 더 많은 부대에 배분해야 했다.10) 이렇게 하면 각 부대는 훈련을 제대로 받기 위해서는 윤번제로 돌아가며 받거나, 아니면 일부 훈련을 완전히 생략해야 했다.11)

Col Reynolds. (7) Interv, Col McDonald.
9) (1) Interv, Col McDonald. (2) Training Memo 6, Hq Korean Army, 앞의 주에 인용되었음. (3) Marksmanship, 주 5(1)에 인용되었음. (4) SA Rpt, KMAG, 31 Dec. 49, sec. IV, p.13. (5) Roberts, Commander's Estimate. 미국은 필리핀 군을 훈련시킬 때도 비슷한 문제에 부딪힌 바 있다. 미제 소총의 개머리판이 너무 길어서 필리핀 병사들은 노리쇠와 방아쇠를 당기는 데 어려움을 겪었다.
10) 한국 측은 이런 상황을 완화하기 위해서 미군이 1945년과 1946년 일본군의 무기를 폐기할 때 숨겨두었던 20,000정의 일제 소총을 추가했다. 그러나 일제 소총의 상당수는 사용하기 힘든 상태였으며 탄약도 부족했다.
11) (1) Training Program, Korean Army, 앞의 각주 8(2)에 인용되었음. (2) Ltr, Gen

미군사고문단 검열팀의 검열이 끝나고 각 부대가 개인훈련을 받는 동안, 맥도널드 소령은 모든 전투부대에 대한 교수훈련프로그램(master training program)을 계획했다. 그 다음에 연대에 배속된 고문들은 미군사고문단 작전참모과와의 회의를 거쳐 그들이 지도하는 부대들이 예정된 일정을 소화할 수 있을지 여부를 판단하기 위해 본부에 소집됐다. 일정은 가능한 고문관들이 권고하는 수준에 맞추어 조정했다. 하지만 고문관들은 자신이 훈련을 담당한 한국군 부대에 자부심을 가지고 있어 판단을 내릴 때도 여기에 영향을 받을 가능성이 있었다. 이 점을 고려해 훈련의 최종단계는 고문관들이 권고한 수준보다 낮춰 잡았다. 이 프로그램이 준비된 뒤 G-3 선임고문 핸슨(Ralph W. Hansen) 대령, 로버츠 장군, 그리고 최종적으로 한국군 작전참모부(G-3)의 순으로 승인을 받아야 했다. 한국군은 가능한 7월 1일까지는 1949년도 훈련프로그램을 시작할 예정이었다.[12]

훈련프로그램의 장애물들

　훈련프로그램이 궤도에 올랐을 때, 38선에서 군사적 충돌이 증가하기 시작했다. 남과 북 사이에 세워진 인위적인 장벽이 충돌의 무대가 된 것은 오래되었으나 1949년 5월까지는 기본적으로 산발적이고 국지적인 수준의 충돌만이 있었다. 그러나 5월 3일 북한군이 개성방면을 공격하면서 일련의 무력충돌이 시작됐다. 그 뒤 6개월 동안 38선을 따라 400회가 넘는 교전이 일어났다.[13] 이러한 충돌은 정찰대 사이의 소규

　　　Roberts, 22 Jan. 52.
12) Interv, Col McDonald.

모 전초전이 대부분이었지만, 일부 충돌(개성, 춘천, 옹진반도의)은 양측에 다수의 사상자를 초래했다.14)

동시에 남한 내 빨치산들의 활동도 증가하기 시작했다. 민간소요와 파괴활동은 1945년 이래 남한에서 일상적인 사건이었지만, 1948년 4월 이후부터는 이런 사건들이 점차 조직적인 빨치산운동으로 발전했다. 남해안 끝자락에 위치한 제주도에서 일어난 봉기를 시발로, 1948년 10월 여수반란 관련자들이 지리산으로 입산하기 시작하면서 육지로 빨치산 활동이 확산되었다.15) 또 다른 빨치산들은 한국군 탈영병들이 북한에서 훈련받은 후 주요산맥을 따라 남파된 빨치산들과 결합하면서 형성되었다. 1949년 후반 빨치산들이 마을과 시설을 공격하기 시작하면서, 심각한 문제가 되었다.16)

적대행위는 한국의 국내안보에 대한 중대한 위협이었을 뿐만 아니라, 한국군의 훈련에도 영향을 미쳤다. 이것은 미군사고문단의 임무에도 현저한 영향을 끼쳤다. 1949년 7월부터 12월까지 단 6개월 동안 한국군은 총 542회, 즉 하루 평균 3회에 달하는 토벌작전에 투입되어야 했다.17) 전술·실전경험을 고려하면 적과의 실제 전투는 유익한 면도 있었다. 그러나 이것은 미식축구 코치가 자신의 팀이 경기의 기본을 숙

---

13) OACofS, G-2, DA, Weekly Intelligence Report(WIR), No. 49, 27 Jan. 50, p.16.
14) (1) SA Rpt, KMAG, 31 Dec. 49, sec. IV, p.22. (2) HR KMAG, p.6. (3) MHK, pp.57~60. 미군사고문단은 피해가 컸던 교전 중 일부는 한국군이 38도선 접경이나 그 이북지역을 확보하고 방어진지를 구축하는 과정에서 발생했다고 보고했다.
15) 2장을 참조하라.
16) (1) Capt. Harold S. Fischgrund, Summary of Operations, Korean Army, undated MS loaned by the author. (2) Interv, Capt Fischgrund, 29 Oct 52..
17) OACofS, G-2, DA, WIR, No.49, 27 Jan. 50, p.16.

서울에서 경찰에 체포된 공산 폭도

달하고, 특정한 신호를 배우기도 전에 경기에 나가는 것을 허용하는 것과 같은 상황을 초래했다. 많은 부대들이 대부분의 시간을 전장에서 보내면서 훈련지역에서 떨어져 있게 되었다. 이 때문에 적과 맞서는 데 필요한 최소한의 기초적인 훈련조차 받을 수 없었다.[18]

38선충돌과 빨치산 활동으로 인한 훈련중단, 한국정부의 숙군으로 인한 일부 핵심 인력의 숙청, 한국군이 1949년 중반 동안 65,000명에서 100,000명으로 증강된 것이 맞물려 1949년 9월까지도 1단계 훈련이 완료되지 못했다. 이 때문에 2단계 훈련은 소대 및 중대 훈련을 보충하도

---

18) (1) Ltr, Roberts to Ward, 9 Nov. 51. (2) Ltr, Gen Roberts, Nov. 52. (3) Ltr, Col Hansen. (4) Ltr, Col Reynolds. (5) KMAG G-3 Opns Rpt 29, 16 Jan. 50. (6) Intervs, Maj Hausman, Maj Geist, and Capt Fischgrund. (7) 또한 KMAG SA Rpts, 1949 and 1950을 참고할 것.

록 수정되었다.19)

 미군사고문단의 일선 부대 고문관들은 가을 동안 한국군 장교들을 대상으로 대대훈련을 준비하기 위해 전술·지형판단훈련을 실시했다. 이 훈련은 강의와 모형을 사용한 교육(Sandbox Problems)으로 구성되었고, 종종 밤에 실시되기도 했다. 대부분의 한국군 장교들은 추가 교육도 기꺼이 받아들였으며(한 고문관은 "의욕이 왕성했다"고 말했다) 자신들의 능력을 향상시키고 군사 기술을 익히는 것에 열정적이었다. 미국 고문관들은 종종 통역의 도움 없이 자신들의 의사를 전달하면서 그림과 손짓만으로 수업을 진행했다. 이 방법은 놀라울 정도로 성공적이었다. 로버츠 장군은 고문관들에 대대 지휘소훈련을 실시할 것도 지시했다. 부대들이 사방에 흩어져 배치되어 있는 데다 기초 훈련이 어쩔 수 없이 축소되었다는 점을 감안하면, 참모과정을 교육을 실시하는 동시에 교육기회가 없었던 부대지휘관을 훈련시킬 수 있는 방법은 이것뿐이었다. 그러나 지휘소훈련을 시작할 무렵에는 미군사고문단 고문관들조차 수개월간 임무에 매진하느라 재교육이 필요한 상태였다. 미군사고문단 작전참모부 고문은 11월과 12월 두 달간 한국군 보병학교에서 두 차례에 걸쳐 전체 고문관에 대한 재교육을 실시했다.20)

 1949년 말까지 한국군의 67개 대대 가운데 겨우 30개 대대만이 중대훈련을 완료했다.21) 이 중에서 불과 20개 대대만이 대대훈련에 들어간 상태였다. 11개 대대는 아직 소대훈련도 완료하지 못했다. 28개 대대는

---

19) Training Memo 6, Hq Korean Army, 8 Aug. 49, KMAG File, FE&Pac Br, G-3, folder 20의 부록을 참고할 것.

20) (1) Interv, Col Sorensen. (2) Command Post Exercises, OFldr, sec. III. (3) 또한 Training Memo 6, Hq Korean Army의 부록 1을 참고할 것.

21) 기병연대의 3개 중대 포함.

M1소총 사격훈련을 모두 통과했으나, 그 무렵 빨치산 토벌에 투입되었던 39개 대대의 훈련 수준은 20~90% 정도였다. 한국군의 6개 포병대대는 10월 1일 1단계 훈련을 완료하고 포대전술 단계에 이르렀다. 포병대대의 직접 지원 역할을 강조하는 2단계 훈련이 시작되었다. 3개의 대전차대대가 훈련을 완료한 뒤 훈련을 마친 대전차중대 중 4개 중대는 포병학교에 남겨졌고, 나머지는 각각 14개 보병연대에 배속되었다. 모든 기술병과는 숙련된 인원, 공구, 장비의 부족에도 불구하고 훈련프로그램, 병과학교교육, 실제 훈련을 통해 서서히 확장되었다. 각 사단은 자체의 전투공병대대와 병기·통신중대를 갖추게 되었다.[22]

이시기 군사고문단의 계획은 1950년도 한국군 훈련명령 1호로 구체화되었다. 훈련명령 1호는 4개의 훈련단계로 구성되어 있었는데, 각 단계당 3개월의 기간을 상정하고 있었다. 모든 것이 순조롭게 진행된다면, 한국군 부대들은 1950년 3월 31일까지 8일단위의 야전훈련이 포함된 대대훈련을, 6월 30일까지는 연대훈련을 완료할 예정이었다. 제병연합훈련, 사단작전문제, 마지막으로 기동연습이 뒤이어 진행될 예정이었다. 또한 향후계획은 1949년에 기본 기록사격을 실시하지 않은 한국 병사들이 1950년에 이를 실시하도록 규정하고 있었다. 이미 통과한 병사들은 단기친숙화훈련에 돌입케 했다.[23]

1950년 초 군사고문단 장교들은 그해 봄에 예정된 빨치산토벌계획을 논의하기 위해 한국군 및 경찰 수뇌부와 회의를 했다. 군과 경찰은 빨치산과의 전투과정에서 밀접히 협력해왔지만, 미고문단은 훈련을 위해

---

22) (1) SA Rpt, KMAG, 31 Dec. 49, ans. 9, 10. (2) HR-KAMG, ans. 7, 9, 10, 11, 18. (3) Roberts, Commander's Estimate.
23) (1) SA Rpt, KMAG, 31 Dec. 49, sec. IV, p.15. (2) Interv, Col McDonald (3) Marksmanship, OFldr, sec. III.

어떻게든 군부대 주력을 토벌임무에서 빼낼 방법을 고심 중이었다. 회의를 통해 약 10,000명의 경찰을 112개 중대, 총 22개 전투경찰대대로 조직하는 방안이 결정되었다. 소규모 참모부와 4개 중대로 구성된 전투경찰대대들을 미국제 카빈소총과 일본제 소총으로 무장한 후 빨치산 토벌부대로써 남한 전역에 분산배치하기로 했다. 중화기 지원이 필요할 경우에는 군부대를 일시적으로 배속하기로 했다. 이 계획은 1950년 1월에 시작되어 120명의 경찰 기간요원들이 기본전술 특별과정 학습을 위해 육군보병학교에 입교했다. 이들과 그 다음 입교 대상자들이 새로 창설할 전투경찰대대의 간부 대부분을 구성했다. 이들이 교육과정을 수료하면 인천, 대구, 부산에 전투경찰학교가 창설되는 대로 그곳에 배치해서 전투경찰대대들의 훈련을 담당한다는 계획이었다.[24]

전투경찰대대를 조직한다는 목표는 바람직했지만, 그 성과는 다른 문제였다. 이 실험에 필요한 예산과 장비는 거의 없었다.[25] 군부대를 후방 경비에 투입해야 할 정도로 상황은 다급했지만 전투경찰의 조직과 훈련은 너무 더뎠다. 1950년 1~5월까지 단 1개 경찰대대만이 야전에 투입되었다.[26] 그해 5월, 한국 내무부장관이 경찰예산에서 이 계획을 계속하는데 필요한 예산을 각출하지 못했거나, 혹은 그렇게 하지 않으

---

24) (1) OACofS, G-2, DA, WIR, No.49, 27 Jan. 50. (2) WIR, No.51, 10 Feb. 50, pp.9, 11. (3) National Police, Combat Battalions and Police Schools, OFldr, sec. V. (4) Interv, Lt Col Harold K. Krohn, 3 Jun 53. 크론 대령은 1950년 2월부터 1951년 12월까지 한국 경찰 고문관이었다, 또한 KMAG G-3 Opns Rpts 29(16 Jan. 50), 30(21 Jan. 50), 31(28 Jan. 50), 33(11 Feb. 50)도 참고할 것.
25) (1) Interv, Col Krohn, 3 Jun 53. (2) 또한 Ltr, Chief, KMAG, to the Hon Paik Sung Wook, ROK Minister of Home Affairs, 15 Mar. 50, OPS file 091 Korea, sec. I, case 3/2도 참고할 것.
26) SA Rpt, KMAG, 15 Jun. 50, sec. IV, pp.12, 13. 크론 대령은 그가 아는 한도 내에서는 1950년 6월 이전에 야전에 투입된 전투경찰대대는 없다고 진술했다.

려 했기 때문에 상황이 더욱 악화되었다. 한국군은 1950년도 훈련명령 1호에 따르는 훈련 일정을 수행할 수 없었다. 38선을 따라 배치된 연대들이 겨우 훈련일정을 따라잡는 동안, 후방에 있는 다른 연대들은 여전히 빨치산토벌작전에 묶여 있었다. 3월 중순이 되어서야 한국군 제5사단의 3개 연대에서 각각 1개의 대대만이 산악지대를 벗어나 훈련을 받을 수 있었다. 더구나 빠져나온 1개 대대도 빨치산 활동이 잠잠한 지역에 주둔했었기 때문에 가능했다. 1950년 3월 31일까지 모든 부대가 대대훈련을 완료할 것이라는 기대는 점점 줄어들다가 결국에는 없어졌다. 3월 14일 한국군은 두 번째 훈련 비망록을 발행했다. 여기에는 모든 부대가 6월 1일까지 대대훈련, 여름까지 연대훈련을 끝마치기 위한 13주 계획이 집약되어 있었다.[27]

그러나 1950년 6월 15일까지 단지 수도사단의 9개 대대, 제7사단의 6개 대대, 제8사단의 1개 대대만이 대대훈련을 완료했을 뿐이다. 그 외 30개 대대는 겨우 중대훈련을 마쳤고, 17개 대대는 아직 소대훈련도 끝내지 못한 상태였다. 2개 대대는 소대훈련 75%, 중대훈련 50%를 완료한 상황이었다. 17개 대대의 참모들과 5개 연대의 참모들은 전투지휘소훈련에 참가했다. 14개 대대가 8일 일정의 야외 기동훈련을 실시했으며 6개 대대는 대전차공격반훈련을 완료했다. 모든 한국군 부대는 M1소총 기록사격을 마쳤지만, 다른 개인화기와 공용화기의 평가사격은 아직 마치지 못 했다. 지원병과들은 한국군 인력이 기술교육에 집중하기 어려운 상황에도 불구하고 안정적으로 성과를 거두고 있었다.[28]

---

27) (1) OACofS, G-2, DA, WIR, No.61. 10 Feb. 50. (2) KMAG G-3 Opns Rpts 38(18 Mar. 50), 40(1 Apr. 50), 46(13 May 50), 50(10 Jun. 50). (3) Training Program, Korean Army, OFldr. sec. III. (4) Office of the Chief, KMAG, Highlights of Weekly Staff Meeting, 18 Mar. 50, par.5, copy in OCMH files.

이승만 대통령은 6월 초순 내무부장관에게 경찰부대를 야전에 투입하도록 명령한 다음, 국립경찰을 위해 100만 원(약 1,100달러)의 예산지원을 승인했다. 그 뒤 2주에 걸쳐 14개 경찰대대가 후방 경비임무를 인계받았다. 육군 대대들은 훈련을 위해 원래의 주둔지로 되돌아오기 시작했다. 이 시점에서 미군사고문단은 훈련 완료 목표를 한국군 대대훈련은 1950년 7월 31일로, 연대훈련은 10월 31일로 각각 연기했다.[29)]

학교체계

미군사고문단은 한국군 부대의 훈련과 동시에 군사학교 체계를 만들었다. 군사학교 체계는 군의 수준을 전반적으로 높이는 것을 목표로 만들어졌는데, 특히 한국군 장교들에게 도움이 되었다. 미군은 오래전부터 한국군의 가장 큰 약점이 지휘관의 자질이라는 점을 알고 있었다. 많은 한국군 장교들은 그들의 지위에 따라 부여된 책임을 올바르게 인식하거나 받아들이지 않았고 지휘관과 참모장교들은 모든 부문에서 전문지식이 부족했다. 참모직무나 부대지휘·통제의 메커니즘을 이해하는 장교는 거의 없었다. 대부분은 장교임무를 수행하는 것보다 장교'계급'이라는 지위를 유지하는 데 더 관심이 있었다. 이런 현상은 대부분 한국의 역사적 배경에서 나온 것이지만, 경비대의 초창기에 미국 고문관이 부족해 훈련을 충분히 받지 못한 점도 영향을 끼쳤다고 볼 수 있

---

28) Complied from SA, Rpt, KMAG, 15 Jun. 50, an. V. 이 보고서의 IV절(8쪽)은 불과 2개 연대만이 대대 훈련을 완료했다고 기록하고 있다. 부록 V의 도표는 16개 대대가 대대훈련을 완료했다고 표시하고 있다.
29) SA Rpt, KMAG, 15 Jun. 50, sec. IV, pp.8~12.

다. 이런 이유에도 불구하고, 한국군이 외국의 도움 없이 효과적인 역할을 수행하기 위해서는 이 같은 문제점을 반드시 수정해야만 했다.[30]

미국 고문관들은 주한미군사고문단이 정식으로 설치되기 이전에 한국에 총 8개의 군사학교를 설립했다. 전투정보학교, 경비대 통신학교, 공병학교, 포병학교, 병기학교, 헌병학교, 그리고 군악학교와 이른바 조선경비사관학교였다. 이 학교들은 최소한의 시설과 한국인 교관, 그리고 미국인 고문관을 가진 상태에서 설립되었다. 미군사고문단은 이 교육기관들이 합당한 기준에 맞는 졸업생을 배출하지 못했다고 평가했다. 가장 큰 문제는 한국군의 고위 간부들이 군사 학교의 가치에 대한 인식이 부족했다는 점이었다. 한국군 지휘관들은 빨치산 토벌이라는 급박한 현실에 직면해 그다지 급하지 않다고 생각되는 곳에 장교와 병사를 할당하는데 미온적이었다. 군사고문단은 한국군 지휘관들이 휘하 병력을 군사학교에 교관과 교육생으로 보내도록 꾸준히, 그리고 열성적으로 조언을 했다.[31]

고문단이 확대되기 시작하고 미국이 군사원조를 추가적으로 할 전망이 보인 뒤에야 한국군의 군사 학교 운영은 높은 순위를 부여받았다. 1949년 4월 15일, 로버츠 장군은 비먼(Lewis D. Vieman) 중령을 한국군 제5사단에서 미군사고문단 본부로 소환해 한국군 군사학교 고문으로 임명하고 그에게 군사학교 프로그램을 추진할 계획을 세우도록 지시했다.[32]

---

30) (1) Korean Army School System, OFldr, sec. III. (2) Blumenson et al., Special Problems, III, pt. 14, ch. I, 24~25. (3) Ltr, Col Reynolds to Ward, 9 Nov. 51. (4) Ltr, Gen Roberts, 22 Jan. 52. (5) Ltr, Col Reynolds, 17 Sep. 52. (6) Interv, Col Vieman, 12 Oct 53. (7) 또한 Office of the Army Attaché, Seoul, Rpt R-43-52, 25 Jan. 52, G-2 Doc Lib. DA. ID 87107도 참고할 것.

31) Korean Army School System, OFldr, sec. III. (2) SA Rpt, KMAG, 31 Dec. 49, sec. IV, p.15.

비먼 대령은 군사학교 프로그램의 목표를 1952년 1월에는 한국군이 단독으로 작전할 수 있는 수준으로 끌어올리는 것으로 잡았다. 비먼 대령은 이 목표를 달성하기 위해서 기존의 군사학교들을 강화하고 개선하는 한편 지휘참모대학(Command and General Staff College)과 보병학교, 부관학교, 병참학교, 의무학교, 그리고 경리학교를 설립할 것을 제안했다. 그리고 비먼 대령은 기존에 존재했던 군사학교와 새로 설립될 군사학교의 교과과정과 과목은 기본적인 군사학교 교육 프로그램에 맞춰 조정, 통합하고 한국 육군사관학교를 미국 육군사관학교에 맞춰 재조직할 것도 제안했다. 마지막으로 비먼 대령은 이 프로그램에서 모든 군사학교들이 다수의 유능한 고문관과 한국인 교관을 갖춘 상태로 운영되어야 하며 1952년 1월 1일까지 13,850명의 장교 및 사관후보생, 그리고 16,474명의 사병을 교육시키도록 계획했다. 이 프로그램의 내용은 다음과 같았다.

- 모든 중대급 장교가 해당 병과학교의 기초 과정을 교육 받아야 한다.
- 전체 장교의 30%(모든 영관급 장교를 포함한)는 해당 병과학교의 심화 과정을 교육 받아야 한다. 심화 과정에 들어오는 장교들이 필수적으로 기초 과정을 이수하게 될 때까지는 심화 과정에 기초 과목을 포함시켜야 한다.
- 3,000명의 정규 사관후보생을 교육하고 임관시켜야 한다.
- 장교와 사병을 전문 과정에 입교시켜 편제표상의 전문병과, 기술병과 직위 중 2명은 채울 수 있도록 한다.

32) (1) Interv, Col Vieman, 16 Dec 51. (2) Ltr, Col Clark, 26 Dec 52.

이와 함께, 미 육군부가 허용하는 한도 내에서 최대한 많은 한국 장교들을 미국의 군사 학교에 입학시키는 방안도 포함되었다.33)

한국에서 운영되고 있던 군사학교 중 가장 오래된 것은 미군정이 1945년 12월 설립한 군사영어학교와 그 뒤의 조선경비사관학교를 그대로 계승한 육군사관학교였다. 1946년 5월 1일 군사영어학교를 개칭한 조선경비대훈련소(朝鮮警備隊訓練所)는 1948년 8월 20일까지 경비대의 사관후보생학교(OCS)의 역할을 했으며 그 뒤에는 육군사관학교로 개칭되었다.34) 그러나 경비대가 확대되면서 야전 부대의 한국인 장교 수요가 급증했다. 한국 육군사관학교는 미국 측의 요청에 따라 장교를 빨리 양성해 배출할 수밖에 없었으며 장기간의 교육은 뒷전으로 밀려나게 되었다. 1948년 가을, 겨울에서 1949년 봄에 걸쳐 육군사관학교는 한국 육군의 간부후보생학교의 기능을 했다.35)

한국 육군사관학교가 사관학교의 기능을 제대로 할 수 없었던 이유는 한국인 교수진의 부족 때문이었다. 사관후보생을 교육해야 하는 압박이 심했고, 한국군은 경험 있는 장교를 야전에 필요로 했기 때문에 사관학교의 고문관들은 능력 있는 한국인 교관을 육성할 시간과 수단이 없었다. 고문관들은 통역을 통해 교육을 했다. 육군사관학교를 진정한 사관학교의 지위로 바꾸는 것은 이러한 상황을 바로잡거나 최소한

---

33) (1) Korean Army School System, OFldr, sec. III. (2) SA Rpt, KMAG, 31 Dec. 49, sec. IV, pp.15~17. (3) Interv, Col Vieman, 12 Oct 53.
34) 그랜트(Russell P. Grant) 중령(1948년 8월 4일부터 1950년 6월 5일까지 한국군 사관학교 선임 고문관)은 1953년 6월 2일에 보낸 편지에서 사관학교는 육군사관학교로 개칭되기 전에 아주 잠시 동안 장교훈련학교(Officer Training School)로 불렸다고 밝혔다.
35) (1) Ltr, Col Grant, 2 Jun. 53. (2) Ltr, Col Reynolds, 17 Sep. 52. (3) Office of the Military Attaché, Seoul, Rpt R-26-49, 12 Aug. 49, G-2 Doc Lib, DA, ID 584449.

개선하는 것으로 시작해야 했다. 사관학교 선임 고문관인 러셀 P. 그랜트(Russell P. Grant) 소령은 1949년 5월 23일 사관학교 8기생이 임관한 뒤 로버츠 장군에게 다음 기수의 입교를 몇 주 연기해 줄 것을 요청했다. 그랜트 소령은 이 요청이 받아들여지자 영어에 능숙한 여러 명의 한국군 고급장교를 사관학교에 배속시켜줄 것도 요청했다. 한국군이 이를 승인하자 사관학교 고문관들은 6월에서 7월에 걸쳐 5주 동안 이 장교들을 교관으로 육성했다.36)

7월 15일 다시 문을 열었을 때도 사관학교는 여전히 간부후보생학교에 불과했다. 사관학교는 과거와 비교하면 조직도 개선되었고 이제는 최소한의 한국인 교관도 갖추었다. 그러나 여전히 4년제 교육과정을 시행하는데 필요한 군사 및 학술 분야의 자격을 갖춘 한국인 교관이 부족한 상태였다. 더욱이 야전 부대에서 초급 장교를 시급히 필요로 하고 있었기 때문에 다른 교육을 충분히 시킬 수 없었다. 그럼에도 불구하고 영어, 경제학, 그리고 수학 강의를 포함한 1년 기간의 교육과정이 시작되었다. 사관후보생 교육은 첫 6개월간은 사관학교에서 교육을 받고 이후에는 육군의 각종 병과에 배속되어 병과학교 교육을 받는 것으로 마무리할 예정이었다. 7월에는 또 다른 두 개의 간부후보과정이 시작되었다. 하나는 6개월의 표준 교육 과정이었고 다른 하나는 공병과 경리 병과의 간부후보생을 대상으로 하는 단기간의 '특별 과정'으로 순수한 군사 과목보다는 기술 및 일반 과목을 강조하는 것이었다. 이 과정은 한국 육군사관학교와는 중복되는 것이 아니었다.37)

동시에 미군사고문단의 고문관들은 수개월에 걸쳐 한국군이 다른 군

---

36) (1) Ltr, Col Grant, 2 Jun. 53. (2) Ltr, Col Reynolds, 17 Sep. 52. (3) Rpt R-26-49, 위의 주석을 참조.
37) Ltr, Col Grant, 2 Jun. 53. (2) Rpt R-26-49, 앞의 주 35(3)을 참조.

사학교를 재조직하는 것을 도왔다. 첫 번째는 설립한 지 1년이 된 전투정보학교였다. 한국군은 1949년 6월 25일 이곳을 남산정보학교로 개칭하고 새로운 개선된 교육과정을 시작했다. 그 무렵 충분한 수의 학생이 이전의 교육 과정을 마쳤기 때문에 교관에 적합한 인원을 선발할 수 있었으며 이들은 교관단이 되었다. 교육기간은 6주였으나 기존 교육과정의 교육생이 9명에서 35명 사이였던 반면 이제는 80명이 되었다. 미국 고문관들은 한국군도 결국에는 정보 전문가를 필요로 하게 되리라 판단했다. 그러나 한국군 사단들이 사단 및 연대 정보참모 역할을 수행하도록 훈련된 인력을 충분히 확보하기 전에는 남산학교의 전투정보 교육일정을 사단급에 한정해야 한다고 주장했다.[38]

다음으로는 1949년 6월 26일에 공병학교가 5개월의 사관후보생 과정이 포함된 교육과정을 도입했다. 사관후보생과정은 공병학교에서 1개월간 교육을 받은 뒤 사관학교에서 2개월간 공병병과 이외의 과목을 이수하고 다시 공병학교에서 나머지 2개월의 교육을 받는 것이었다. 1949년 12월 1일 78명의 교육생이 처음으로 한국군 공병단을 통해 직접 장교로 임관되었다. 동시에 공병학교는 각 보병사단의 전투공병대대의 기간요원을 육성하기 위해 사병을 대상으로 의장(艤裝), 목공, 작업반장과 창고관리에 관한 교육 과정을 운영했다. 1949년 12월 12일 공병학교는 3개월 기간의 공병장교 기초교육과정을 시작했다.[39]

통신학교는 1949년 8월 1일 재편되었다. 통신학교는 1948년 7월 주일미군에서 파견된 미육군 통신장교와 통신병으로 구성된 특별반에 의해 설립되었다. 1949년 7월 1일까지 통신학교는 가설병, 교환병, 유선병,

---

38) Nam San Intelligence School, OFldr, sec. III. (2) Ltr, Maj Reed, 9 Jan 53도 참고할 것.
39) (1) HR-KMAG, an. 11. (2) The Engineer School, OFldr, sec. III.

그리고 기술부사관, 무전기 정비병, 문서수발병과 함께 장교를 대상으로 한 단기 교육과정(1개월)을 실시했다. 조직 개편에 따라 장교와 사병 교육과정이 분리되었으며 한국군 장교를 대상으로 한 기초 통신 과정과 상급 과정, 여기에 더해 사병을 대상으로 추가로 통신반장 과정이 개설되었다. 다른 학교들과 마찬가지로 미군사고문단 고문관들은 교육계획과 그밖의 학습 자료를 준비한 뒤 교육과정을 이수한 한국인 교관을 통해 자료를 번역했다.[40]

병기학교는 개선된 교육과정을 준비하기 위해서 1949년 7월 교육과정을 중단했다. 개선된 과정은 1949년 9월 4일부터 시작되었다. 병기학교 고문관들은 필요한 도구와 장비, 그리고 교관 숫자를 결정하고 1950년 12월까지의 학급 주기를 작성했다. 병기학교는 9월에 교육을 시작했을 때 자동차, 야포, 그리고 소화기 정비 과정과 장비 수령, 보관, 재고관리, 군수품 및 탄약 분배를 실습하는 교육과정을 포함하고 있었다. 병기학교에서는 뒤에 사관후보생과정(해당 병과의 물자에 대한)과 한국군 병기 장교를 위한 고급 과정을 실시했다.[41]

1949년 10월 한국군의 포병대대와 대전차 중대가 포병학교에서 1단계 훈련을 완료하자 수도사단과 38도선에 배치된 각 사단에 각각 1개 포병대대가 배속되었고 14개 대전차중대가 보병연대에 배속되었다. 포병대대 1개와 대전차중대 4개는 포병학교에 교육부대로 남았다. 그 다음에 포병학교는 장교를 대상으로 한 기초와 고급 과정, 이등병에서 일

---

40) (1) The Signal School, OFldr, sec. III. (2) HR-KMAG, an. 10, Incl 3, Incl F.
41) (1) The Ordnance School, OFldr, sec. III. (2) Ltr, Col Hettrich, 17 Nov. 53. (3) HR-KMAG, an. VII. 병과전문교육은 병과 및 병종 특기와 관련된 주제의 강의로 구성되었다. 병과 공통 훈련은 병과 및 병종 특기와 관련 없는 분야에 집중되었다.

병까지를 대상으로 하는 사병 교육과정, 그리고 장교와 부사관을 대상으로 하는 병과 전문 교육과정을 개설했다. 뒤에 한국군 보병학교에서 공통 병과 교육을 받은 포병 장교 교육생들도 포병학교에 입교해 보충 교육을 받게 되었다.[42] 모든 교육과정의 교관은 한국인이었으며 이들은 이전에 미국 고문관을 통해 동일한 교육과정을 이수하였다.[43]

　비먼 대령이 추천한 새로운 군사 학교들도 같은 시기에 설립되었다. 1949년 7월 4일에는 병참학교가 5주 일정의 병참 장교 과정과 함께 개교했다. 두 달 뒤에는 부사관을 대상으로 하는 4주 일정의 행정 및 보급 과정이 개설되었고 10월에는 육군사관학교 특별후보생 출신들을 대상으로 한 13주 과정이 개설되었다. 8월에는 한국군 의무학교가 군의관 및 의무병 예비 교육과정과 의무행정 장교 과정, 그리고 사병을 대상으로 하는 기초 의무 과정과 함께 부평에 들어섰다. 이전까지 한국군의 의무 인력은 한국에 있는 미육군의 의무대와 군병원에서 교육을 받았다. 1949년 10월 19일에는 독립된 경리학교가 설립되었다. 경리학교가 설립되기 이전까지는 한국군의 병참과 경리 인력이 일본식 교육 과정에 맞춰 동일한 교육을 받고 있었다. 미군사고문단의 경리 고문인 화이트(Ralph B. White) 중령은 1948년 이래로 두 과정을 분리하려 해 왔으며 경리학교는 이러한 노선의 첫 걸음이었다.[44]

　1949년 8월 초, 로버츠 장군은 클라크(John B. Clark) 소령에게 보병학교를 설립하도록 명령했다. 로버츠 장군은 보병학교는 한국군의 중대급

---

42) 아래 각주 43)을 참고할 것.
43) (1) The Artillery School, OFldr, sec. III. (2) SA Rpt, KMAG, 31 Dec. 49, an. 10, pp.1~2.
44) (1) Quartermaster School ; Korean Army Medical School ; and Finance School, OFldr, sec. III. (2) Interv, Col White, 17 Dec 51.

한국군 보병학교장 민기식 대령과 선임고문관 클라크 소령

간부들에게 소대장, 중대장, 그리고 대대참모장교의 자격을 갖추도록 만들고 이와 함께 영관급에 갓 들어선 장교들에게 대대장과 연대참모 장교의 자격을 갖출 수 있도록 하는 과정으로 구성되어야 한다고 강조했다. 보병학교의 개교 일자는 가능한 1949년 11월에 맞추도록 하였다.[45]

비먼 대령은 보병학교 설립을 위해서 클라크 소령에게 다섯 명의 미군 장교를 지원고문관으로 배속시켰다. 서울 근교의 시흥에 학교 부지를 선정한 다음에는 한국군에서 보병학교의 정식 학교부대로 한국군 장교와 사병을 배속시켰다. 미국 측은 그 다음에 미국 보병학교를 모방

---

45) Ltr, Col Clark to author, 26 Dec. 52.

하여 교육일정과 교육 계획을 준비했다. 훗날 클라크 소령은 한국군 보병학교의 고문관들이 대부분 포트 베닝(Fort Benning)의 보병학교를 갓 졸업한 점이 매우 큰 장점이었다고 기록했다. 계획은 12주 기간의 기초과정 4개와 8주 과정의 고급 과정 2개를 동시에 실시하는 것이었다. 보병학교를 계획할 당시 미군사고문단의 지침은 육군사관학교의 간부후보생교육을 완전히 중단하기 위해 간부후보생학교를 보병학교 내에 병설하는 것이었다. 보병학교 고문관들은 이를 위해 14주간의 공통병과 교육을 마친 뒤 각 병과학교 별로 12주간의 병과교육을 시행할 것을 제안했다. 로버츠 장군은 이 계획을 승인했다.[46]

준비는 예상보다 적은 시간이 걸렸으며 보병학교는 1949년 9월 말 개교했다.[47] 간부후보생 교육을 포함해 모든 교육과정을 도입하는 것은 1949년 말 절정에 달했다. 보병학교는 정규 교육과정 외에 1950년 초 개설된 전투경찰 간부들을 위한 기초 전술과정과 한국군 고급 지휘관들을 대상으로 한 지휘참모대학과 연계된 과정 등의 특별 과정을 실시했다.

또 하나의 새로운 학교는 지휘참모대학이었는데 이곳은 1949년 9월 3개월 과정으로 29명의 소령과 중령의 입교와 함께 교육을 시작했다. 이곳에서는 미국 고문관이 모든 교육을 담당했다. 한국군 참모진의 작전방식은 신뢰하기 어려웠기 때문에 지휘참모대학이 절실히 필요했다. 대부분의 참모 장교들은 조언자나 지휘관에 대해 책임지는 보조자가

---

46) (1) Ibid. (2) The Infantry School, OFldr, sec. III. (3) Interv, Col Vieman, 12 Oct 53.

47) 클라크 대령은 이 학교가 1949년 9월 23일에 개교했다고 기록했다. 1949년 10월 1일자 KMAG G-3 Operations Repart 14는 보병학교가 1949년 9월 26일에 개교했다고 기록하고 있다. OFldr에는 학교가 1949년 8월 1일에 "편성되었다"고 기록하고 있다.

아니라 전속부관이나 '예스맨' 수준에 불과했다. 이렇게 된 이유는 부분적으로는 참모장교들이 자신들의 역할을 잘 몰라서 무능했기 때문이지만 다른 한편으로는 지휘관들도 자신의 참모들을 어떻게 활용해야 하는지 잘 몰랐기 때문이었다. 일부 지휘관들은 참모 장교가 자신이 듣고 싶은 답을 주지 않는 다는 이유로 처벌하거나 해임했다. 물론 그것도 참모들과 상의를 하는 경우에나 그러했다. 그래서 지휘참모대학은 한국군 장교들이 참모 업무를 담당하는 것을 가르칠 뿐만 아니라 지휘관들이 참모를 올바르게 활용하는 방법도 지도했다.[48]

비먼 대령은 군사학교 고문에 더해 지휘참모대학의 선임 고문관을 겸하고 있었다. 비먼 대령은 첫 번째 교육과정을 시작 한 직후 현재 수준으로는 모든 한국군 고급 장교들에게 참모 교육을 실시하는 데 수년이 걸린다는 점을 파악했다. 그 때문에 비먼 대령은 연대장 및 사단장, 그리고 그들의 선임 참모와 육군본부 참모부의 참모장 및 참모 장교들을 대상으로 고급장교 특별반을 설치하고 1949년 12월부터 8주 기간의 교육을 실시하도록 했다. 장교들은 보병학교에서 3주간, 그리고 참모학교에서 5주간의 교육을 통해 전술교리와 참모업무에 대한 최소한의 교육을 겨우 받을 수 있었다. 비먼 대령과 군사고문단 참모부에서는 한국군 고급 장교들을 확실하게 입교시키기 위해서 한국군 참모부에 가능한 최대의 압박을 가했다.[49]

1949년 말까지 열세 곳의 주요 군사학교가 문을 열었으며 고문단은

---

[48] (1) The Staff School, OFldr, sec. III. (2) The Road to Ruin, lecture given by Col Vieman at the ROK Army Staff School on 20 Feb 50, transcript loanded by Col Vieman.

[49] (1) Interv, Col Vieman, 12 Oct 53. (2) Korean Army School System ; The Infantry School ; and the Staff School, OFldr, sec. III. (3) 또한 KMAG G-3 Opns Rpts 28(9 Jan. 50) 34(18 Feb. 50)도 참고할 것.

보병학교와 지휘참모학교에 가장 큰 노력을 기울였다. 12월 20일 비먼 대령은 미국으로 귀환한 가이스트(Geist) 소령을 대신해 군사고문단의 군수고문관이 되었다. 이때 군사학교 고문관 직위는 폐지되었고 군사학교에 대한 책임은 군사고문단 작전부의 훈련과가 담당하게 되었다.50) 군사학교 고문관들은 학교 계획의 뒤에 숨은 동력이었다. 프로그램이 진행되어가면서 예산, 시설의 확보, 교육생과 교관의 배정, 교육일정 문제는 보다 완화되어 갔으며 작전부에서 기존의 방식을 조정하는 식으로 관리할 수 있었다.51)

한국군 장교들은 한국의 군사학교에 입학했을 뿐 아니라 미국 내의 병과학교에서도 교육을 받았다. 1948년 8월 14일 대령 1명과 중령 5명이 포트 베닝에 위치한 보병학교의 고급 과정에 입교하기 위해 출국했다. 대령 2명과 중령 1명, 소령 1명, 대위 1명, 그리고 중위 1명으로 이루어진 두 번째 집단은 거의 1년이 지난 1949년 7월 18일에 출발했다. 두 번째 집단의 대령 2명은 먼저 포트 라일리(Fort Riley)에 위치한 지상군학교(Ground Forces School)에서 6개월간 교육 받은 뒤 포트 베닝에서 보병기초반 교육을 받았다. 나머지 장교들은 포트 실(Fort Sill)의 포병학교 고급반에 곧바로 입교했다.52)

군사고문단장은 미국에서 교육시키는 프로그램이 큰 가치가 있다고 생각했다. 미국에서 교육 받은 첫 번째 한국 장교들은 1949년 7월 귀국했을 때 짧은 기간 동안 큰 성취를 이루고 있었다. 한 명은 사단장이

---

50) (1) Intervs, Col Vieman, 18 Dec 51, 25 Nov 52. (2) Interv, Col McDonald, 8 Apr 53.

51) (1) Ltr, Col Grant, 2 Jun 53. (2) Ltr, Col Clark, 26 Dec 52. (3) Ltr, Col Hettrich, 17 Nov 53 등을 참고할 것.

52) HR-KMAG, p.407.

되었으며 다른 한 명은 한국군 보병학교장이 되었고 세 번째 장교는 보병학교의 부교장이, 네 번째는 육군사관학교 부교장이, 그리고 다섯 번째 장교는 한국군 지휘참모대학 학장이 되었다. 이들은 한국군 병과학교 체계의 교육과 교리 수준을 크게 향상시켰다. 1950년 5월, 미국 육군부는 상호방위원조계획(MDAP, Mutual Defense Assistance Program) 예산으로 회계연도 1951년에 지휘참모대학, 보병학교, 포병학교, 통신학교, 병기학교, 의무학교, 부관학교, 병참학교, 경리학교, 헌병학교, 그리고 수송학교 등에 한국군 장교의 입학인원을 27명으로 책정했다.53)

육군부는 군사고문단의 다른 프로그램 중에서 한국군 장교 33명을 일본에 있는 미 제8군 예하부대에 참관인으로 파견하는 것을 승인했다. 이 프로그램의 목적은 한국군 장교들에게 미군 부대의 행정 및 훈련 방식을 오랫동안 관찰할 수 있는 기회를 주고자 하는 것이었다. 이를 통해 군사고문단의 고문관들이 강조해온 훈련을 통한 성과, 올바른 참모 운용, 훌륭한 지휘력, 그리고 올바른 훈련 방법 등을 한국군 장교들이 직접 체험할 수 있게 했다. 33명의 장교들을 통제하기 위해서 4개의 팀으로 나누었다. 각각의 팀은 3명의 보병장교, 그리고 포병, 공병, 의무, 병기, 통신병과의 장교 1명씩으로 구성되었고 한 팀은 보병장교가 1명 더 있었다. 각 팀은 편성을 마치면 일본에 주둔하고 있는 4개의 미군 보병 사단 중 하나에 배속될 예정이었다. 그리고 1950년 4월 15일 요코하마에 도착해 3개월 동안 일본에 체류하기로 했다. 군사고문단은 한국군 장교 28명을 일본에 있는 미군 병과학교에 입학시킨다는 계획

---

53) SA Rpt, KMAG, 31 Dec. 49, sec. VII, p.39. (2) SA Rpt, KMAG, 30 Jun. 50, sec. IV, p.10. 두 번째 보고서는 WAR 82586, sub : FY 51 MDAP Training, Foreign Nationals, 6 May 50, 그리고 WAR 83000, same subject, 16 May 50를 인용하고 있다.

도 세웠지만 육군부는 1950년 6월 25일까지 허가를 내주지 않고 있었다.[54]

1950년 초 군사고문단장은 한국 육군사관학교를 이전하는 문제를 위해서 3명의 고문관으로 구성된 위원회를 조직했다. 위원회는 육군사관학교 이전에 반대했으며 그 대신 국립서울대학교에서 교관을 확보해 1950년 6월부터 미국 육군사관학교의 교과과정과 유사한 4년제 과정을 시작할 것을 제안했다. 위원회는 군사훈련의 경우 생도들에게 1년 차의 하계 훈련 시 3개월 과정의 기초 과정을, 2년 차의 하계 훈련 시에는 3개월 과정의 고급 과정을, 그리고 3년 차의 하계 훈련 시에는 대대전술을 포함한 교육과정을 실시할 것을 제안했다. 4년 차 과정에서는 전쟁이 발발할 경우를 고려해 모든 생도들이 정규 간부 후보생 과정에 준하는 과정을 밟고 있어야 했다. 군사고문단장과 한국군 작전참모부, 그리고 이승만 대통령은 이 제안을 받아들였고 1950년 6월 6일 350명의 생도가 사관학교에 입학했다. 이들은 졸업 시 이학사학위를 받고 한국군 소위로 임관할 예정이었다.[55]

군사학교 프로그램은 군사고문단의 가장 성공적인 업적이 될 수 있었다. 1950년 6월 15일 한국군의 군사학교들은 9,126명의 장교와 11,112명의 부사관 및 사병을 교육시켰으며 효율적인 군사 조직을 형성할 수 있는 졸업생들을 배출하게 되었다. 중령과 그 이상급의 거의 모든 장교들이 한국군 보병학교의 고급과정과 지휘참모과정, 그리고 고급장교과정 과정 등을 마쳤다. 더 중요한 것은 한국군 장교들이 군사학교에 입

---

54) (1) SA Rpts, KMAG. (2) Training of Korean Army Officers in Japan, OFldr, sec. III.

55) (1) Ltrs, Col Grant, 2 Jun 53, 20 Jul 53. (2) SA Rept, KMAG, 15 Jun. 50, sec. V, p.10. (3) Korean Military Academy, OFldr, sec. III를 참고할 것.

학함으로써 학교교육이 훈련과 작전을 보충하는 가치가 있다는 점을 깨닫게 되었다. 한국 장교들은 군사교육의 가치를 이전보다 더 중요하게 생각하게 됐다. 군사고문단의 계획에 있어 유일한 문제점은 나중에 로버츠 장군이 이야기했던 것처럼 "……시간이 부족했다는 것이다."[56]

KMAG의 기타 고문단 업무들

조선국방경비대가 궁극적으로 한국 육군으로 확대 개편되는 동안 해군은 미국이나 한국의 지원을 거의 받지 못하고 있었다. 한국 해군이 창설 단계에서 미국으로부터 인계받은 함정과 기타 장비들은 좋지 않은 상태에 있었다. 함정의 상당수는 한국까지 예인해온 뒤 운용 가능한 상태로 만드는데 상당한 점검이 필요했다. 예비 부품과 정비에 필요한 장비 부족해 혁신이 더디고 어려웠다. 1949년 초 미국이 예비 부품과 정비용 장비의 인도를 승인했지만 그 양이 충분하지 못했다. 부분적으로는 미국 내에서 물품을 획득하는 데 어려움이 있었고 다른 한편으로는 한국 정부는 이러한 물자가 원조되더라도 해군에 돌릴 생각이 없었기 때문이다. 마지막으로, 미국 고문관의 숫자는 이렇게 작은 조직에 배치하기에도 "턱없이 부족했다."[57]

1949년 7월 1일 군사고문단이 발족했을 때 한국 해군에는 미국의 민

---

56) Ltr, Gen Roberts, 22 Jan 52. (2) Korean Army School System, OFldr, sec. III. (3) SA Rpt, KMAG, 15 Jun 50, sec. IV, pp.9~10. (4) Ltr, Roberts to Ward, 9 Nov 51.
57) (1) SA Rpt, KMAG, 31 Dec. 49, sec. I, pp.6~7. (2) Roberts, Commander's Estimate. (3) 또한 Orientation on Korean Navy (Ships, Condition and Speed), OFldr, sec. IV도 참고할 것.

간 고문관 6명이 있었다. 1949년 초가을에 3명이 더 도착해서 같은 해 말까지 서울의 해군 본부에 3명, 진해에는 해군 사관학교에 2명, 기지와 선창에 4명 등 총 6명이 있었다. 한국 해군의 장비는 일본이 건조한 소해정과 초계정을 합쳐 대략 90여 척이었다. 이 중 대략 절반만이 운용 가능한 상태였다. 해군 사관학교와 여러 병과학교가 운영 중이었다.[58]

1949년 10월 19일 무초 대사는 미국이 한반도에 대해 가지고 있는 전략적인 면을 포함한 각종 이해관계가 날이 갈수록 커지고 있다고 국무부에 보고했다. 한국해군이 허약하면 한국 인근 해역에서 준동하는 해적과 밀수꾼들을 단속할 수 없으므로 미국의 이익에 해를 끼칠 뿐만 아니라 미국의 권위까지 실추시킬 수 있다는 것이었다. 또한 여수, 옹진, 그리고 남해안의 섬들로 병력, 물자, 그리고 무기를 해상 수송하는 것과 같이 한국 육군의 작전 문제도 있었다. 무초는 미국이 최소한의 재원을 마련해 미국의 구식 장비, 함포, 탄약, 그리고 항공기 등을 지원하여 한국 해군을 증강할 것을 강력히 요청했다. 한국 해군에 필요한 최소한의 원조에는 4척의 경비정, 5척의 초계정, 5대의 정찰용 수상기, 그리고 37mm 함포를 장착한 함선의 무장을 교체하기 위한 15문의 50구경 3인치 함포가 포함되어 있었다. 무초 대사는 군사고문단의 해군 고문관을 총 23명으로 증강할 것도 요청했다.[59]

두 달 뒤 로버츠 장군은 한국 해군에 필요한 원조는 회계연도 1950년의 한국에 대한 상호방위원조계획(MDAP)에 따른 추가 원조 제안서에 포

---

58) HR-KMAG, an. 12 그리고 Orientation on Korean Navy (Ships, Condition and Speed), OFldr, sec. IV를 참고할 것.

59) EMBTEL 1295, Muccio to State, 19 Oct. 49, included as an. 4 to SA Rpt, KMAG, 31 Dec. 49. 이 전문은 국무부 전문 594호(1949년 7월 15일)와 706호(1949년 8월 21일)에 대한 답신이다.

함시켰다고 말했다.60) 상호방위원조계획을 2,000만 달러 범위 내로 제한하기 위해서 무초 대사가 10월에 요구했던 수상기를 제외하고 한국 정부가 자체적으로 보유한 외환으로 경비정 3척(미국 정부는 이에 대한 정비 및 재장비 비용을 부담하기로 했다)의 선체와 주엔진, 그리고 나머지 1척의 비용을 모두 부담하도록 해야 했다. 로버츠 장군은 해군의 현황은 "갈수록 관심의 대상이 되고 있다"고 지적하고 무초 대사가 요구한 추가 고문관을 지체 없이 보내줄 것을 요구했다.61)

1950년 4월 초 군사고문단장은 다시 한 번 해군 고문관이 절실히 필요하다고 강조하고 12명의 직위를 승인해 줄 것과 이들을 회계연도 1951년의 육군 예산으로 보충해 줄 것을 요구했다. 3주 뒤 경리감실은 육군부가 회계연도 1951년 계획에 배정된 인력을 감축하는 것을 포함해 한국에서의 활동을 줄이려 한다고 답변했다. 미국 국방부장관은 한국에 민간인 해군 고문관을 파견하는데 대한 예산 및 재정 책임을 육군부에서 국무부로 이관하고, 고문관을 추가로 확보하는 것도 국무부를 통해 추진하려고 했다.62)

이 문제는 더 추진되지 못하고 있었다. 1950년 6월 15일, 미군사고문단은 한국 해군의 전력은 70퍼센트 정도가 유효한 것으로 평가한다는 보고를 했다. 군사고문단은 민간인 해군 고문관의 관할이 국무부로 옮

---

60) 이 책의 5장을 보라.
61) SA Rpt, KMAG 31 Dec. 49, sec VII, pp.37~38. 1950년 2월에 한 척의 PC(Patrol Vessel, Submarine Chaser)가 한국에 도착했다. 다른 세척은 1950년 6월 25일 당시 한국으로 향하고 있었다. 또한 MHK, p.34와 HR-KMAG, an. 12도 참고할 것.
62) Ltr, KMAG to DA, Attn : Comptroller of the Army, 1 Apr. 50, sub : Request for Increase, Civilian Personnel Authorization, and 1st Ind, 20 Apr. 50, in SA Rpt, KMAG, 15 Jun. 50, an. XV.

겨졌지만 그렇다 하더라도 고문관이 더 필요하다는 사실에는 변함이 없다고 지적했다.63)

한국 경찰에 대한 미국의 원조도 제한적이었다. 경찰은 1949년까지 약 48,000명으로 늘어났으며 인구와 빨치산 활동의 수준에 맞춰 남한의 8개 도와 제주도, 그리고 울릉도에 배치되었다. 경찰은 내무부장관의 예하에 있는 국가 조직이었다. 그러나 실제로 각각의 경찰 관구는 작전 통제에 있어서 해당 도지사의 예하에 있었다. 경찰은 일제 99식 소총이나 약간의 미제 카빈, 제조사와 구경이 제각각인 권총 등 잡다한 장비로 무장하고 있어서 보급 및 정비라는 큰 문제를 복잡하게 만들었다.64)

미군사고문단의 분배표는 국립경찰에 대해 각 경찰관구당 1명, 그리고 서울의 국립경찰 본부에 2명 등 총 10명의 고문관을 배정하고 있었다. 다른 대부분의 군사고문단 부서들과 마찬가지로 경찰 또한 충분한 수의 고문관이 존재했던 적이 한 번도 없었다. 예를 들어 1950년 2월부터 1950년 6월 25일 사이에 경찰에는 미군사고문단의 경찰 고문관이 단 4명에 불과했다. 이것은 고문관 1명이 최소한 두 곳의 경찰관구를 책임져야 한다는 의미였다.65)

마지막으로, 한국 공군을 육성하는 것은 군사고문단이 어쩔 수 없이 담당한 업무였다. 미 육군부는 "미국이 어떠한 방식으로든 한국공군에 고문관과 물자를 지원하지 않을" 것임을 명백히 하고 있었기 때문에 군

---

63) SA Rpt, KMAG, 15 Jun. 50, sec. IV, p.14, and sec. VII, p.24.
64) (1) National Police, OFldr, sec. V. (2) SA Rpt, KMAG, 31 Dec. 49, an. 11. (3) SA Rpt, KMAG, 15 Jun. 50, an. VII.
65) Interv, Col Krohn, 3 Jun 53. 크론 대령(그리고 OFldr)에 따르면 아홉 명의 고문관만이 인가되었고 이것은 각 경찰관구 당 한 명, 그리고 치안국장(Director of Police)에 한 명이었다. 그러나 군사고문단의 분배표는 경찰 고문관으로 열 명을 배정하고 있었다. SA Rpt, KMAG, 31 Dec. 49, an. 1.을 참고할 것.

사고문단이 이 업무를 담당하게 된 것은 불필요한 것이었다.[66] 1948년 한국에 인도된 14대의 연락기는 한국군에 항공연락대를 편성하기 위한 것이었다. 하지만 한국정부는 육군과 해안경비대, 그리고 국립경찰 조직을 확대해 나가는 과정에서 군사고문단의 강한 반대에도 불구하고 1949년 10월 육군의 연락기 부대를 분리해 독립된 공군을 창설했다.[67]

  미국이 공군 창설에 반대한 주된 이유는 고문단이 공군에 대한 고문 업무를 위해 조직된 것이 아니었기 때문이다. 김포비행장에 배치된 한 명의 고문관과 두 명의 사병(나중에 다섯 명으로 늘어난)은 공군 창설을 담당하기에는 부족했다. 한국정부는 미국의 민간 기업으로부터 10대의 AT-6 훈련기를 계약했으나 이것으로는 독립된 공군을 정식으로 만들기에 부족했다. 게다가 한국의 경제력은 공군을 감당할 능력이 전혀 없었다. 하지만 소련은 그 이전 해부터 북한군에 30대의 Yak-3 전투기, 5대의 Il-2 공격기, 그리고 30대의 각종 훈련기 등 소련제와 일본제 무기 및 장비를 제공하고 있었다. 여기에 북한이 기갑 및 포병 전력에서 우세하다는 점, 그리고 훈련장에서 맹렬한 훈련이 이뤄지고 있다는 정보가 맞물려 불길한 징후를 보이고 있었다. 미국은 한국 공군 창설이 기정사실(fait accompli)이 된 이상 군사고문단이 부족한 정원으로 새로운 조직을 발전시키기 위한 조언과 원조를 할 방법을 찾으려 했다.[68]

  1949년 12월 7일 군사고문단장은 앞서 언급한 것들을 염두에 두고

---

66) SA Rpt, KMAG, 31 Dec. 49, sec. I, p.5.
67) (1) Ibid. (2) Ltr, Chief, KMAG to Korean Minister of National Defense, Seoul, 7 Oct. 49, P&O File 091 Korea. sec. I. case 18/2.
68) (1) SA Rpt, KMAG, 31 Dec. 49, sec. I, pp.5~6, sec. III, pp.11~12, sec VII, pp.36, 37. (2) Roberts, Commander's Estimate. (3) Ltr, Seoul 99, Muccio to Dept of State, 26 Jan. 50, sub : Transmitting Semiannual Report of KMAG for Periode Ending Dec. 31, 1949.

무초 대사를 통해 미국 공군에 두 명의 조종 교관과 여덟 명의 기술자를 주한미군사고문단으로 파견해줄 것을 요청했다. 1949년 12월 31일의 미군사고문단 반년간 보고서에서 로버츠 장군은 미국의 정책을 재검토하고 가능하다면 한국 공군에 대한 원조를 포함하도록 수정할 것을 요구했다. 또한 그는 회계연도 1950년 상호방위원조계획 추가 원조에 40대의 F-51 전투기, 10대의 T-6 훈련기, 2대의 C-47 수송기, 그리고 약 25만 달러 수준의 지원 통신 장비를 포함시켜 줄 것도 포함시켰다.[69]

로버츠는 5월과 6월에 한국 공군에 대한 원조를 확보하기 위한 시도를 계속했다. 로버츠는 무초를 통해 여섯 명의 장교와 열한 명의 조종사를 한국에 파견해 "일단 군사고문단의 인가 병력 외로 배속한 다음에 군사고문단 내로 통합할 것"을 제안했다.[70]

그러나 효율적이고 방어적인 공군을 건설하려는 한국 정부의 계획은 실패했다. 한국공군은 군사고문단이 제공할 수 있는 보잘 것 없는 지원과 함께 1950년 6월까지 1개 항공단으로 구성된 1,865명의 장교와 사병으로 늘어났다. 1950년 6월 25일 당일 한국 공군의 전력은 한국 정부가 구매해 4월에 인도받은 10대의 AT-6 훈련기와 L-4, 그리고 L-5 연락기 정도로 구성되어 있었다.[71]

---

69) (1) SA Rpt, KMAG, 31 Dec. 49, sec. VII, p.36. 이 보고서는 EMBTEL 1473, Muccio to Department of State, 7 December 1949를 언급하고 있다. (2) 또한 SA Rpt, an. 17 and ch. V 이하를 참고할 것.
70) DEPTEL 744, Muccio to Dept of State, 23 May 50, in SA Rpt. KMAG, 15 Jun. 50, an. XIV. (2) 또한 이 보고서의 Section Vii, pp.23~24도 참고할 것.
71) SA Rpt, KMAG, 15 Jun. 50, sec. IV, pp.11~12, sec. V, p.16.

제5장 전쟁직전의 상황

대한군사원조

북한군이 침략하기 전까지 미국의 대한군사원조는 한국군의 조직을 국내 치안군 수준으로 두는 정책에 입각해 있었다. 미국이 제공한 군사장비는 한국의 국내치안을 유지하고 부수적으로 38선 이북으로부터의 공격을 막아낼 수준이었다.[1]

국가안보회의(The National Security Council)는 1949년 봄 대한군사원조정책의 골격을 수립했다. 1944년에 제정된 잉여재산법(the Surplus Property Act), 해외청산위원회(Office of Foreign Liquidation)를 통해 5만 명분에 해당하는 장비가 이미 주한미군으로부터 한국정부에 이양되거나 이양 중에 있었다.[2] 이 장비들은 5,600만 달러에 달했으며, 1949년의 대체가치로는

---

1) 특별히 명시하지 않는 한 이 장의 내용은 다음의 자료에 있는 내용을 기반으로 한 것이다. (1) The Conflict in Korea, "Military Assistance," Department of State Publication 4266, FE Series 45, October 1951, pp.8~11 ; (2) House Report 2495, 81st Congress, 2d Section, Background Information on Korea, Report of the Committee on Foreign Affairs, 1950, pp.30~40 ; (3) Mutual Defense Assistance Program, A Fact Sheet, Department of State Publication 3836, General Foreign Policy Series 25, April 1950 ; (4) House Document 613, 81st Congress, 2d Session, First Semiannual Report on the Mutual Defense Assistance Program, 1950 ; (5) Semiannual Reports, KMAG periods ending 31 Dec. 49 and 30 Jun. 50 ; (6) Mutual Defense Assistance Program, OFldr, sec. II.

1억 1천만 달러에 달했다. 국가안보회의는 3월에 한반도와 관련한 미국의 정책을 검토하면서 미국이 한국군에 대한 장비원조를 6만 5천 명 선에서 끝내야 한다는 결론을 내렸다. 덧붙여서 일정한 무기와 함정을 한국해군에 이양해야 하며, 6개월분의 수리부품을 한국정부에 이양해야 한다는 내용도 담고 있었다. 추가장비의 가격은 총 100만 달러, 보충장비의 가격은 약 50만 달러 정도였다. 1949년 말까지는 양도가 완료될 예정이었다.3)

국가안보회의는 또한 의회에서 대한군사원조를 자유진영에 대한 미국의 군사원조계획의 일부로서 계속 진행할 방안을 강구해야 한다는 결론을 내렸다. 한국은 이 결론에 기초하여 1949년 10월 6일 트루먼 대통령이 서명한 바 있는 상호방위원조법(공법 제329호, 제81차 의회결의안)이 명시한 미국의 군사원조대상국에 포함되었다. 회계연도 1950년에 총 13억 1,401만 달러의 군사원조액이 책정되었으며, 그중 1,020만 달러가 한국에 할당되었다. 이것은 주로 잉여재산법에 의해 한국에 이양되는 군사장비를 보충하는데 필요한 수리부품과 예비부품을 위한 것이었다.

의회는 군사원조의 분배를 결정하는데 있어 수혜 당사국과 미국의 필요와 책임문제를 고려했다. 앞서 언급한 바와 같이 한국은 신생정부로서 국내치안을 유지하는데 심각한 부담을 안고 있었다. 빨치산의 준동과 공산주의자들이 선동한 폭동은 정부의 입지를 약화시키고 있었다. 북한군이 개입된 빈번한 38선충돌은 심각한 위협이었다. 무엇보다

---

2) 이 책의 2장을 보라.
3) 로버츠 장군은 1949년 7월 20일 무초 대사에게 보낸 편지에서 이 시점에서 한국에 양도된 군수물자와 장비의 비용은 55,939,990.64달러에 달한다고 적었다. 전체 중에서 1,250,000달러 분량은 1949년 7월 1일 이후에 양도되었다. 약 700,000달러의 장비가 아직 양도되지 않은 상태였다. OCMH 파일의 사본.

도 중국과 소련으로부터 예측 이상의 원조를 받은 북한으로부터 침략의 그림자가 드리워지고 있었다. 게다가 남한의 경제는 겨우 자급자족 수준인데다 인플레이션이 만연해 있었고, 미국의 경제원조에 크게 의존하는 상황이었다. 한국은 외국에서 군사원조를 받지 못하면 충분한 군대를 유지할 수 없을 뿐만 아니라, 현대전에 필요한 복잡한 무기체계도 갖출 수 없었다.

반면에 미국은 한국의 상황뿐만 아니라 전 세계적인 상황을 고려해 대한군사원조의 범위와 성격을 결정해야 했다. 한국뿐 아니라 그리스, 터키, 이란, 필리핀, 중국의 인접 국가뿐 아니라 유럽의 일부 국가들도 호전적인 공산주의의 위협을 받고 있었다. 미국이 한국과 다른 지역의 경제와 안보 지원을 위해 할 수 있는 일은 원조가 어느 정도 필요한지, 그리고 미국이 그것을 충족시킬 수 있는 능력이 있는가의 여부에 달려 있었다.

미군사고문단은 한국정부와 주한미대사관과의 협의를 통해 한국군 원조계획을 수립했다. 한국에 필요한 것을 결정하려면 몇몇 요인을 고려해야만 했다. 이미 이양되었거나 이양 중에 있는 미국제 장비는 충분하다는 평가를 받고 있었지만, 한국군의 규모가 증가하고 있다는 점과 이로 인해 장비가 비정상적인 수준으로 사용되고 있다는 점은 새로운 문제로 떠올랐다. 65,000명분의 장비를 거의 10만 명에 달하는 군대가 사용하고 있었던 것이다. 특히 수리부품과 예비부품의 재고는 심각한 속도로 줄어들어 거의 바닥이 난 상태였다. 게다가 한국군이 장비유지에 소홀했기 때문에 수백 대의 차량과 무기, 개인장비들이 쓸 수 없는 상황이었다. 탄약의 소모량도 미군이 사용하는 수준을 훨씬 초과하고 있었다. 한국에 이양된 각종 탄약은 총 5,100만 발에 달했고 이 중 상당수가 1949년 6월에 이양되었는데 그해 말까지 남은 것은 1,900만 발뿐이었다.[4]

동시에 미국은 한국이 자국의 군대를 작전 가능한 상태로 유지하도록 도움을 받아야 한다는 점을 인정해야 했다. 장비의 국내조달을 위한 집중적인 계획은 1948년 11월 중앙조달부를 설립함으로써 시행되었다. 이 기구는 한국군의 각 병과별 대표로서 구성되었으며 군수고문의 통제를 받으면서 미 육군식의 구매 및 계약절차를 따랐다. 경제협조처(ECA) 전문가와 서울대 교수진, 그리고 여러 한국기업 임원들의 협조를 받아 중앙조달부는 설립 첫 해에 국내의 물자와 생산시설을 활용해 한국군의 요구량을 다음과 같은 비율로 충당할 수 있었다.5)

종류	비율(%)
병참(석유 및 윤활유 제외)	100
의료	95
공병	45
통신	25
병기	15

이러한 노력의 결과로 탄생한 것이 1949년 6월 설립된 한국군 자체의 육군피복공창이었다. 이 공장은 한국군에 공급할 제한적인 수준의 군복을 생산하는 것으로 시작했는데, 점차 여러 종류의 군수품을 생산하게 되었다. 1950년 6월 25일경에는 매일 1,200벌의 작업복 상하의와 800벌의 모직군복 상하의를 생산했으며, 이외에도 양말, 모기장, 이불호청, 깃발, 제모, 붕대, 병원용 가운을 생산했다. 한국군 군수국은 군화·군복수선부를 운영하기도 했다. 수선부는 1949년 5월 초의 경우 하

---

4) HR-KMAG, an.7 (including an.B).
5) (1) SA Rpt, KMAG, 31 Dec. 49, sec. VI, pp.30~31, and an. 15 (2) Mutual Defense Assistance Program, OFldr, sec. II.

루 50켤레의 군화와 60벌의 작업복을 수선했으며, 규모확장을 통해 1950년 6월 25일에 이르러서는 1,200벌의 작업복과 500켤레의 군화를 수선했다.6)

한국인들은 고문단의 자문에 따라 미 국방부의 군수물자위원회(Munitions Board)와 유사한 병기행정본부 운영위원회(兵器行政本部 運營委員會, Military Materiel Mobilization Board)을 조직하여 군수조직을 한국경제실정에 맞춰 조정하려 했다. 이 기획단의 계획 중 가장 널리 알려진 것은 병기계획이었는데, 고문단의 감독 아래 한국인 제조업자와 병기요원들이 탄약과 일본99식 소총부품을 생산했다. 이 계획은 한국군의 심각한 탄약 부족을 경감하는 데 기여했지만 화약과 뇌관의 생산은 기대에 크게 미치지 못했다. 1949년 말경 한국의 공장에서는 매달 3만 발의 탄약과 총열을 제외한 일본식 소총에 들어가는 모든 부품을 생산했으며, 수류탄·지뢰·도화선·발파약 등의 생산을 시험 중에 있었다.7)

고문단과 주한미대사관 요원들은 상술한 모든 요인을 감안하여 한국에 이미 양도한 장비를 유지하기 위해서 부품을 생산하는 데 최우선순위를 두었다. 중요한 물자는 심각하게 부족했지만, 당장 보유하고 있는 장비만 가용하더라도 한국군은 어느 정도의 기능을 계속 유지할 수 있었다. 두 번째 우선순위는 탄약생산이었는데, 국내소요와 38선 충돌이 줄어들 기미를 보이지 않았으므로 이에 대한 경비지출은 계속되어야 했다. 세 번째 우선순위는 일반적인 교체요인이었다. 즉 한국에 대

---

6) HR-KMAG, an. 9. 또한 Maj Ernest J. Skroch, QMC, "Quartermaster Advisors in Korea," The Quartermaster Review, September-October 1951, pp.9·118도 참고할 것.

7) SA Rpt, KMAG, 31 Dec. 49, sec. VI, pp.30~31. 미국의 병기창 원조 계획에 대한 세부적인 내용은 P&O File 091 Korea, sec. II-A, bk. I, 그리고 JCS 1483/68 Jun. 49, pp.530~537을 참고할 것.

한 상호방위원조계획(MDAP)의 90%는 보급품과 장비에 할애되었으며 이 중에서 절반은 탄약이었고 나머지가 예비부품, 그리고 극소수의 보충용 물자로 이루어졌다. 나머지 10%는 공병·통신장비와 병기창 계획에 소요되는 화약과 뇌관, 해군에 소요되는 예비부품 등이었다.

미국의 대한군원에는 탱크와 155mm 곡사포, 그 밖의 다른 중화기가 포함되어 있지 않았다. 이러한 무기들을 포함시키면 대한군사원조계획의 예산한계를 맞출 수 없기 때문이었다.8) 또 다른 이유는 고문관들이 한국의 도로와 교량 상황을 고려했을 때 탱크를 이용하는 작전이 효과적이지 않다고 생각했기 때문이다. 이승만 대통령이 1949년 2월 미 육군부장관 로얄(Kenneth C. Royall)에게 보낸 서한의 내용 때문에 미국 정부의 일각에서 한국정부가 '공격용' 무기를 보유하면 북한에 대해 군사적 모험을 감행할지도 모른다는 우려를 가지게 된 것도 이유일 수 있다. 그러나 실제로 이러한 장비공급이 이루어지지 않은 것은 지형요인과 예산의 제한이 주된 원인일 것이다.9)

상호방위원조법의 조항에 따라 미국과 각 당사국은 물자 인도를 시작하기 전에 쌍방협정을 체결해야 했다. 이 협정체결을 위해 상호방위원조계획 조사반이 미국의 원조를 받게 될 모든 대상국을 방문했다. 한국과 필리핀에 대한 군사원조계획의 세부적인 조사를 담당한 조사반은 1949년 12월 14일 서울에 도착해 대한원조에 관한 세부사항을 협의했

---

8) Ltr, Wright to Collins, 28 Oct. 49, P&O File 091 Korea, sec. I, case 18.
9) (1) Rpt of the MDA survey Team for Korea (KMACC D-31), 8 Feb. 50, P&O File 091 Korea, sec. IV, case 74 ; (2) P&O Memo for Rcd, 12 Jul. 49, sub : Shipment of Ammunition to Korea, P&O File 091 Korea, sec. I, case 15 ; (3) Ltr, Gen Roberts to Maj Gen Charles L. Bolté, Dir P&O, 13 Sep. 49, P&O File 091 Korea, sec. III, case 60 ; (4) Memo of Secy Royall's Conversation, Conference at Hq USAFIK, Seoul, Korea, 8 Feb. 49, KMAG File, FE&Pac Br, G-3.

다.10) 협의는 큰 어려움 없이 진행되었으며, 이승만 대통령을 비롯한 한국정부는 미군사고문단과 주한미대사관의 건의대로 원조계획에 동의했다. 1950년 1월 26일 양국은 공식협정서에 서명했다.11)

이 원조계획이 성립되었음에도 불구하고 한국군의 '병참은 매우 심각한 상황'에 처해 있었다. 한국군은 여전히 무기와 기타 중요장비가 부족한 상태였으며, 원조계획에 들어있는 수리·수선부품은 당시 고장난 장비를 수리할 수 있는 분량뿐이었다. 탄약 공급도 '현재 상황하에서만' 충분했을 뿐이다.12) 이러한 이유로 로버츠 군사고문단장은 12월 17일 무초 대사에게 상호원조법안에 중국 원조비용으로 책정되어 대통령이 승인할 수 있는 7,500만 달러 중 일부를 한국으로 전용할 것을 요청했다. 무초 대사는 한국군을 강화하는 것이 원조법안에서 명시하고 있는 정책과 목표를 촉진하는 것이라고 동의했다. 최소한 회계연도 1950년 대한군사원조예산에 2,000만 달러는 할당해야 했다.13)

1949년 12월 31일 로버츠 군사고문단장은 980만 달러 한도 내에서 필

---

10) Army Msg ROB 708, American Embassy, Seoul, to Dept State, 16 Dec. 49, sub : MDAP for Korea. 또한 Rpt of the MDA Survey Team for Korea (FMACC D-31), 8 Feb. 50, copy in P&O File 091 Korea, sec. IV, case 74도 참고할 것.

11) 주한미대사관 참사관이었던 드럼라이트(E. F. Drumright)는 나중에 "……한국 측 담당자들, 특히 공군과 해군 관계자들은 공군과 해군에 대해 극히 적은 액수가 책정된 것에 대해 크게 실망했다는 점에 주목해야 한다"고 기록했다. Ltr, Foreign Service of the United States of America, Seoul, 25 Jan. 50, sub : Transmitting Recommendations for Additional United States Military Aid to Korea During Fiscal Year 1950, signed E. F. Drumright, copy in files of G-2 Dic Lib, DA, ID 635333. 또한 (1) HR-KMAG, an. 4. (2) First Semiannual MDAP Rpt, p.36도 참고할 것.

12) (1) OFldr, (2) SA Rpt, KMAG, 31 Dec. 49, sec. I, pp.7~8 and sec. VII, pp.40~41.

13) Ltr, Drumright, 25 Jan. 50, 앞에서 인용, 이 편지는 EMBTEL 1519, 17 Dec. 49 와 EMBTEL 1521, 19 Dec. 49를 언급하고 있다.

요한 추가원조를 다음과 같이 설정했다.14) 추가원조 요청에는 F-51, T-6, C-47 항공기와 해군에 필요한 3인치 포, 육군에 필요한 통신과 공병장비, 105mm 곡사포(M2A1), 기관총과 박격포(4.2인치를 포함) 등이 들어 있었다. 로버츠는 이 같은 장비를 추가로 지원하면 한국군이 대한민국을 확실하게 방위할 수 있다고 주장했다. 그리고 회계연도 1951년 한국에 대한 MDAP원조는 이 기간 동안 한국군을 유지하는데 필요한 교체, 수리, 정비용 품목 위주로 할 수 있을 것이었다.15)

추가원조 요청이 워싱턴에 전달되고 얼마 지나지 않아 미국은 극동에 영향을 미칠 중요한 결정을 내렸다. 1월 5일 트루먼 대통령은 중국공산당의 위협을 받고 있는 장개석의 국민당정부에 대해 미국이 더 이상 직·간접적인 군사지원을 하지 않을 것이라고 공표했다. 일주일 뒤에는 애치슨(Dean G. Acheson) 국무장관이 공화당 의원들의 강한 비판에도 불구하고 미국은 일본과 오키나와, 필리핀은 방어할 것이지만, 그 외 아시아의 다른 신생국들은 스스로 방어해야 한다는 성명서를 발표했다. 일본과 오키나와, 필리핀을 거점으로 미국의 최전방 방위선을 구축한다는 사실은 대만과 한국을 공산주의자들에게 무방비상태로 던졌고, 사실상 공산주의자들이 이 지역에 대한 야심적인 계획을 세우도록 충동했다.

이 결정은 미국이 한국에 대한 군사원조를 중단한다거나 추가원조에 대한 고려를 거부한다는 뜻은 아니었다. 그러나 의회가 극동에 대한 상호원조계획을 미국의 정책에 맞추어 재검토하고 수정하는 사이 결정적인 시기를 놓쳐 버렸다. 지체된 다른 이유는 수혜국의 실제적인 요구에

---

14) SA Rpt, KMAG, 31 Dec., an. 17를 참고할 것.
15) (1) ibid. (2) OFldr.

부응하지 못하고 미국이 확보하고 있는 원조 물자를 어느 정도 제공해야 하는지 반영하지 못해 미국의 자원이 쓸데없이 낭비되는 것을 막기 위한 것이었다. 원조계획을 개선하기 위해서 조사팀은 한국을 포함한 수혜당사국들을 다시 방문했다. 조사팀들은 각 국가의 군 관련 인사를 만나 이들이 제출한 원조계획의 세부사항을 협의했다. 실제로 필요하지 않은 모든 항목을 제외하고 어떤 물품을 대체할 것인지 결정하겠다는 구상이었다.

드디어 미국의회는 1950년 3월 15일 1,097만 달러의 대한군사원조액을 승인했다.16) 그러나 미국이 제공한 물자와 장비는 즉시 인도되지 못했다. 합동참모본부가 한국에 부여한 우선순위에 따라 할당한 장비 중 대부분은 전시예비물자 잉여품 중에서 재고를 충분하게 확보할 수 없었다. 따라서 원조 품목은 새로운 계약에 의해 미국 내 업자들로부터 조달해야 했다. 국방부가 보유하고 있는 재고품에서 확보할 수 있는 물품조차도 다시 손을 봐야 하는 실정이었다. 이 모든 것이 시간을 지체시켰다. 1950년 6월 25일경 약 5만 2,000달러의 통신장비와 29만 8,000달러의 예비부품이 한국으로 향하고 있었다. 도착한 것은 1,000달러 미만이었다.17)

---

16) U.S. Senate, 82d Congress, 1st Session, Hearing Before the Committee on Armed Services and the Committee on Foreign Relations, Military Situation in the Far East, pt. 3, p.1,993. 이 자료는 이하 MacArthur Hearings로 칭한다.

17) (1) Ltr, Roberts to Ward, 9 Nov. 51. (2) Testimony of Secy of State Dean Acheson, MacArthur Hearings, pt. 3, p.1,993. 또한 House Rpt 2495, Background Information on Korea, p.34도 참고할 것. 군사고문단 출신의 장교 한 명은 한국전쟁 직전 한국에 제공된 MDAP 원조 품목은 고작 250달러 정도의 "전선"에 불과했다고 회고했다. MacArthur Hearings, pt.3, p.1992에 인용된 세출승인위원회(Appropriations Committee) 청문회 중 렘니처(Lyman L. Lemnitzer) 소장의 진술을 참고할 것.

이것은 한국군이 침략을 방어하지 못하도록 방치한 것과 마찬가지였다. 게다가 한국군의 병참상황은 점차 악화되어 1950년 6월경 전투부대에 대한 군수공급과 지원은 겨우 부대를 운영하는 수준에 불과했다. 모든 장비의 예비부품은 바닥난 상태였는데, 고문들은 한국군 장비의 15%, 차량의 35%가 작동하지 않는 상태라고 평가했다. 이미 확보된 장비로는 전면적인 방어 작전이 시작될 경우 15일 이상을 버티기가 어려운 상황이었다. 6월 15일 군사고문단은 "한국은 중국과 같은 운명에 처하게 될 것"이라고 경고했다.[18]

양측의 상황

한국군이 발전단계에 있는 동안, 북한에서도 활발한 활동이 이루어지고 있었다.[19] 북한에서는 1946년 38선 경비대와 군대가 창설되었다. 일제무기로 무장한 북한군은 1946년 말 약 2만 명에 달했다. 북한군은 소련군의 지원을 받아 전투 편제를 갖추고 훈련을 받았다.

1948년 2월부터 소련군이 철수를 시작하자, 소련은 자국이 후원하는 북한에 약간의 탱크와 항공기를 포함한 소량의 장비를 이양했다. 1948년 9월 조선민주주의인민공화국 정부가 수립된 후 북한군은 급속히 팽창했다. 공산정권은 국가자원 대부분을 산업화와 군사력 증강에 사용하기 시작했다.[20]

---

18) SA Rpt, KMAG, 15 Jun. 50, sec. IV, p.18.
19) 특별히 명시하지 않는 한, 북한군의 발전에 관한 정보는 Roy E. Appleman, *South to the Naktong, North to the Yalu, United States Army In The Korean War* (Washington, 1961), ch. II를 참고한 것이다.
20) *Department of State, North Korea : A Case Study of A Soviet Satellite*, 20 May 1951.

1948년 12월 소련군이 완전히 철수한 이후에도 소련 군사고문들은 북한군에 남아있었는데, 북한군 1개 보병사단에 15명의 고문이 배치되어 있기도 했다. 북한 주민 수천 명이 징집되었으며, 과거 중국군에 소속되었던 한인들이 입북해 북한군에 배속되었다. 소련에서 3년간 훈련을 받은 조종사, 항공기술자, 전차병과 정비병 등은 기술적인 숙련도가 높았다.[21]

북한이 군사력을 증강하는 양상은 남한과 유사했다. 북한군 또한 원래 계획보다 훨씬 증강되고 있었다. 1949년 3월 소련은 6개 보병사단, 3개 기계화 부대, 8개 38선 경비 대대에 필요한 무기와 장비의 공급을 약속했다. 소련은 여기에 추가해 북한이 숙련된 항공요원을 보유하게 될 경우 20대의 정찰기, 100대의 전투기, 30대의 경폭격기를 제공할 의사가 있음을 밝혔다.[22]

이후 수개월 동안 북한군은 급속히 성장했다. 1950년 봄 소련으로부터 많은 무기가 도착했다. 여기에는 중화기, 자동화기, 신형 프로펠러 항공기 등이 있었다. 북한은 소련이 제공한 무기 외에 자체적으로 소화기와 탄약을 조달했다. 1950년 6월경 북한군은 완편된 8개 보병사단, 2개의 편제 미달의 보병사단, 1개 독립보병연대, 1개 모터사이클연대, 1개 전차여단, 5개 38선 경비여단으로 구성되어 있었다. 북한은 육군 및 군단 직할대 병력을 포함해 135,000명을 약간 넘는 지상군을 보유했을 것으로 추정된다.[23] 전차여단은 우수한 소련제 T-34중형탱크로 무

---

21) ibid.
22) (1) Memo by C of S, USA, Implications of a Possible Full-Scale Invasion form North Korea Subsequent to Withdrawal of U.S. Troops From Korea, 8 Jun. 49, P&O File 091 Korea, sec. I-A, bk. II, case 5/21. (2) 또한 JCS 1776/2, 11 Jun. 49, pp.10~26.
23) 이 수치를 세분화 하면 다음과 같다. 보병 103,800명, 국경경비대 18,600명,

장하고 있었다. 추가로 북한군은 소련으로부터 180대의 항공기를 제공받았는데, 그중 40대는 야크전투기, 70대는 공격용 폭격기였다. 미군사고문단의 정보평가에 따르면, 1개 사단과 일부 국경경비대 대대를 제외하면 모든 북한군 부대가 대대공격훈련과 이동 목표에 대한 소총사격훈련, 진지공격훈련, 도로행군훈련을 마친 상태였다. 연대급 합동훈련은 1950년 초부터 계속되고 있었다.[24]

1950년 6월 현재 한국군은 총 151,000명이었다. 육군 95,000명, 해군 6,100명, 공군 1,800명, 경찰 48,000명이었다. 한국 포병은 다음과 같은 장비를 보유하고 있었다. 105mm 곡사포(M3) 89문, 57mm 대전차포(M1) 114문. 기갑부대는 37mm 포가 장착된 장갑차(M8) 26대, 반궤도차량(M2와 M3A2) 15대를 갖추고 있었다. 해군은 각종 함정 105척을 보유하고 있었는데, 그중 어선을 포함해 58척만이 사용가능했다. 공군은 하버드 훈련기(AT-10) 10대와 기동가능한 연락기 12대를 보유하고 있었다.[25]

남북한의 군사력은 나란히 발전하고 있었다. 양자간에 큰 차이가 있다면 미국이 소극적으로 한국군을 지원하고 있던 반면, 소련은 북한군에 대해 충분한 원조를 제공하고 있었다는 점이다. 미국이 남한에서 국방과 치안이라는 용어로 고민하고 있던 1946년[26]에 북한에서는 특수훈련을 위해 소련에 수천 명을 파견하고 있었다. 1946년부터 1949년까지 소수의 미 군사고문들에 의해 육성되던 국방경비대와 달리, 북한군 사단은 수십 명의 소련 군사고문의 지도에 따라 훈련을 받았다. 한국군은 전투용 항공기와 탱크도 없이 소량의 경곡사포와 장갑차 정도의 한정

기갑부대 6,000명, 모터사이클 부대 2,000명, 육군 및 군단 직할대 5,000명.
24) SA Rpt, KMAG, 15 Jun. 50, sec. III, pp.5~7.
25) ibid., sec. V, p.16, and an. X.
26) 이 책의 1장을 보라.

된 장비만 갖춘 반면, 북한군은 전투기와 중형 탱크, 그리고 한국군이 보유한 것보다 사정거리가 더 긴 야포로 강화되어 있었다.

한국군의 임무는 한국의 치안과 주권을 지키는 것이었다. 미군사고문단의 임무는 한국군에게 전략적, 전술적, 기술적 조언을 해주는 것이었다. 정치적, 군사적 상황이 한국군으로 하여금 38선 국경을 방어하도록 강요했기 때문에, 군사고문단의 임무에는 한국 측이 자국의 방어 태세를 정비하는 것을 조언하고 지원하는 것이 포함되어 있었다.

미군사고문단은 일반 방어 계획을 위해 38선 지역을 여섯 구역으로 구분하고 우발적 요인은 고려하지 않고서 각 지구에 알파벳 기호를 붙였다.(A에서 F)[27] A지구는 약 26항공마일에 해당하는 산악지대로 이루어진 옹진반도였다. 한국군이 점령하고 있던 옹진반도의 일부분은 남한 측에서 섬과 같이 취급하고 있었는데 그 이유는 3면이 바다로 둘러싸여있고, 북쪽이 38선 접경지역이였기 때문이다. 이 지역은 전략적으로 제3급 부동항과 제2급 전천후 가설활주로를 보유한 것 말고는 가치가 없었다. 전술적인 면에서 옹진반도를 점령하는 것은 북한에게 가치가 있었는데 그렇게 된다면 이곳을 봉쇄하고 있는 병력을 다른 곳으로 돌릴 수 있기 때문이었다. 게다가 옹진 반도는 인천항에 대한 해상공격기지로 사용될 수 있었다. 이 지역에는 반도의 동쪽 끝과 해주만을 잇는 나루터 하나가 있었다.

B지구는 해주만으로부터 예성강에 이르고 청단(靑丹)지역을 가로지르는 약 35항공마일에 이르는 지역이다. B지구의 38선과 그 이북 지역은 대부분 산악지대지만 남쪽은 야산과 평지로 이루어졌다. 논바닥이 얼어붙어 단단해지는 겨울을 제외하면 전차의 기동이 제한되긴 했으나

---

27) SA Rpt, KMAG, 15 Jun. 50, an. III, sec. I. 또한 SA Rpt, KMAG, 31 Dec. 49, an. 5.

개성지구의 38도선

평야 지형으로 탱크 투입에 적합한 편이었다. 북쪽에서 남쪽으로 흐르는 예성강(禮成江)은 때로는 군부대와 차량의 이동이 가능할 정도로 얼어붙었다. 38선 이남지역에는 상태가 양호한 1개의 동서방향 도로와 남북으로 연결된 6개의 도로가 있었다. 그리고 나루터 1곳과 복선화된 철로, 예성강을 가로지르는 고가교량이 놓여있어 이 지역을 동쪽 방향으로 개성 지구와 연결하고 있었다.

C지구는 예성강으로부터 임진강으로 평행을 이루는 약 31항공마일에 달하는 지역이다. 이 지구의 중요도시는 고려왕조의 도읍이었던 개성이었다. 이 지역은 청단지구와 비슷하며, 지형조건이 유사해서 기갑장비운용이 유리했다. 남북을 잇는 3개 도로와 상태가 양호한 1개의 동서방향도로가 있었으며 이와 함께 사람이나 우마의 통행이 가능한 수많은 작은 길이 있었다. 북한과 남한을 잇는 중요한 철도가 이 지역을

통과하고 있었다. 이 지역을 장악한다면 서울을 공격할 전술기지로 활용할 수 있었다. 그러나 임진강이 이 같은 공격을 저지하는 장애물이었다. 보병과 차량의 이동이 가능할 정도로 임진강이 얼어붙는 경우가 흔하긴 했어도 공격에 성공하기 위해서는 반드시 2개의 단선 철도교를 장악해야 했는데, 그중 하나는 일반차량과 궤도차량이 이동할 수 있도록 개조되어 있었다.

의정부지구라고 불리는 D지구는 임진강에서 동쪽으로 22마일 정도 이어지는 지역이었다. 여기에는 서울에서 북한의 동해안 항구이자 철도중심지인 원산으로 이어지는 남북방향의 협곡지대가 포함되어 있었다. 오래된 이 침공로에는 원산 근교의 평야지대에서 서울 근교의 저지대를 연결하는 도로와 철도가 있었다. 이 회랑지대는 1급 조건은 아니지만, 북쪽으로부터 서울에 이르는 가장 좋은 루트였기 때문에 군사적으로 매우 중요했다. D지구의 38선 접경 지역은 남쪽과 북쪽 모두 상대방을 관측하기에 용이했다. 그리고 상태가 좋지 않은 1개의 동서방향 도로와 동쪽으로 춘천을 향해 이어지는 많은 산악로가 있었다.

E지구는 서울-원산 회랑에서 부평리에서 38선을 가로지르는 홍천강 협곡지대의 동쪽 끝까지 약 36항공마일에 달했다. E지구는 산악지대로 빨치산 활동에 유리했다. 각 측면에는 작은 계곡이 소양강과 북한강을 따라 남북으로 이어져 있는데, 두 강은 춘천에서 합쳐져 한강의 지류가 된다. 춘천과 서울에 이르는 산악지대를 가로지르는 큰 도로와 철로가 하나씩 있기는 했지만, 상태가 좋은 도로는 거의 없었다. 춘천이 포함된 계곡에는 잘 닦아놓은 가설활주로가 있었다. 측면으로는 동해안의 강릉으로 이어지는 1개의 도로가 산악지대를 따라 구불구불하게 나 있었다.

나머지 29마일은 F지구라고 불렸는데 이곳은 38선에서 가장 지형이 험준한 곳이었다. 이 지역은 극소수의 해안평야를 제외하고, 대부분 황량한 산악지대였다. 상태가 좋은 도로는 해안선을 따라 나 있으며, 다른 도로는 위험해서 겨울에는 사용이 불가능했다. 해안을 따라 나 있는 철로의 노반은 일제강점기에 놓인 것으로 터널과 교대(橋臺)는 완성된 상태였지만 여기에 궤도와 교량이 건설되어 있지 않았다. 해안도로는 철로의 노반을 따라 나 있었다. 주문진에 있는 제2급 항구와 강릉에 있는 가설활주로는 유일한 전략적 목표였다. F지구는 전술적으로 유격전에 적합했다.

미군사고문단은 지형적 요인과 한국군이 장비와 훈련부족에 시달리는 점, 남한 내 빨치산 활동 등을 고려하여 한국군이 38선을 따라 고정된 방어진을 펼치는 것이 실용적이지 않다는 판단을 내렸다. 게다가 몇몇 지역은 북한의 공격이 이루어질 것으로 예상되었다. B, C, D지구는 모두 침공이 용이한 루트였다. 한국군 장교들은 의정부지구가 서울로 진입하는 중요지역이며, 만약 남침이 이루어진다면 공격이 이 지역에 집중될 것이라고 믿고 있었다. 따라서 미군사고문단은 침입로를 봉쇄할 수 있는 일련의 강력한 전초기지를 세우는 것이 38선을 방어하는 가장 좋은 방법이라고 건의했다.[28]

1948년 후반에서 1949년에 걸쳐 주한미군의 38선 경계임무가 한국군에 인계되자 한국군은 제1, 6, 7, 8사단을 38선에 배치했고, 수도사단 제18보병연대(후에 제17보병연대로 교체됨)를 옹진반도에 배치했다. 이 부대들은 전략적 요충지를 확보하고, 담당 구역 내의 덜 중요한 지역은 도보·차량순찰로 경비하고 있었다. 앞에서 언급했듯 38선에 배치된 사

---

28) (1) SA Rpt, KMAG, 31 Dec. 49, sec. IV, pp.24~25 ; (2) SA Rpt, KMAG, 15 Jun. 50, sec. IV, p.15.

단들은 예하부대의 대다수를 군사훈련과 군사시설 보호임무를 위해 38선 이남에 배치하고 있었다. 서울의 수도사단(1개 연대 감편)과 남부에 주둔하고 있는 제2, 3, 5사단 및 기갑연대는 한국군의 예비전력을 구성하고 있었다. 만약 북한이 침공한다면 옹진반도와 임진강 서안을 담당하고 있던 부대들은 철수하고 서부 지역을 38도선을 따라 흐르는 임진강이라는 자연 방어선에 맡기도록 계획되었다. 그 뒤 한국군 예비대는 다음과 같은 임무를 수행해야 했다. ① 반격, ② 제1, 7사단에 대한 증원, ③ 제6, 8사단에 대한 증원, 또는 ④ 남한 내 빨치산 소탕 순으로 우선 순위가 매겨졌다. 군사고문단은 중국군이 개입하지 않고 계획대로만 된다면 한국군이 북한의 침략을 격퇴할 수 있을 것이라고 믿고 있었다.

주한미사절단은 다른 국가에 있는 미국 기구들과 마찬가지로 비상시를 대비한 경보 및 소개계획을 마련해 놓고 있었다. 크럴러(Cruller, 도넛의 일종: 역자 주) 계획이라 명명된 이 계획[29]은 국내소요 또는 북한의 남침 시 한국에 있는 미국시민과 특정 외국인의 신변과 재산을 안전하게 보호하기 위한 것이었다. 이 계획은 시간만 넉넉하다면 이들의 재산도 안전하게 후송시키도록 되어 있었다. 이 계획은 주한미사절단과 고문단의 합동계획으로 실행될 수도 있었고, 분리하여 각각 독자적으로 실행될 수도 있었다. 군사고문단의 선임 작전고문이 이 계획의 실행을 총괄하고 있었다.

소개계획의 목적에 따르면, 비상사태는 2급(minor), 제한(limited), 1급(major)으로 등급이 매겨져 있었다. 2급 비상은 국내소요 또는 지방봉기가 일어났을 때 발효되는 것으로 한국정부가 충분히 진압할 수 있을 때를 말한다. 제한 비상은 위와 동일한 상황에서 다만 한국정부가 특정지역

---

29) P&O File 381 CR (14 Jul. 49) R/F 7-28/867.

에서 통제기능을 상실했을 때 발효된다. 1급 비상은 한국정부가 전국적으로 통제기능을 완전히 상실했을 때와 북한의 침략이 임박했거나 진행 중에 있을 때 발효된다. 비상사태의 선포는 주한미대사인 무초의 책임이었다.

소개작전에 따르면, 2급 비상 시 주한미사절단과 주한미군사고문단은 상황파악 이외에는 아무런 조치도 취할 수 없었다. 만약 '제한' 비상이 발효되면 대사는 군사고문단장과 긴밀히 협조해 치안질서가 유지될 때까지 한국정부에 대해 조언만 할 수 있었다. 또한 대사는 혼란지역에 있는 미국인의 생명과 재산을 안전하게 확보해야 했다. 비상사태가 1급으로 격상되면 대사는 비상을 선포한 후 남한 내 모든 미국인에게 경보를 발령하고, 방어에 필요한 한국군(미군사고문단의 협력을 받는 한국인 지휘관의 통제하에)을 소집하며, 상황이 심각하다고 판단되면 소개 작전을 실행에 옮기도록 명령할 수 있었다.

이 상황에서는 모든 수단을 동원해 경계명령 파이어사이드(Fireside)를 남한에 거주하는 모든 미국인에게 전달해야 했다. 미리 준비된 전문이 맥아더 장군에게 즉시 전달되어 상황을 알리게 된다. 군인들은 즉각 지휘부에 합류하고, 민간인 노무자들은 자신의 담당구역으로 배치되며, 가족들은 숙소로 돌아가 집결지로 향할 준비를 하도록 되어있다. 이때 모든 미국인들은 추가지침을 받기 위해 WVTP방송국(주한미군방송국)에 채널을 고정시켜야 한다. 두 번째 명령, 하이볼(Highball : 위스키 등에 소다수를 섞어 만든 음료)이 발령되면, 또 다른 전문이 극동사령부로 전달되며 소개작전이 실제로 실행되도록 되어 있었다. 서울 근교에 있는 미국인들은 군수지원사령부가 있었던 부평의 대피소에 집결해 인천항이나 김포 비행장으로 이동하게 되어 있었다. 이와 유사한 대피소는 부산에도 있었다. 다른 지역에 흩어져 있는 미국인들은 부평이나 부산 등 거주지역

제5장 전쟁직전의 상황   141

에서 가까운 곳으로 가야했다.

　소개작전 시 군사고문단이 해야 할 일은 적지 않았다. 한국군의 경비 임무를 조정하는 한편 군사고문단장은 소개작전에 필요한 선박과 항공편을 극동사령부로부터 확보해야 했다. 고문단은 부평과 부산에 소개센터를 설치할 책임을 지고 있었다. 이외에도 인천항, 부산항, 김포공항, 부산공항 등으로 추가 이송을 위해 수송집결소를 설치해야 했다. 만약 서울 근교의 선박과 항공편이 여의치 않을 경우, 군사고문단은 경부선을 확보해야 했다. 또한 군사고문단은 대피소에 집결하지 못한 미국인을 수배할 책임도 지고 있었다.

　대부분의 한국군 관계자와 군사고문들은 북한이 결국 남침할 것이라는 사실을 믿어 의심치 않았다.30) 남침의 징후와 가능성은 충분했다. 그러나 한반도는 1950년 1월에 공표된 바대로 미국의 방위선 밖에 있었으며, 국방부는 군사고문단의 한국군에 대한 지원을 확대·강화하는 대신 군사고문단을 축소시키고자 했다. 미국은 1950년 봄 경제논리로 회계연도 1951년의 국방예산을 삭감했고 전 세계에 배치된 특수 임무를 수행하는 부대를 감축했다. 이에 따라 같은 해 4월 육군부는 로버츠 단장에게 군사고문단을 단계적으로 축소하는 방안을 마련하라고 지시했다.31)

　1950년 6월의 상황은 뒤숭숭한 분위기였다. 로버츠 군사고문단장은

---

30) (1) Interv, Gen Chang, former ACofS, G-3, ROKA, 14 Oct 53. (2) Interv, Capt Schwarze, former Asst G-2 Advisor, KMAG, 14 Oct 53.
31) (1) DA Rad, WAR 81993, 18 Apr. 50. (2) SA Rpt, KMAG, 15 Jun. 50, an. I. (3) Ltr, Col Bartosik to Col Butt, 28 Apr. 50, sub : Orientation, copy in OFldr, sec. I. (4) Key Officer Assignments, OFldr, sec. I. 또한 Memo for Sec of Defense (through Maj Gen J. H. Burns), from Gen Lemnitzer, 29 Jun. 50, sub : Intelligence Aspects of Korean Situation, OCMH files.

외유 중이었고, 그의 참모진 중 여러 명이 임기가 끝나가고 있어서 군사고문단은 바야흐로 교체기를 맞고 있었다. 미국이 한국을 군사적으로 방어하는데 무관심한 것으로 비춰졌기 때문에 군사고문단의 장래는 불투명했다. 북한의 남침 위협은 점점 증가하고 있었다. 북한은 일 년 가까이 전통명절이나 환절기 등의 시기에 맞춰 선전공세를 펴고 있었다. 1950년 봄 북한은 이승만 정부를 비방하고 남한선거를 방해하는 선전공세를 강화했다. 이것이 실패하자 6월에 북한은 두 가지 통일방안을 제시했는데 한국정부는 이를 일축했다. 북한은 정치 및 선전공세를 펼치면서 그 뒤로는 자신들의 방식으로 통일을 달성하기 위한 군사적 준비를 끝냈다. 1950년 초, 북한은 미국의 대한정책 발표에 고무되어 한국군만 무찌르면 된다고 확신하고 있었고 소련의 원조를 등에 업고 남침할 준비를 이미 끝내고 있었다.[32]

---

32) 미국의 선언이 소련과 북한의 계획에 영향을 끼쳤을 가능성에 대한 흥미로운 견해는 Allen S. Whiting, China Crosses the Yalu (New York: Macmillan Co., 1960), pp.38ff.를 참고할 것.

제6장 전쟁의 발발

첫 공격

  1년간 지속된 심리·정치적 압박과 수많은 군사적 허위 경보들에도 불구하고 1950년 6월 25일의 실제 남침은 예상치 못한 일이었다. 대부분의 고문관들과 한국군 장병들은 서울과 여타 도시들로 외출 나가 주말을 보내고 있는 중이었다. 38선 방어임무를 맡고 있던 4개 사단과 1개 연대 중 단지 4개 연대와 1개 대대만이 실제로 전선에 위치하고 있었다. 나머지 부대들은 후방의 안전한 지대에 위치하고 있었다.[1]

  6월 25일 새벽 옹진반도에 주둔하고 있던 국군 제17연대 장병들은 38선에서 대치하고 있던 북한 경비여단으로부터 맹렬한 소화기(小火器) 공격을 받았다.([지도 1]) 오전 4시경 더 많은 수의 고폭탄과 박격포탄이 한국군 진지에 떨어지기 시작했다.[2] 북한군은 가공할 위력의 포격을 한 시간 이상 지속했다. 초기의 엄청난 충격 이후 국군은 전열을 재정비하여 대응사격을 가하였다. 그러나 잔뜩 흐린 하늘에 날이 샐 무렵인

---

1) 1950년 6~10월 한국의 상황과 전투작전에 관한 상세한 설명은 애플먼(Roy E. Appleman)의 *South to the Naktong, North to the Yalu* 참조.
2) 시간과 날짜는 한국의 시간과 날짜를 따른다. 서울 시간은 동부 표준시보다 14시간 빠르다. 따라서 서울에서의 6월 25일 오전 4시는 워싱턴에서 6월 24일 오후 2시에 해당한다.

오전 5시 30분 북한군 제6사단 병력이 경비여단을 초월하여 대규모 공격을 감행하였다. 얼마 지나지 않아 북한군은 국군 1개 대대를 전멸시켰으며, 국군 제17연대의 나머지 병력을 바다를 향해 후퇴하게 만들었다.3)

[지도 1]

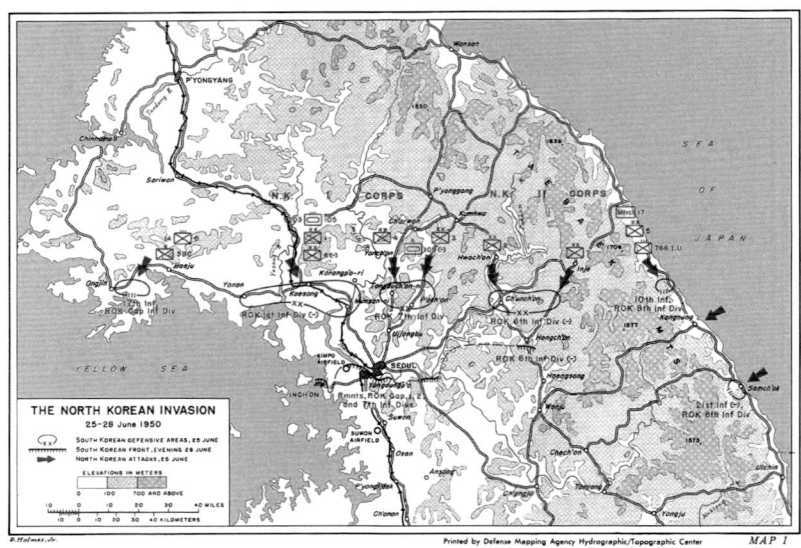

국군 제17연대가 후퇴하기에 이르자 주한미군사고문단에서는 연대에 남아 있던 5명의 미 고문관을 대피시키기 위해 L-5연락기 두 대를 옹진반도로 보냈다. 철수냐 전멸이냐의 중대 기로에 놓인 국군 제17연

---

3) Hq FEC/UNC, 슈나벨(James F. Schnabel) 소령 작성, 『1950년 6월 25일~1951년 4월 30일 한국전쟁사(History of the Korean War, 25 June 1950-30 April 1951)』 제1권, 제2장 제2절(미 육군군사연구실 소장 마이크로필름 자료) 참조. 이후 이 자료는 슈나벨, 『한국전쟁』으로 인용될 것이다.

대의 잔여 2개 대대를 위해 육군본부에서는 이미 옹진반도 해안에 정박 중이던 한 척에 더하여 추가로 상륙함(LST) 두 척을 투입하였다. 연대장 백인엽 대령은 상륙함에 병력과 다수의 장비를 싣고 나왔고, 6월 26일 오후 5시 30분경 북한군이 옹진반도를 완전히 점령하였다.

이와 동시에 또 다른 무력 침공이 소규모 급습이 아닌 총공격 형태로 개성, 의정부, 춘천, 그리고 동해안을 따라 진행되었다.

38선 바로 남쪽에 위치한 구 도읍지인 개성에서는 북한 경비여단 소속의 부대들이 도시를 굽어볼 수 있는 고지에 진지를 구축하고 있었다. 6월 25일 당시 개성에 머물고 있던 주한미군사고문단 장교는 국군 제12연대 고문관이던 다리고(Joseph R. Darrigo) 대위가 유일하였다. 그의 보좌관인 해밀턴(William E. Hamilton) 중위는 보급품을 수령하기 위해 서울에 갔고 다리고 대위만이 개성 북쪽 끝자락에 위치한 연대본부에 머물고 있었다.

다리고 대위는 일요일 새벽 개성에 떨어지는 박격포탄 소리에 잠에서 깨었다.[4] 개성은 38선에 인접한 아주 민감한 지역들 중 하나로서 몇 달 동안 북한군으로부터 간헐적인 박격포 세례를 받았으며 일주일 전만해도 20명의 남한 민간인들이 포탄에 맞아 사망하였다. 그러나 이날 아침의 탄막포격은 평상시와는 달리 너무나 강력한 것이어서 다리고는 침상에서 벌떡 일어나 바지만을 챙겨 입은 채 밖으로 뛰쳐나갔다. 밖으로 나온 다리고 대위는 한국인 하우스 보이 소년과 함께 지프차에 올라타 개성을 향해 남쪽으로 달렸다. 두 사람이 개성에 이르렀을 때에는

---

4) 1953년 8월 5일 애플먼(Roy E. Appleman) 중령의 다리고 대위 면담과 미 육군군사연구실 문서 중 「다리고가 애플먼에게 보낸 서한들」에 기초하였다. 1953년 7월 29일자 「해밀턴이 애플먼에게 보낸 서한」, 1954년 5월 21일 「락웰(Lloyd H. Rockwell) 중령이 애플먼에게 보낸 서한」 등도 참조.

이미 적이 도시에 들어와 있었기 때문에 소화기 사격을 받았지만 그들은 무사히 그 상황을 벗어나 문산리(汶山里) 방면으로 계속 남하하였다. 문산리에 도착한 다리고는 하루 종일 국군 제1사단장 백선엽(白善燁) 대령과 함께 했다. 당시 백선엽 대령은 자신의 부대를 주둔지에서 불러내는 중이었는데, 일부 부대는 서울 근교에서 왔다. 개성은 이날 오전 9시경 적에게 함락되었다.

개성 지구의 동쪽에서는 북한군이 훨씬 더 강력한 공격을 가하였다. 강력한 제105전차여단 예하 부대의 지원하에 북한군 제3사단과 제4사단이 새벽에 철원 남방에 공격을 시작했다. 기갑·보병 종대 제1진은 정북(正北) 방향에서 의정부를 공략하고, 제2진은 북동쪽 방향에서 김화-의정부 도로를 따라 거침없이 기동하였다. 병력과 기갑, 그리고 중화기 등에서 적이 월등히 우세했다는 점을 감안했을 때 국군 제7사단은 잘 싸웠다. 적은 많은 사상자를 내면서도 의정부를 향해 맹렬하게 공격해 들어왔다.

6월 26일 오전 3명의 주한미군사고문관이 서울에서 의정부를 향해 떠났다. 이들의 북상 목적은 표면상 공산 침략군 내에 소련제 탱크를 조종하는 소련인들이 있다는 보고들에 대한 진위 여부를 확인하기 위한 것이었다. 그러나 실제 목적은 지난 밤 사이 대전을 출발해 이곳에 도착한 국군 제2사단의 계획된 반격을 관찰하기 위한 것이었다. 반격은 제대로 실행되지 못하였다. 이는 국군 제2사단장의 우유부단함이 주된 원인이었으나, 이와 더불어 제2사단의 주력이 제시간 내에 도착하지 못했기 때문이었다. 의정부는 정오까지 적의 강력한 포격에 시달렸고, 이날 밤 함락되었다.[5]

---

5) (1) Interv, Col Wright, 24 Nov 53. (2) Interv, Schwarze with Schnabel, 13 Mar

춘천 방면에서는 적이 두 곳에서 38선을 넘어 춘천을 향해 협공을 가하였다. 북한군 제7사단이 북서쪽 방면으로부터 남하했으며, 북한군 제2사단이 북쪽 방면에서 남하해 왔다. 국군 제6사단 장병들은 물러설 수밖에 없었으며, 침략자들은 몇 시간 후 춘천으로 침투해왔다. 그러나 국군 제6사단의 완강한 저항으로 인해 북한군은 춘천을 점령하지 못하였고 공격을 강화하기 위해 추가로 전차와 포병 지원을 요청해야만 했다. 이러한 상황에서 서부전선에서 국군이 철수함에 따라 제6사단은 측방이 노출되었다. 이 때문에 이들 용감한 방어자들은 6월 28일 전면 철수를 단행해야만 했다. 그럼에도 불구하고 국군 제6사단은 적의 공격을 3일간 지연시키면서 북한군 제2사단에게 막대한 손실을 입혔다.6) 그리고 무엇보다 중요한 것은 국군 제6사단이 부대와 장비를 온전히 유지한 채 질서정연하게 철수했다는 점이다.

멀리 떨어진 동해안 지역에서는 국군 제8사단 제10연대가 공격을 받았다. 제8사단 선임고문관 라슨(Gerald E. Larsen) 소령은 군사고문단 소속 장교 3명, 사병 2명과 함께 강릉의 제8사단 사령부에 위치하고 있었다. 케슬러(George D. Kessler) 소령은 제8사단의 또 다른 연대인 제21연대 본부가 위치한 삼척에 있었다. 제21연대 예하 2개 대대는 훨씬 남쪽에 위치하면서 대게릴라전을 수행하였다. 그러나 연대의 박격포와 57㎜ 대전차포, 중기관총들은 모두 연대병기학교(regimental weapons school)가 운영되고 있던 삼척에 집중되어 있었다.7)

---

51. (3) Ltr, Col James S. Gallagher, 5 Oct 53. (4) Incl 2 to Ltr, Col Greenwood, 22 Feb 54.
6) Ltr, Lt Col Thomas D. McPahil to Col Appleman, 28 Jun 54. 애플먼, *South to the Naktong, North to the Yalu* 제3장도 참조.
7) Based on Interv, Lt Col George D. Kessler, 24 Feb 54.

6월 25일 새벽녘 한국군 장교들은 케슬러 소령을 깨워 라슨에게서 온 무선통신문을 전달하였다. 통신문 내용은 38선상의 제10연대가 북한군으로부터 공격을 받고 있다는 간략한 내용이었다. 이와 거의 동시에 한국 경찰은 삼척의 북쪽과 남쪽 두 지점에서 적의 배들이 병력을 상륙시키고 있는 중이라고 전해왔다. 케슬러와 제21연대장은 신속히 북쪽으로 출발해 묵호진리 부근의 언덕 위에 올랐다. 거기서 그들은 앞바다에 정박 중인 정크선과 거룻배를 목격하였으며, 수백 명의 병력이 해안도로 위에 이리저리 떼를 지어 있는 것을 목격하였다. 케슬러와 제21연대장은 그다음에 보고받은 삼척 아래의 다른 상륙지점으로 향했다. 그곳에서도 그들은 같은 광경을 목격하였다. 케슬러와 제21연대장이 다시 삼척으로 돌아왔을 때 그들은 삼척 앞바다를 선회하면서 병력을 상륙시키려고 하는 선박들을 목격하였다. 한국군은 대전차포를 해안으로 이동시켜 사격을 시작했다. 적어도 두 척의 보트가 침몰한 이후 해상 병력이 철수하였다.

　수년간 게릴라가 침투해왔기 때문에 이 시점에서 케슬러 소령은 전면적인 남침이 진행되고 있다는 사실을 깨닫지 못하고 있었다. 그날 해안에 상륙한 부대들은 정규군이라기보다는 게릴라처럼 활동하였다. 그러나 이때 38선에서는 북한군 제5사단과 2개의 독립대대가 남하 중이었다.

　일요일 오후 늦게 국군 제21연대장은 강릉의 제8사단 사령부로부터 상황을 보고하라는 명령을 받았다. 아직까지도 북한군 작전의 전반적인 본질을 파악하지 못한 케슬러는 제21연대장과 함께 가기로 결정했다. 삼척에서 북쪽으로 향하는 해안도로가 봉쇄되었기 때문에 두 장교는 또 다른 남북 도로를 이용하기 위해 내륙으로 이동해 산악지대를 거쳐 강릉에 우회해서 들어가기로 결정하였다. 그러나 지도상에 표시된 도로는 실제로 존재하지 않았다. 이런 일은 한국에서는 비일비재했다. 몇 시간 동안 헤맨 후에 두 사람은 자동차를 포기하고 시골 경찰지서가 있는 곳까지 수마일을 걸어야만 했다. 거기서 그들은 제8사단과 연락을 취해 자동차를 준비하도록 하고 자신들이 가고 있는 방향으로 최대한 남쪽까지 보내줄 것을 요청하였다. 그들은 다음날 오후 늦게 강릉에 도착하였다.[8]

케슬러는 강릉에 도착해서야 북한군이 38선 전역에서 공격해오고 있다는 사실을 알게 되었다. 라슨 소령은 케슬러 소령이 전날 삼척 부근으로 상륙한 적에게 포로가 되었을 것이라고 생각해서 케슬러를 보자 놀랐다. 이때 라슨은 케슬러에게 국군 제6사단 선임고문관 맥페일(Thomas D. McPhail) 중령이 무선으로 국군 제8사단 고문관들에게 원주에서 자신과 합류할 것을 지시했다는 사실을 알렸다. 라슨은 소속 부대원들에게 장비를 챙겨 원주로 향하게 하였다. 라슨과 케슬러는 강릉을 떠나기 전에 국군 제8사단장을 도와 평창을 거쳐 남하해 단양에서 부산으로 이어지는 사단의 철수로를 계획하였다. 그들은 제8사단장에게 가능한 한 사단 좌측의 제6사단과 접촉을 유지하면서 협조된 철수를 해야 한다는 점을 강조하였다.

서울 함락

서울에서 처음 남침 소식을 들은 미국인은 아마도 1950년 6월 25일 오전 6시경 고문단 옹진 파견대로부터 메시지를 받은 주한미군사고문

---

8) Interv, Col Kessler.

단 무선통신사였을 것이다. 곧이어 서울에 머물고 있던 주한미군사고 문단 소속 장병들은 서둘러 자신의 주둔지로 향했다. 상당기간 동안 국경 침습이 일반화되어 왔기 때문에 초기에 군사고문단 참모진 사이에서는 회의적인 분위기가 가득했다. 그러나 이후 몇 시간 동안 38선 전역에서 다른 보고가 잇따르자 의심하는 분위기는 점차 사라졌다. 공격이 천연 침투로를 따라 빠르게 남쪽으로 진행되고 있다는 사실과 공격의 규모가 단순한 습격 가능성을 일축했다.[9]

슈튜라이스(Carl H. Sturies) 중령은 임시로 고문단을 지휘하고 있었다.[10] 열흘 전 로버츠 장군이 한국을 떠났기 때문에 후임 단장인 키팅(Frank A. Keating) 소장이 미국에서 도착하기 전까지 참모장 라이트(Wright) 대령이 고문단의 지휘를 맡게 되었다. 그러나 키팅 장군은 퇴역을 선택하였고, 이에 육군부는 미국 국방산업대학(Industrial College of the Armed Forces in the United States)에 입교하도록 명령받았던 라이트에게 신임 단장이 도착할 때까지 계속해서 단장직을 수행하라고 지시하였다. 이 운명의 주말에 라이트는 공교롭게도 일본에 머물고 있었다. 라이트는 자신의 가족들에게 곧 미국으로

라이트 대령

---

9) (1) Interv, Schwarze with Schnabel, 13 Mar 51. (2) Ltr, Lt Col George R. Sedberry, Jr., 22 Dec 53. (3) Ltr, Col Sturies, 9 Jan 54. (4) Ltr, Maj Ray B. May, 11 Feb 54. (5) Incl 2 to Ltr, Col Greenwood, 22 Feb 54. 정확한 시간은 이야기마다 달라 가능한 한 조정했다.

10) (1) GO 8, Hq KMAG, 20 Jun 50. (2) Ltr, Col Sedberry. (3) Ltr, Col Sturies, 9 Jan 54. (4) Ltr, Maj May (5) Ltr, Col Greenwood.

향하겠다는 작별인사를 고한 상태였다.11)

　군사고문단 참모진은 공격이 대규모 공세일 것이라는 사실을 인정하면서 한국인들에게 수개월 전 수립한 방어계획을 실행에 옮겨야 한다고 조언하였다. 방어계획을 다시 살펴보면, 이 계획은 옹진반도를 포기하고 임진강 서쪽의 부대들을 임진강 남안으로 철수시키며, 남쪽에 주둔하는 예비사단을 북상시켜 명령에 따른 반격을 감행하는 것으로 구성되었다. 한국 육군총참모장 채병덕(蔡秉德) 소장은 이에 동의하였으며, 그의 참모는 즉시 각 사단에 경계경보를 발령하였다.12)

　대전 주둔 국군 제2사단 선임고문관 갤라거(James S. Gallagher) 대령은 제2사단의 북상 준비 명령이 하달된 오전 8시경에 남침 소식을 알게 되었다. 한 시간 후 주한미군사고문단 사령부는 갤러거와 소속 파견대원들에게 제2사단과 함께 북상하라는 명령을 유선으로 하달하였다. 고문관들 상당수가 충청남도의 여러 도시(청주, 영주, 안정리)에 산재해 있었기 때문에 갤라거는 그들에게 사단의 유선과 무선을 통해 그 사실을 알렸다. 정오 무렵 사단은 행동을 취하였다. 사단본부와 제5연대로 구성된 제2사단 병력을 실은 대전발 첫 기차가 오후 2시 30분경 고문관들을 태우고 서울을 향해 출발하였다. 그보다 훨씬 남쪽의 광주 주둔 제5사단은 이날 아침 같은 명령을 받고 저녁 무렵 고문관들과 함께 북상하였다.13)

　서울에 있던 주한미군사고문단 장교들은 자신들의 한국인 카운터파

---

11) (1) Interv, Col Wright, 24 Nov 53. See also: Dept of State Msg 258 (sgd Webb) to AMEMBASSY, Seoul, 18 Mar 50; Msg 731, Muccio to Secy of State, 22 May 50, OCMH files.

12) (1) Ltr, Col Sedberry. (2) Ltr, Maj May. (3) Incl 2 to Ltr. Col Greenwood

13) (1) Ltrs, Col Gallagher, 5 Oct 53 and 2 Nov 53. (2) Ltrs, Col Sedberry, Maj May. Col Greenwood.

트들과 함께 상황판에 전개되는 불길한 상황을 주시하면서 일요일을 보냈다. 고문관들과 한국인들 모두 긴장하고 흥분한 상태였다. 오전에 북한 전투기들이 서울과 김포공항에 기총소사를 가하였다. 이로써 38선을 따라 진행된 공격이 대규모 공세의 일환은 아닐 것이라는 일말의 기대감마저 사라지게 되었다.14) 이날 무초 대사가 이승만 대통령을 만났다. 이승만 대통령은 한국군을 위해 더 많은 무기와 탄약의 지원이 필요하다고 역설하였다. 주한미군사고문단 참모는 105㎜ 곡사포 90문, 60㎜ 박격포 700문, 30구경 카빈소총 40,000정, 10일 분의 탄약을 서둘러 부산으로 보내줄 것을 요구하는 긴급 전문을 맥아더 사령부에 보냈다. 무초 대사도 도쿄에 메시지를 보냈다. 무초는 탄약의 부족으로 인해 남한이 굴복하게 된다면 이는 미국에게 대재앙이 될 수 있다는 의견을 피력하였다.15)

남침이 개시된 상황에서 군사고문단원들이 특별하게 관심을 가진 것은 자신들이 수행할 임무에 관한 문제였다. 1년 전 육군부가 규정한 권한은 주한미군사고문단이 전시에 수행할 임무를 특별히 명시하지 않았다.16) 무초 대사 또한 군사고문단에 명확한 임무를 제시할 수가 없었다. 군사고문단은 당장 세 가지의 선택안 중에서 하나를 골라야 했다. 즉 직접 무기를 들고서 침략자들을 몰아내기 위해 적극적으로 한국인들을 돕는 것, 전투 작전에서 한국군을 자문하는 것, 자신들은 한국을 떠나고 한국은 운명에 맡기는 것이었다. 이 선택안들은 미국의 정책과

---

14) (1) Interv, Col Greenwood, 2 Feb 54. (2) Interv, Schwarze with Schnabel. (3) Ltr, Maj May. (4) Ltr, Col Stuires. (5) Incl 2 to Ltr, Col Greenwood.
15) (1) Msg, USMILAT to CINCFE, 250425Z, 25 Jun. 50. (2) Msg, USMILAT to CINCFE, 250530Z, 25 Jun 50. 두 메시지는 슈나벨,『한국전쟁』제4장 5쪽에서 재인용.
16) see DA Rad, WARX 90992, CSGPO to Chief, KMAG, 1 Jul. 49.

도 관련된 문제로서 미국 정부의 고위급 차원에서 결정해야 할 문제였다.17)

그러나 무초 대사는 또 다른 가능한 행동 노선을 제시했다. 무초는 한국에 머물고 있는 미국 국적의 공관원, 시민, 군인들을 대사관에 집결시킨 후 북한군이 서울을 점령할 경우 외교적인 면책특권을 요구한다는 안을 제시하였다. 주한미사절단(AMIK)과 주한미군사고문단 요원들은 그보다는 다른 대안들이 보다 더 적절하다고 무초를 설득했다.18)

무초는 워싱턴에서 확실한 지침이 하달되지 않는 상황에서 미국인 여성과 어린이들을 일본으로 소개하는 작업에 착수하였다. 6월 25일 오전에 무초는 선박을 수소문하기 위해 주한미대사관의 해군무관인 셰퍼트(Johm P. Seifert) 중령을 인천으로 보냈다. 셰퍼트는 항구에 정박 중인 2척의 선박 중 노르웨이 선적의 라인홀트(Reinholt)호를 징발하였다. 라인홀트호는 화학비료를 수송하는 선박이었지만 깨끗한 상태를 유지하고 있었다. 승무원들은 즉시 화물을 하역하고 선박을 깨끗이 정돈하였다. 그 동안 주한미군사고문단은 재난계획에 적시된 바에 따라 수속센터(Processing center)를 설립하기 위해 장병들을 부평으로 보냈다. 정오 무렵 모든 준비가 완료되었다.19)

한편 재난계획에 따른 지시가 하달될 무렵 서울 시내외에 거주하는 미국인들은 소개에 관한 소식을 기다리면서 라디오에 귀를 기울이고

---

17) (1) Interv, Col Greenwood. (2) Ltr, Maj May. (3) Ltr, Col Sturies. (4) Incl 2 to Ltr, Col Greenwood.
18) (1) Incl 2 to Ltr, Col Greenwood. (2) Ltr, Maj May.
19) (1) Ltr, Maj May. (2) Interv, Col Greenwood. (3) Interv, Capt Schwarze, 20 Jan 54. (4) Capt. Walter Karig, USNR, Comdr. Malcolm W. Cagle, USN, and Lt. Comdr. Frank A. Manson, USN, "Battle Report" Vol. Ⅵ, *The War in Korea* (New York: Rinehart and Co., Inc., 1952), pp.25~27.

있었다. 육군 라디오방송(WVTP)은 이날 15분마다 뉴스 속보를 전하였다. 자정이 막 지나서 무초는 크럴러 계획(CRULLER)을 사실상 확정하고서 국무부와 국방부에 보고하였다. 육군 라디오방송은 뉴스속보를 통해 모든 미국인 여성과 어린이들은 군용수송차를 이용해 3시간 내로 서빙고기지로 이동할 것을 지시하였다. 이들은 서빙고에서 다시 인천으로 이동할 예정이었다. 미국인의 탈출은 서울에서 부평, 그리고 인천으로 질서 있게 진행되어 월요일(26일) 오후 6시경 탈출자 전원이 일본기지에서 출격한 미공군기의 엄호를 받으며 라인홀트호에 승선하였다. 라인홀트호의 선장과 선원들은 보통 12명의 승객을 수용하는 배에 700명 이상의 여성과 어린이들을 실을 수 있도록 준비하는 기적 같은 일을 수행하면서, 정신없는 주말을 매우 훌륭하게 보냈다. 비록 대부분의 피난민들은 축축한 짐 선반에 잔뜩 들어가거나 갑판에 앉은 채로 일본으로 향했지만, 그들은 라인홀트호의 여건이 허락하는 한 최대한 편안하게 여행하였다.[20]

라이트 대령은 월요일 아침 일찍 일본에서 돌아왔다. 그는 전날 도쿄의 한 교회에서 예배를 보던 중에 남침 소식을 전해 들었다. 급히 달려온 연락자가 교회 측랑(側廊)으로 조심스럽게 내려와 "한국으로 돌아가는 편이 좋겠다"고 전했다. 서울에 도착하자마자 라이트 대령은 곧바로 주한미군사고문단 사령부로 가서 고문단원의 가족들이 트럭과 버스를 타고 인천으로 이동하고 있는 중이라는 소식을 들었다.[21] 서울 북

---

20) (1) Interv, Col Wirgth, 24 Nov 53. (2) Inverv, Capt Schwarze. (3) Major Activities, Opns Div, G-3, in History of Department of the Army Activities Relating to the Korean Conflict, 25 Jun 50-8 Sep 51, OCMH files. (4) See also Karig et al., *The War in Korea*, pp. 25~27.

21) Interv, Col Wright, 24 Nov 53.

쪽의 상황이 악화되자 라이트는 필요시 공중과 해상을 이용해 서울과 부산 사이의 어느 한 곳으로 고문단원들을 이동시킨다는 복안을 가지고 남행 준비를 결정하였다. 육군부는 주한미군사고문단의 소개에 대한 책임을 맡고 있던 맥아더에게 최상의 성공 기회를 보장할 수 있는 행동 방침을 선택하라고 지시하였다.[22]

워싱턴에서는 한국의 상황이 악화될 경우 마지막에는 주한미군사고문단을 한국에서 철수시킨다는 계획을 승인해놓고 있었지만 주한미군사고문단은 남침으로 인한 일련의 사건으로 가능한 한 오래 잔류해야만 했다. 북한의 침략은 한국에 대한 미국의 관심을 다시 일깨워서 정책을 완전히 전환시켰다. 6월 25일 오후 2시, 미국의 요구에 따라 유엔안전보장이사회가 소집되어 북한의 침략을 평화의 파괴로 낙인찍고 38선으로 북한군의 즉각적인 철수를 요구하는 결의안을 통과시켰다.[23] 결의안에서는 모든 유엔구성원들이 결의안 이행을 위해 유엔을 전적으로 지원해 줄 것과 북한에 대한 원조를 중단할 것을 요구하였다. 이때부터 워싱턴의 합동참모본부와 도쿄의 맥아더는 미국의 행동 방침을 수립하기 위해 통신으로 많은 의견을 교환했다. 맥아더는 군사고문단 연락장교들이 담당하는 부대에 잔류하는 것이 전투에 효과적이므로 국무장관으로부터 고문단이 최대한 잔류하기를 원한다는 점을 통보받았다. 맥아더는 합동참모본부에 개전 첫날 주한미군사고문단이 요구한 탄약과 장비를 요코하마(橫濱)와 타치카와(立川)에서 이미 비행기와 배에 선적

---

22) See: (1) Msgs, ROB 002 and 003, Chie, KMAG. to DEPTER, 26 Jun. 50, OPS 091 Korea, sec. 1-C, case 14 ; (2) Msg, WAR 74140. DEPTAR to CINCFE, 26 Jun. 50.
23) 소련대표는 이 당시 유엔 안전보장이사회 회의에 불참하고 있었다. 이는 중화민국이 공산 중국을 대신해서 안보리 대표직을 유지하는 것에 대한 항의 표시였다. 따라서 소련 대표는 자리에 없었고 결의안에 대해 거부권을 행사할 수도 없었다.

중이라고 보고하였다.[24]

  6월 26일 저녁에 무초 대사는 필수 요원들을 제외한 주한미사절단원들에게 한국을 떠나도록 지시하였으며, 이들을 소개시키기 위해서 극동군사령부에 군용기를 요구하였다. 몇 시간 후 라이트 대령은 참모들의 계속된 권유에 따라 군사고문단의 개인별 기록 및 파일들과 함께 필요한 요원들을 제외한 모든 고문관들을 일본에 보내기로 결정하였다. 고문단이 해야 할 일이 무엇인지가 여전히 불확실한 상황이었지만, 라이트는 사태에 대해 결정을 내릴 시간이 얼마 남지 않았고, 또한 고문단의 대부분이 떠나고 나면 최후의 순간에 주한미군사고문단의 소개를 보다 더 효율적으로 실행할 수 있다고 판단하였다. 이에 따라 라이트는 자신의 일반참모와 33명의 통신분야 장병들만 남도록 지시하고, 나머지 고문관들을 트럭에 실어 수원비행장으로 보냈다. 잔류하게 된 고문관들은 필요한 임무를 수행할 수 있고 심각한 위험이 닥치지 않는 한 한국군과 함께 머물러야 한다는 것이 라이트의 생각이었다. 위급한 상황에서 포로가 된다면 군사고문단은 주한미대사 일행과 합류해 외교적 면책특권을 얻을 예정이었다. 6월 27일 오전에 극동공군의 항공기들이 김포와 수원에 도착하기 시작하여 하루 동안 4회를 왕복하면서 주한미사절단원, 선교사, 한국에 체류 중인 외국인들, 미군사고문단원들을 수송하였다.[25]

  무초와 그의 참모진은 맥아더 사령부에 주한미대사관 무선실이 폐쇄

---

24) Department of State, United States Policy in the Korea Crisis (Washington, 1950), pp. 1-2. See also Teleconference, TT 3418, between JCS, Secy Army and CINCFE, 26 Jun 50, 슈나벨, 『한국전쟁』 제2장, 11쪽에서 인용.

25) (1) Interv, Col Wright. (2) Ltr, Maj May. (3) Incl 2 to Ltr, Col Greenwood. See also: Msg, Chief, KMAG, to CINCFE, MC-IN 79213, 27 Jun 50, copy in OPS File 091 Korea, case 14/5; Hist, AG Sec, KMAG, 10 Aug. 50, KMAG File AG 314.7.

될 예정이라고 알린 후, 6월 27일 오전 9시가 조금 지나 수원을 향해 서울을 출발하였다.26) 이날 오후 대한민국 육군본부는 주한미군사고문단에 협의나 통보를 전혀 하지 않은 채 서울과 수원의 중간 지점에 위치한 시흥으로 이동하였다. 미국인들은 한국인 참모들이 크게 동요하는 것을 목격하였지만 그들이 떠나기 전까지 그들의 의도를 전혀 눈치 채지 못하였다.27) 이동 사실을 알게 된 라이트 대령은 참모들과 더불어 한국군의 서울 회귀를 설득하기 위해 남쪽으로 출발하였다. 대한민국 육군본부의 항공기는 고문단사령부에 전언도 없이, 서울시민들에게 경고 한마디 없이, 그리고 수도 서울의 북쪽 지역에서 교전 중이던 국군 부대들을 남겨두고 떠났다.

주한미군사고문단의 차량 대열이 한강을 막 건넜을 무렵에 라이트 대령은 최초로 외부로부터의 도움이 있을 것이라는 확신을 갖게 되었다. 맥아더로부터의 메세지가 2.5톤 트럭에 실린 주한미군사고문단 지휘무전기(SCR-399)에 수신되었는데, 그것은 미 합동참모본부가 주한미군사고문단을 포함해 한국에서 작전하는 모든 미군의 작전통제를 자신에게 위임했다는 내용이었다. 게다가 맥아더는 처치 준장이 지휘하는 1개 팀—후에 총사령부 전방지휘사령부(GHQ, ADCOM)—을 한국에 파견하고 있는 중이었다.28)

한국군 총참모장은 맥아더의 지원 약속을 전해 듣고 육군본부와 더불어 서울로 복귀하기로 결심했다. 시흥에 머무는 동안 라이트 대령은

---

26) (1) Interv, Maj Gen George I. Back, former Chief Signal Officer, GHQ FEC, 16 Dec 53. (2) Interv, Col William M. Thames, former member of GHQ FEC, Signal Sec, 16 Dec 53. (3) See also Incl 2 to Ltr, Col Greenwood.
27) Interv, Col Wright.
28) (1) Interv, Col Wright. (2) Msg, CINCFE to Chief, KMAG, ZX 49396, 27 Jun., G-3 091 Korea, sec. 2, case 26.

맥아더로부터 '기운내라'는 독려의 말과 함께 '중대한 결정'을 고려하고 있다는 또 다른 메세지를 받았다.[29] 라이트는 이들 두 메세지를 주한 미군사고문단이 한국에 계속 남아 임무를 수행해야 한다는 의미로 해석하고서 일본으로 아직 떠나지 않은 고문단원들을 소환하기 위해 한 명의 장교를 수원비행장으로 급파했다. 약 30명의 고문관들이 라이트 대령 및 참모들과 함께 서울로 복귀하였다. 6월 27일 오후 6시경 육군 본부와 미군사고문단이 한강 북쪽에 다시 위치하게 되었다.[30]

일본에서 돌아온 후 거의 잠을 이루지 못했던 라이트 대령은 화요일 밤늦게 휴식을 위해 서빙고 기지에 있는 자신의 숙소로 갔다. 6월 28일 오전 2시경 비어만(G-4 고문관) 대령이 잠을 깨우면서 한국군 사단들이 서울에서 남쪽으로 철수하고 있으며, 육군본부도 다시 수도를 떠나고 있는 중이라는 사실을 알렸다. 한국군 총참모장 채병덕 장군은 약 1시간 전에 떠났다. 라이트는 일어나서 몇백 야드 떨어져 있는 사령부 건물로 향하였다. 그는 도중에 남쪽 하늘에서 섬광을 보았으며, 그 당시 자동차와 피난민들이 서울에서 남쪽으로 향할 수 있는 유일한 길이었던 한강교 방면에서 엄청나게 큰 폭발음이 일어나는 것을 들었다.[31]

미국인 감독하에 있는 한국군 공병들이 하루 또는 이틀 전부터 폭파 준비를 시작하였다. 한강교는 길이가 4경간(徑間)에 달하는 거대한 다리

---

29) 몇몇 자료(라이트, 그린우드, 세드베리, 메이)가 이 두 번째 메시지를 언급하고 있지만 필자는 그에 대한 파일들에서 사본을 발견할 수 없었다.
30) (1) Interv, Col Wright. (2) Ltr, Maj May. (3) Interv, Schwarze with Schnabel. (4) Ltr, Lt Col Sedberry. (5) Incl 2 to Ltr, Col Greenwood. (6) See also Msg, CINCFE to DA, CX 56847, 27 Jun. 50, OPS 091 Korea, case 14/9.
31) (1) Interv, Col Wright. (2) Interv, Col Lewis D. Vieman with Col Appleman, 16 Jun 54. (3) MS prepared by Lt Col Lewis D. Vieman, 15 Feb 51 51, in OCMH files (4) See also Ltr, Col Sedberry.

였는데 공병들은 콘크리트 교각에 대량의 폭발물을 설치했다. 한강교는 원래 서울이 적에게 함락되고 한강 북안의 한국군과 민간인들이 안전하게 강을 건넌 뒤에 파괴할 예정이었다. 라이트 대령이 육군본부에 도착했을 때, 그는 당황한 모습으로 출발을 서두르는 한국인들을 발견하였다. 채병덕 장군이 출발하자마자 곧 한강 남안에서부터 한강교 폭파가 시작되었는데 폭파를 시작할 당시 1,000여 명의 한국군 병사들과 시민들이 다리 위에 있었다. 500~800명이 즉사하거나 물에 빠졌다. 3명의 미국 신문 특파원이 폭풍에 의해 부상당했다. 차들이 비좁은 통로에 꼬리에 꼬리를 물고 건너고 있는 중이었는데, 이들 대부분이 파괴되었다.[32]

다리의 파괴는 폭발에 의한 인명과 장비의 손실뿐만 아니라 강북에서 내려온 한국군 부대들에게도 심각한 타격을 입혔다. 중요한 탈출 경로를 잃게 되자 한국군 부대와 장비는 고립되었다. 서울지역에서와 마찬가지로 병사들과 시민들의 사기는 급속히 저하되었고 공포와 혼란이 뒤따랐다.[33]

오전 3시 라이트는 종말이 다가왔다고 생각하면서 잔류 고문단원들에게 서울을 떠나도록 명령하였다. 적의 포탄이 산발적으로 서빙고 지역에 떨어졌으며 소총과 자동화기 소리가 저 멀리서 분명히 들려왔다.

---

32) (1) Interv, Col Wright and Greenwood, and Schwarze with Schnabel. (2) Ltrs, Col Scott, Lt Col Sedberry, Maj May. (3) Vieman MS. (4) Interv, Maj Gen Chung Chung Kuk, 24 Oct 53. 한강교 폭발 당시 서울에 있던 많은 주한미군사고문단 인물들은 채병덕 장군이 다리를 건넌 다음 직접 폭발 명령을 내렸다고 확신했다. 국방 차관이 명령을 내렸을 가능성도 있다. 이후 한국군 군법회의에서는 육군 공병감을 책임자로서 재판하고 사형시켰다. 이 일에 관한 논쟁에 대해서는 애플먼, *South to the Naktong, North to the Yalu*, 3장을 참조.

33) (1) Interv, Schwarze with Schnabel. (2) Interv, Col Wright *et al.*

비어만 대령은 가솔린과 식량, 그리고 극히 제한된 개인 피복 물품들을 실은 대략 50대가량의 수송단을 구성하였다. 약간의 비밀문서들을 불에 태운 후 미국인들은 지프와 트럭에 올랐고 군사고문단의 차량대열은 한밤중에 서울의 동대문을 향하여 움직였다.

한강을 건널 수 있는 또 다른 다리가 서울에서 약 8마일 동쪽에 놓여 있었다. 고문단은 그 다리를 지나 남쪽으로 갈 수 있기를 희망하였다. 그러나 그곳으로 가는 도중에 한국군 병사들이 고문단에게 그 다리마저 파괴되었다고 알려 주었다. 그래서 고문단의 차량대열은 주위를 돌다가 서빙고 지역으로 되돌아왔다. 그 후 군사고문단 장교와 사병 일부가 걸어서 한강을 건널 수 있는지 확인하기 위해, 그리고 평소에는 다소 먼 상류에서 운행하는 나룻배들이 운행되고 있는지를 알아보기 위해 폭파된 다리로 갔다. 그 결과는 실망스러웠다. 이때 한국군 이치업(李致業) 대령이 나타나 군사고문단이 도강할 수 있게 해주겠다고 말하였다. 군사고문단은 이리저리 떼를 지어 돌아다니는 성난 군중들을 통과하여 한강변까지 천천히 이동하였다. 강은 다양한 종류의 보트들, 뗏목, 통나무, 그리고 헤엄쳐 건너는 사람들로 붐비었다. 이치업 대령은 한 뱃사공을 권총으로 위협하여 큰 뗏목으로 미국인들을 실어 나르도록 독촉했다. 다른 많은 한국인들도 같은 방식으로 도강을 시도했고 이는 도하 지점을 위험한 곳으로 만들었다.[34]

라이트는 군사고문단의 차량을 모두 구하는 것이 불가능하다고 생각했지만 무선차량만은 확보하기로 결정하였다. 따라서 그는 2명의 장교와 3명의 부사관을 자신과 함께 남도록 하고 나머지 고문관들은 한강

---

34) (1) Interv, Col Wright. (2) Interv, Schwarze with Schnabel. (3) Vieman MS. (4) Ltr, Maj May, 23 Apr 54.

을 건너게 할 수 있었다. 남아있던 6명은 또 다른 큰 뗏목을 손에 넣었고 커다란 무선차량을 가파른 강둑으로 끌고 내려가 뗏목에 싣는 데 어려움을 겪었지만 한강을 건너는데 성공했다. 이 무렵 해가 밝아오고 있는 중이었으며, 북한군의 포격이 한강 남안에 가해지고 있는 중이었다.[35]

라이트와 그를 수행한 고문관들이 무선차량을 타고 수원으로 퇴각하는 동안 서울을 탈출한 군사고문단 주력은 도보로 행군하고 있었다. 이들과 함께한 이치업 대령은 한국군 지프를 징발하여 군사고문단의 잔여인원을 안전하게 이송하려고 전방에서 길을 안내하였다.[36] 그들이 남으로 이동할 때 맥아더가 약속한 첫 번째 공군 지원이 시작되었고, 미공군기들이 서울을 맹폭격하였다.

미국의 원조는 6월 27일 두 번째 안보리의 결의안이 통과되면서 곧바로 이행되었다. 북한이 38선으로 물러나라는 유엔의 요구를 무시하자, 안보리는 모든 유엔국가들에게 북한군을 일소하기 위해서, 그리고 한반도의 평화와 세계평화를 회복하기 위해 한국에 필요한 만큼의 원조를 제공하도록 촉구하였다. 트루먼 대통령은 맥아더에게 한국군의 보호와 지원을 위해 미 공군과 해군을 사용하도록 신속히 명령하였으며, 대만해협을 중립화시키기 위해 제7함대를 급파하였다.[37] 북한군이 이미 서울 외곽지역에 도달해 있었기 때문에 공군의 지원은 서울을 구하기에는

---

35) Interv and Ltrs, Wright, Schwarze, Vieman, May.
36) Interv, Col Wright. (2) Ltr, Maj May, 23 Apr 54. (3) Interv, Schwarze with Schnabel. (4) Vieman MS. (5) Marguerite Higgins, *War in Korea*, (New York: Doubleday B Co., Inc., 1951). pp. 28-29. 라이트 대령은 이 기간의 사건에 대한 히긴스의 설명이 매우 정확해 보인다고 말한다.
37) U.S. Senate, 83d Congress, 1st Session, *The United States and the Korean Problem*: Documents, 1943-1953, (Washington, 1953), pp. 36-37.

너무나 늦게 이루어졌다. 한국군 잔류 병력은 그 상황에서도 잘 싸웠으며, 그들은 어쩔 수 없이 서울을 포기해야 했던 6월 28일까지 버텼다.

후방

북한군이 모든 전선에서 밀고 내려오는 동안 남으로 향하던 군사고문관들은 한국 방어를 위해 후방을 정비하는 데 도움을 주고자 노력하였다. 6월 25일 국군 제3사단 선임고문관 에머리치(Rollins S. Emmerich) 중령은 대게릴라 작전회의에 참석한 제3사단장 유승렬(劉升烈) 대령과 함께 진주에 있었다. 에머리치와 유승렬이 대구로 돌아오는 도중 경찰관이 차를 멈추게 하고는 유승렬 대령에게 즉시 대구로 전화를 해야만 한다고 흥분하여 소리쳤다.[38] 유승렬이 제3사단 사령부와 전화통화를 하는 동안 통역관이 에머리치에게 전쟁이 일어났다고 알렸다. 그들은 저녁 6시경에 대구에 도착하였으며, 에머리치는 제3사단의 제22연대와 전투공병대대, 대전차중대가 채병덕 장군에게서 서울로 올라올 것을 명령받고 출발한지가 오래됐다는 소식을 들었다. 3명의 군사고문단 장교가 그들과 함께 상경했다.

그날 밤 대구의 분위기는 불확실성과 흥분이 뒤섞였다. 북쪽과의 통신이 제대로 이뤄지지 않아서 공산군이 남한으로 얼마만큼 밀고 내려

---

[38] 대구와 부산에서 일어난 사건에 대한 이 일화는 별도로 명시하지 않는 경우 에머리치(Rollins S. Emmerich) 대령이 OCMH에 제출한 「Early History of the Korean War 1950」이라는 제목의 문서를 기반으로 한 것이다. 에머리치 대령은 주한미군사고문단 고문관이었던 오스틴(Percy Austion) 소령과 슬레이터 (Harold Slater) 소령이 이 이야기를 정리하는 데 도움을 주었다고 기록했다. 이 문서는 앞으로 에머리치 문서로 약칭한다.

제6장 전쟁의 발발 163

서울을 떠나는 군사고문단

왔는지 아는 사람이 아무도 없었다. 대부분의 보고는 경찰을 통해 들어왔는데 막연하고 정확하지가 않았다. 악성 루머가 대구를 휩쓸었다. 이는 대구지역이 빨치산 활동의 중심지였고, 지하 공작원이 봉기를 일으키거나 빨치산이 대구를 습격할 수 있다는 두려움이 확산되었기 때문이었다. 조재천(曺在千) 경북도지사, 제3사단 참모진, 에머리치, 한경록(韓景錄) 경상북도경찰국장과 그의 고문관인 길러리(Kirby Guillory) 소령, 그리고 대구의 주요 인사들이 또 다른 사건이 발생할 경우에 대비한 방어계획을 짜기 위해서 저녁동안 몇 번의 회의를 가졌다.

일요일 밤늦게 군사고문단 사령부는 미국인 여성과 어린이들이 일본으로 철수해야 한다는 내용을 방송하였으며, 대구에서는 방송직후 두 가족을 제외한 모든 미국 민간인이 한국군 헌병의 인도하에 부산으로 떠났다. 남은 두 가족도 다음날 아침까지 기다렸다가 헌병의 호위를 받으며 남으로 향하는 짐을 가득 실은 화물기차에 탔다. 이 무렵 수많은 한국인들이 부산으로 이동하고 있어서 철도와 도로는 매우 붐볐다. 대구의 고문관들은 그들 가족이 출발한 뒤에 자신들의 미래를 알지 못해 불안해하며 명령을 기다리고 있었다. 수원에서 들어온 경찰보고는 서울 북쪽의 상황이 매우 심각하고 한국군이 전면적으로 철수하고 있다는 내용이었다.

6월 27일 아침, 무초는 제3사단의 고문관들에게 제3사단을 내버려두고 대구에서 부산으로 갈 것을 지시하였다. 고문관들은 군용차 11대와 민간인 자동차 1대로 호송대를 구성하였고 에머리치는 각자에게 빨치산의 공격이 있을 경우와 호송대가 장애물에 봉착했을 경우에 대비한 지침을 내렸다. 또한 에머리치는 고문단원들의 개인화기 외에 산탄총을 지급하였다. 대구의 군사고문단은 약 12시간 뒤 서울의 군사고문단사령부가 흥분한 군중들로 가득 찬 거리를 뚫고 나가면서 어려움을 겪게 되었던 것처럼 도시를 벗어나는 게 어렵다는 것을 알게 되었다. 불안한 한국인들은 미국인들과 함께 가기를 애걸하였으며, 몇몇은 그들의 차에 올라타려고 시도하였다. 대부분의 시간 동안은 오로지 경찰이 대열을 호위하면서 좁은 길로 안내했기 때문에 이동이 가능했다. 그리고 이러한 상황은 부산으로 향하는 나머지 기간 동안 나아지지가 않았으며, 그날 저녁 늦게 폭우가 시작되어 도로는 진흙투성이의 험난한 길이 되었다.

호송대는 각각 한 대의 지프와 트레일러, 1¾톤 트럭을 포기하면서 다음날 아침 부산에 도착하였다. 부산에 도착한 고문단은 하야리아 부대(Hialeah)로 향하였다. 그곳에는 평상시 주한미사절단원과 그들의 가족이 기거하였던 75채의 집이 있었다. 수송단이 영내에 도착했을 때 에머리치와 그의 부하들은 높은 철사 울타리 주변을 서성이는 수백 명의 한국인들을 보았다. 많은 이들이 미국인 가정의 비품들을 소지하고 있었다. 매점건물 내부는 열려있었으며, 한국인들은 통조림 음식을 담장 너머로 던지고 있는 중이었다. 다른 사람들은 개인 소유의 차와 지프, 트럭, 그리고 앰뷸런스에 가구와 개인 소유물들을 싣고서 영문으로 밀고 나가는 중이었다.

에머리치 일행은 그들의 머리 위에 총을 쏴 해산시키고서 내부에 미국인들이 남아있는지 알아보기 위해 영내로 들어갔다. 에머리치 일행은 플라밍고 클럽에서 작은 아마추어 무전기에 모여 있던 경제협조처(ECA) 지방사무소의 라이너(Thomas Reiner)와 몇 사람의 다른 직원들을 발견하였다. 라이너는 도쿄의 총사령부와 연락을 취하고 있었으며, 자신이 알고 있는 정보를 전달하고 있는 중이었다. 또한 에머리치 일행은 제23연대 고문관 퍼트넘(Gerald D. Putnam) 대위를 그의 숙소에서 발견하였다. 퍼트넘은 부산항에서 두 척의 배를 이용한 철수 활동을 진행시켜왔기 때문에 토요일 밤 이후로 잠을 자지 못한 상태였다. 에머리치는 그로부터 부산, 대전,[39] 대구의 부양가족들이 전날 미국 선박 파이오니어 데일(Pioneer Dale)에 실려 일본으로 향했다는 소식을 들었다. 남한 곳곳에 흩어져 있던 주한미사절단원과 군사고문단원들을 실은 또 다른 미국 선박인 레티시아 라익스(Letitia Lykes)가 아직 항구에 머물고 있었다.

또한 에머리치는 라이너의 경제협조처 사무실에 있는 전화기로 도쿄와 연락을 취할 수 있다는 것도 알게 되었다. 서울로부터의 철수에 관한 최근 정보도 알지 못하였고, 또한 일본으로부터도 전혀 연락이 없었기 때문에 그는 총사령부, 즉 극동군사령부에 연락을 취해 지시를 요구하기로 결정하였다. 에머리치는 방어조치를 위해 우선 자신의 대원들을 모아 중심지 상점 건물의 3층에 위치한 라이너의 사무실로 보내서

---

[39] See Ltr, Col Gallagher, 5 Oct 53.

거기에 숙소를 만들도록 하였다. 그런 후 그는 도쿄로 연락을 취해 총사령부 통신국장 백(George I. Back) 준장과 통화를 하였다.

부산의 에머리치는 한국의 상황에 대해 조금밖에 알지 못했지만, 도쿄의 총사령부는 아는 것이 더 적었다. 백 장군의 첫 질문은 에머리치가 무엇을 알고 있으며, 전선으로부터 부산에 정보가 도착했느냐 하는 것이었다. 처음에 두 사람은 직접적인 표현을 왜곡함으로써 통신보안을 유지하려고 했다. 그러나 시기의 긴급성과 중요성으로 인해 두 사람은 곧 불필요한 어법을 쓰지 않았다. 백 장군은 에머리치에게 지시를 기다리라고 말하였다.40)

에머리치는 서울에 있는 군사고문단 사령부의 운명이 알려지지 않은 상황에서 부산의 선임장교로서 자신이 활용할 수 있는 군사고문단 요원들과 더불어 사령부를 조직할 것을 결정하였다. 6월 28일 아침 그는 부산에 임시한국군고문단(PKMAG) 사령부를 세운다는 일반명령을 발표했다. 뒤이어 특별명령을 통해 자신을 사령관으로 임명하고, 병참임무를 담당하도록 7명의 군사고문단 장교와 자원한 4명의 경제협조처 민간인 직원들을 임명하였다. 사령부가 활동을 개시한 후 에머리치는 일본으로 가기 위해 이미 류케스호에 승선해 있던 군사고문단 요원들에 대한 상륙 명령을 하달하기 위해 퍼트넘 대위를 라익스호로 보냈다.

그 후 며칠 동안 부산과 일본 사이에 장거리 전화통화가 끊임없이 이루어졌다. 도쿄에 있는 윌로우비(Charles A. Willoughby) 소장의 정보참모부는 정보를 보고하도록 요청했지만 에머리치는 단지 경찰들이 제공하는 모호한 내용을 반복할 수밖에 없었다. 부산의 고문관들은 이타즈케(板付)의 미공군기지로 매일 두 번씩 기상 보고서를 전송하였다. 백 장

---

40) (1) Interv, Maj Gen George I. Back, 16 Dec 53. (2) Emmerich MS, pp. 12-13.

군과 조이(Turner C. Joy) 해군 중장의 미 해군본부, 그리고 도쿄의 모어하우스(Albert K. Morehouse) 해군 소장이 주고받은 전화도 있었다. 그동안 국군 제6사단과 제8사단 고문관들은 지프를 타고 원주에서 밤낮으로 남행하여 부산에 도착하였다.41)

임시고문단 사령부는 빠르게 확장되었다. 6월 29일경 에머리치는 22명의 장교, 34명의 사병, 6명의 경제협조처의 지원자, 2명의 자원한 선교사를 지휘하고 있었다. 그날 그는 각각 3명의 장교와 사병을 대전으로 보냈으며, 2명의 장교를 대구의 3사단에 재결합시키기 위해 보냈고, 몇 명의 통신요원을 진해의 해안경비대 기지로 보냈다. 또한 그는 행정장교와 분견대 사령관을 임명하여 부산의 하야리아 부대(Hialeah) 내에 만들어진 주택, 막사, 수송부 시설들을 지키도록 명령하였다.

원조의 안정화를 위한 노력

6월 27일 오전 처치 장군과 그의 팀은 명령서를 가지고 서울을 향해 도쿄를 출발하였다. 처치 장군의 제1진은 단지 15명 정도의 조사연락분과 장교들만으로 구성되어 있었으며, 그들은 서울-김포-인천 지역의 방어를 위해 한국군이 요구한 최소한의 원조의 양과 품목들을 결정하기로 되어 있었다. 또한, 아직까지 미지상군의 투입에 관해서 어떠한 결정도 이루어져 있지 않은 상황이었으나 처치 장군의 팀은 미지상군을 투입할 가능성에 대해서도 고려하라는 지시를 받고 있었다. 한국으로 오는 도중에 처치 장군은 서울 대신에 수원에 착륙하라는 명령을

---

41) (1) Interv, Col Kessler. (2) Emmerich MS, p. 16.

받았으며 수원에서 총사령부 전방지휘연락단(General Headquarters Advance Command and Liaison)으로 임무를 수행하게 되었다. 처치는 수원에 도착해서 무초의 환영을 받았으며 수원의 서쪽에 위치한 농업대학의 건물에 지휘본부를 세웠다. 당시 수원에 있는 유일한 군사고문단 요원은 미대사관에 소속된 무선연락팀의 일원으로 활동하고 있었다. 처치 장군은 도쿄와 무전으로 접촉할 수 있었으며, 상황을 안정시키고 한국군의 재조직을 위한 계획을 수립하기 위해 자신의 참모들과 함께 밤을 지샜다.[42]

6월 28일 오전에 한국군 총참모장과 그의 참모들이 수원에 나타나서 총사령부 전방지휘사령부 지휘소(GHQ ADCOM command post)가 설치된 건물에 사령부를 세웠다. 낮 동안 미군사고문단원들이 삼삼오오 무리지어 도착하였으며, 해질 무렵에는 28일 이른 아침에 서울에서 빠져나온 모든 사람들이 도착하였다. 대부분의 사람들은 며칠 동안 잠을 못자 피로에 지쳐있었다.[43]

6월 29일 맥아더 장군이 수원에 도착하여 한강선의 전투지역을 시찰

---

[42] (1) Interv, Lt Col Winfred a. Ross (Signal Officer, GHQ ADCOM), 16 Dec 53. (2) Informal notes entitled History of ADCOM, by Lt Col Olinto Mark Barsanti (G-1 GHQ ADCOM) attached as Incl to Ltr, Hq FEC to CG USAFFE, Attn: Mil Hist Sec, 20 mar 53, sub: Hist of ADCOM, OCMH files. (3) Opns Instructions to Gen Church, 26 Jun. 50, from G-2 See GHQ FEC, OCMH files. (4) Directive from Birg. Gen Edwin K. Wright to Gen Church, received by phone at Itazuke, Japan, 1425, 27 Jun 50, OCMH files.

[43] (1) Interv, Col Sterling Wright. (2) Interv, Capt Schwarze with Maj Schnabel. (3) Interv, Maj Frank W. Lukas, 21 Apr 54. (4) Interv, Capt Lloyd C. Schuknecht, Jr., former GHQ ADCOM Crypto Officer, 18 Dec 53. (5) Informal notes, Lt Col Barsanti, cited in preceding nom. 로스(Ross) 중령은 수원에서 주한미군사고문단의 한 무선통신병이 그에게 전달한 메시지를 기억한다. 그 메시지는 공란에 휘갈겨 쓴 몇 개의 물결선으로 이루어져 있었다. 그 병사는 극도로 피로한 상태에서 자신이 글자와 문장을 적었다고 생각했던 것이다.

하기 위해 북쪽으로 향했다. 맥아더는 일본으로 돌아가기 전 전방지휘사령부 요원들에게 미지상군을 한반도에 투입할 수 있는 권한을 얻을 수 있도록 합동참모본부에 제안할 것이라고 설명하였다. 맥아더의 요구는 다음날 대통령에게 전달되었으며 신속하게 승인되었다.[44)]

최초의 미 지상군이 한국에 도착하기 전에 미국인들은 수원을 떠났다. 처치와 라이트가 다른 임무 수행 관계로 수원을 벗어나 있는 동안, 적이 가까이 다가왔다고 오해할 만한 보고가 들어와 6월 30일 밤에 공격받을 가능성도 있다고 판단되었다. 이후에 잘못된 것으로 밝혀진 이 보고로 인해 미군 참모들은 서둘러 짐을 꾸려서 우천 속에서 대전을 향해 80마일을 이동했다. 이번에는 미국인들이 한국군사령부를 남겨두고 급히 도망을 쳤다. 7월 1일, 군사고문단과 전방지휘사령부는 대전에 새로운 사령부를 세웠으며 라이트는 한국인들을 독려하고 후방의 정보를 전하기 위해 5명의 고문관을 수원으로 보냈다.[45)]

6월 30일까지 북한군은 한강 이북 지역을 완전히 점령하였으며, 한국군 대부분은 괴멸되다시피 하였다. 한국군의 거의 반수—98,000명 중 44,000명—가 전사하거나 포로가 되거나 실종되었으며 단지 2개 사단, 즉 제6사단과 제8사단만이 장비와 무기를 잃지 않고 후퇴할 수 있었다. 남은 54,000명의 병사 중 대부분은 자신들의 개인 화기와 장비마저 잃어버리거나 버린 상태였다.[46)] 낙오병들이 남쪽에 모여들자, 라이트 대

---

44) (1) 라이트 대령과의 면담 (2) GHQ SCAP, FEC, UNC Command Report, 1 January-31 Oct. 1950, G-3 Sec, p.17 ; (3) Msg, JCS 84718, JCS to CINCFE, 30 Jun. 50.
45) (1) Interv, Col Ross. (2) Informal notes, Col Barsanti. (3) Interv, Capt Schuknecht. (4) Interv, Col Greenwood. (5) Ltr, Lt Col Peter W. Scott to unidentified friend, written sometime in July 1950, sent by Scott to Appleman. (6) Ltr, Lt Col Peter W. Scott, 26 Mar 54. 미국인들의 수원 탈출을 둘러싼 조건에 대한 설명은 애플먼의 *South to the Nakdong, North to the Yalu*, 5장 참조.

령은 낙오병들을 모으고 붕괴된 부대들을 재조직하는 것을 돕기 위해 고문관들을 주요 퇴각로에 보냈다. 라이트는 북한군의 소재에 대한 정확한 정보 수집을 위해 다른 참모들에게는 정찰 임무를 부여하여 북으로 보냈다.47)

미 제24보병사단 제1진이 항공편으로 부산에 도착한 7월 1일의 한국 상황은 불안한 상태였다. 한국군 제1사단과 제7사단의 잔여병력이 적극적으로 저항했음에도 불구하고 적은 한강을 건너기 시작하였다. 한국군 제6사단과 제8사단은 동쪽으로 순조롭게 후퇴하고 있는 중이었지만 제2사단, 제5사단, 그리고 수도사단은 괴멸되어 조직이 붕괴되었다.48)

이틀 후 미 제24사단의 사단장인 딘(William F. Dean) 소장이 한국에 왔다. 7월 4일 맥아더의 지시로 딘은 한국에 주둔 중인 전미군의 지휘를 맡게 되었으며, 대전에 사령부(USAFIK)를 설치하였다. 이에 따라 그는 총사령부 전방지휘소와 군사고문단에 대한 작전통제권을 맡았다. 그의 첫 번째 특별명령은 처치를 부사령관으로 임명하고 전방지휘사령부와 군사고문단에서 20명의 장교를 선발하여 자신의 일반 및 특별참모로 임명한 것이었다. 이들 20명의 장교들 중 부관참모, 의무장교, 법무관, 감찰장교, 휼병장교(special services officer), 재정과 지출관, 헌병사령관, 그리고 본부사령 등 총 9명이 군사고문단 장교였다. 또한 7월 4일에 맥아더는 부산에 설치된 기지사령부의 지휘를 가빈(Grump Garvin) 준장이 맡도록 지시하였다.49)

---

46) Appleman, *South to the Naktong, North to the Yalu*, ch. III.
47) (1) Interv, Col Greenwood. (2) Interv, Capt Schwarze. (3) Interv, Maj Lukas. (4) Ltr, Maj May, 21 Apr. 54. (5) See also Memo, Chief, KMAG, to all Korean Army Advisors, 8 Jul 50, KMAG File AG 210.3 (101)
48) Appleman, *South to the Naktong, North to the Yalu*, ch. V.
49) See: (1) Msg, CINCFE to DEPTAR, C56942, 30 Jun. 50; (2) GO 11, GHQ FEC,

7월 7일 유엔 안보리는 북한군과 싸우는 전군에 대한 통합사령부를 설치할 것을 미국에게 요구하였다. 당시 많은 UN 가입국들이 군대를 파견했기 때문에 통합사령관을 임명할 필요가 있었다. 트루먼은 신속하게 이 요구를 받아들여 다음날 맥아더에게 유엔사령부(UNC) 설치에 대한 권한을 부여하였다.50)

부산에서는 에머리치 대령과 그의 분견대가 밤낮으로 미군과 장비의 도착을 준비하느라 분주하였다. 그들은 부산공항의 보수와 확장에 관한 문제를 한국정부와 협약한 후 도로와 다리, 그리고 항구의 하역시설을 보수하기 위해 노동자들을 징집하였다. 미군의 제1진이 도착했을 때, 그들은 지휘관들에게 한국의 상황과 지리에 대한 정보를 제공하였으며 부대를 북으로 운송하는 데에 도움을 주었다. 7월 2일 수원과 부산에서 철수했던 KMAG장교들과 사병들이 군함인 서전트 키슬리(Sergeant Keathley)호를 타고 일본에서 돌아왔다. 이들 그룹은 극동사령부가 한국으로 되돌아갈 것을 명령할 때까지 미 제24사단과 함께 이타즈케에 머물고 있었다. 그들이 부산에 도착하자 에머리치는 그들 대부분을 열차 편을 이용하여 대전으로 보냈다.51)

이 기간 동안 라이트 대령은 에머리치에게 무전을 쳐 부산에서 가능한 한 많은 수송수단을 모아서 보내줄 것을 요구하였다. 군사고문단은 수송수단의 거의 대부분을 서울에 남겨두고 왔기 때문에 고문단에게 있어 수송은 심각한 문제였다. 에머리치의 참모들은 총 48대의 트럭과

---

4 Jul. 50; (3) GO 1, Hq USAFIK, APO 301, 4 Jul. 50; (4) SO 1, Hq USAFIK, APO 301, 4 Jul. 50; (5) Informal notes, Col Barsanti; (6) Hist, AG Sec, KMAG; (7) GHQ SCAP, FEC, UNC, Command Rpt, G-3 Sec, 1 Jan-31 Oct. 50, p.21.

50) New York *Times*, July 8, 9, 1950.

51) (1) Emmerich MS, pp. 16-25. (2) Hist, AG Sec, KMAG. (3) Sec also GHQ SCAP, FEC, UNC, Command Rpt, an. II (G-1 Log), sec. III, 2 Jul. 50, items 1, 101, 102.

지프, 앰뷸런스, 민간인 소유의 차량을 모으는 데 성공하였다. 에머리치는 이것들을 7명의 장교와 3명의 사병이 호위하는 무게차에 실어 북으로 보냈다.52)

일본에서 돌아온 군사고문단 요원들 가운데는 6월 25일 한국군 제22연대와 함께 대구에서 북으로 갔던 3명의 고문관들이 포함되어 있었다. 에머리치 대령은 그들을 이미 제3사단에 배속되어 있던 2명의 고문관들과 결합시키기 위해 즉시 대구로 보냈다. 또한 그는 각각 두 명씩의 군사고문단 소속 장교와 사병을 제3사단이 북한군과 맞닥뜨리고 있는 영해(寧海)로 보냈다. 7월 4일에는 에머리치도 대구로 갔다. 에머리치는 미군부대들이 대구로 들어올 때 이들을 지원하기 위해서 소규모의 본부를 세우기로 결정했다. 에머리치는 부산에 기지사령부가 설치된 관계로 더 이상 부산에 머무르는 것이 필요하지 않다고 생각하였다.53)

7월 5일 북한군은 그들과 맞서기 위해 오산으로 보내진 증편된 미군 보병 2개 중대를 격파하고 남으로 진격했다. 미 제24사단이 대전의 북쪽지역에 전개하자, 한국군 잔여병력은 적의 기갑부대가 존재하지 않을 것으로 예상되는 동쪽 산악지역으로 이동하기 시작했다. 7월 11일 2명의 미군사고문단 영관급 장교가 한국군 야전본부 건설을 돕기 위해 대전을 떠나 김천(金泉)으로 향했으며, 대전에 있던 미군사고문단 사령부 요원들 중 반수는 대구에 사령부를 설치하기 위해 떠났다. 7월 14일 대전의 미군사고문단 통신실(message center)은 폐쇄되었다.54)

---

52) Emmerich MS. pp.20-21. See also Interv, Col Kessler, 24 Feb 54.
53) (1) Emmerich MS. pp. 25, 31-32. (2) See also Schnabel, Korean War, Ch. IV, pp. 10, 23.
54) (1) Hist, AG Sec, KMAG. (2) See also KMAG Fwd G-3 Jnl, 14 Jul 50, KMAG Files AG 370.2; handwritten note to Maj Greenwood, sgd Wright, in KMAG File AG 312. (Maj Greenwood noted that he received the message at 1330 [14 Jul 50].)

7월 9일 미 제25사단이 한국에 도착하기 시작해 김천 북쪽에 위치한 함창(咸昌) 근처에서 일련의 방어활동을 시작하였다. 9일 후 미 제1기병사단이 뒤따라 도착하였으며 7월 20일 함락된 대전의 남동쪽에서 적과 교전하였다. 큰 피해를 입은 한국군 사단들은 그 상황에서 유엔군이 방어선을 전개하고 있던 동쪽 측면을 따라 천천히 퇴각했는데 심각한 상황에도 불구하고 기대 이상으로 잘 싸우고 있었다. 미군과 한국군이 부산 방어선을 형성하기 위해 남동쪽으로 철수하는 동안에 서부에서는 북한군이 광주로 남진을 계속하다가 부산을 향한 최후 공세를 위해 동쪽으로 진로를 바꾸었다. 이런 상황이 전개되는 동안에 7월 13일 워커(Walton H. Walker) 중장이 일본에서 도착해 대구에 주한 미 제8군사령부(EUSAK)를 설치하였다. 그는 일본으로 돌아간 몇몇 총사령부 요원들을 제외하고 병참기관들과 통신시설들을 비롯하여 미군사고문단을 포함한 모든 주한미군에 대한 지휘권을 갖게 되었다.55)

7월 25일 8군사령관은 파렐(Francis W. Farrell) 준장을 고문단에 배속시켰다. 파렐은 미국으로부터 최근에 도착하였으며, 미 제24보병사단 포병을 지휘할 예정이었다. 7월 20일 교전 중에 딘 장군이 실종되면서 지휘체계가 갑작스럽게 변경되어 파렐의 보직 임명은 보류되었으며, 5일 후 그는 미군사고문단장직을 맡게 되었다. 1948년 8월 이래로 고문단

파렐 장군

---

55) Msg, CX 20003 ADVR, CG EUSAK to CG USAFIK, info Chief, KMAG, 13 Jul 50. See also GHQ FEC Annual Hist Rpt, G-1 Sec, an. II, sec. IV, 14 Jul 50, item 107.

과 함께 해왔던 라이트 대령은 8월 4일 본래의 계획대로 미국 국방산업대학에 입교하기 위해 한국을 떠났다.56)

미군과 한국군이 계속해서 남동쪽으로 후퇴하고 있을 때, 한국군의 야전사령부는 고문관들과 함께 7월 25일 김천에서 의성(義城)으로, 다시 8월 3일에는 신령(新寧)으로 이동하였다. 3일 뒤 퇴각하는 한국군과 미군이 미군사고문단 사령부와 육본이 있던 대구로 밀려들었다. 이날 고문단의 장교들과 사병들은 계속되는 후퇴에 대비하기 위해 부산에 미군사고문단 후방사령부를 설치하였다.57)

전쟁이 시작되고 6주가 지난 주말에 미군과 한국군은 부산방위선으로 밀려들었으며 여전히 상황을 안정시키기 위해 필사적으로 싸우고 있는 중이었다. 미 증원군이 속속 도착하고 북한군이 이제 막 한계에 도달했다는 징후를 보이자 숨 돌릴 수 있는 여유가 생긴 듯 보였다. 적은 미 공군의 공격에 노출된 장거리의 병참선의 끝에서 작전을 수행하고 있는 중이었으며, 전력을 다해 진격하면서 인력과 장비 면에서 상당한 피해를 입고 있었다. 미국이 개입하지 않거나 또는 시기상으로 아주 늦게 개입할 것이라는 그들의 기대는 오산이었다. 적에게 유리했던 초기의 국면은 이제 유엔군에게 유리한 쪽으로 전환되고 있는 중이었다.

---

56) Interv, Maj Gen F. W. Farrell, CG 82d Airborn Div, Frot Bragg, N.C., 29 Dec. 53. (2) Interv, Col Wright, 24 Nov 53. (3) See also 1st Ind to Ltr, CG EUSAK, sub: Assignment of General Officers, 18 May 51, KMAG File AG 210.

57) KMAG Fwd G-3 Jnl, 25 Jul. 50 and 3 Aug 50, KMAG File AG 370.2 ; (2) KMAG Rear G-3 Jnl, 5 Aug. 50 and 6 Aug. 50, KMAG file AG 370.2.

제7장 퇴각

주한미군사고문단의 고문관들은 부산 방면으로 퇴각하는 과정에서 많은 경우 어쩔 수 없이 그들의 자문업무를 포기하고 작전을 담당해야만 했다. 고문관들은 절망적인 상황에 직면하여 그들의 제안을 따라야 한다고 주장하였으며 야전에서는 사실상 한국군 부대들을 지휘하였다. 단호하게 행동하는 것이 필요할 때 고문관들은 한국군 장교들을 위협하고 명령에 따르게 했다. 이러한 방식이 때때로 가혹하기도 했지만 남쪽으로 향하는 과정에서 패주의 속도를 늦추고 한국군이 방어선을 구축할 수 있도록 할 수 있는 유일한 수단일 때가 많았다. 미군사고문단의 고문관들이 위기의 순간에 이러한 방법을 사용하지 않았다면 일본과 미국 본토에서 보낸 미국의 지원도 한국을 구원하기에 때늦은 것이 되었을 것이다.[1)]

전선이 부산 교두보를 따라 안정되고 미국과 유엔의 지원이 도착하기 시작하면서 미군사고문단은 고문관으로서의 역할을 계속하고 한국군의 재건을 새롭게 시작할 수 있게 되었다. 1950년 8월에서 11월 사이에 한국군은 병력을 재편성하고 재건할 수 있는 기회를 얻었다.

부산 방어선은 맥아더가 인천에 상륙작전을 감행한 9월 중순까지 북

---

1) (1) Interv, Col Greenwood, Capt Schwarze, Maj Lukas. (2) Ltr, Maj May, 23 Apr 54. (3) See also Blumenson *et al.*, Special Problems, ch. I.

한군의 공격을 막아냈다. 상륙작전의 성공에 뒤이어 제8군이 부산 교두보에서 치고 나왔으며 전황은 극적으로 반전되었다.

북한군은 유엔군에 의해 포위될 가능성에 직면하여 총 퇴각을 시작했다. 유엔군이 38선을 향해 반격해 나아가면서 저항은 점차 산발적이고 간헐적으로 이루어져갔다. 10월 초 38선을 돌파하여 한반도를 통일하려는 미국의 결정은 UN의 암묵적인 동의를 얻었으며 맥아더의 군대는 압록강을 향하여 북진하였다.[2]

한국군 재건 임무

전쟁 초기 북한군이 한국군에 가한 강력한 타격으로 일부 부대는 완전히 산산조각났으며 또 다른 일부는 편제가 붕괴되어 버렸다. 한국군 제6사단과 제8사단 같은 소수의 부대만이 상대적으로 큰 피해 없이 공격을 받아냈다. 인력을 큰 어려움 없이 보충할 수 있었다는 점을 감안하면, 무기와 장비의 손실은 훨씬 심각한 문제였다. 퇴각하는 과정에서 한국군은 문서의 대부분을 상실했기 때문에 상황은 더 복잡해졌다.

재건을 시작하기 전에 한국군에 남아있는 것이 무엇인지 파악하고 재건 과업을 적절하게 이행하는 데 필요한 것이 무엇인지 파악하는 것이 필요했다. 7월에 실시된 평가에서 한국군의 전력은 4만에서 6만 명 정도로 대부분 보병으로 이루어진 병력이 한국군 제1사단, 제3사단, 제6사단, 제8사단, 그리고 수도사단 등에 분산되어 있었고 여기에 약간의 소규모 지원 부대가 있었다. 이들을 모두 종합하면 약간의 포병과 공

---

2) 이 시기의 작전들에 대한 세부적인 내용은 애플먼, *South to the Naktong, North to the Yalu* 참조.

병, 그리고 통신 부대의 지원을 받는 3~4개 정도의 보병사단을 편성하기에 충분한 병력이 있었다.3)

　한국군은 군수보급의 측면에서 극도로 심각한 부족 상태에 있었다. 서울과 서울 근교의 지원부대 시설을 포함하여 거의 70퍼센트에 달하는 물자와 장비가 적에게 노획되거나 파괴되었다. 한국군의 보급체계는 사실상 존재하지 않는 것이나 마찬가지였으며 한국군은 수중에 남은 얼마 안 되는 물자들을 활용하기 위한 임시 수단도 별로 강구하지 못하고 있었다. 무장 상태를 조사한 결과 한국군이 보유하고 있던 장비와 전쟁 발발 직후 일본에서 급히 한국으로 보낸 얼마 안 되는 물량, 그리고 이후에 보급될 물량을 포함하여 1950년 7월 4일까지 약 18,000정의 M1소총, 22,000정의 카빈, 270문의 81mm 박격포, 800문의 2.36인치 로켓포, 180정의 중기관총, 39문의 57mm 대전차포, 52문의 105mm 곡사포, 그리고 8문의 155mm 곡사포가 있었다.4)

　한국군의 장비 보충은 사실상 라이트 대령이 도쿄에 한국군이 필요로 하는 각종 장비의 세부 내역을 전송한 1950년 6월 26일부터 시작되었다. 라이트 대령은 목록에 들어있는 품목들을 최대한 빨리 부산으로 수송해주고 통신대의 무전기 진공관과 대전차 지뢰는 항공편으로 긴급 수송해줄 것을 요청했다. 이 중 일부 장비는 수원 비행장이 폐쇄되기 전에 도착했으며 나머지는 수주일 뒤 선편으로 부산에 도착했다. 7월

---

3) (1) Staff Study on Re-equipping and Support of the ROK Army's Ground Forces, incl to Ltr, FEC to EUSAK, 20 Jul. 50, sub: ROK Ground Forces, KMAG AG 400. (2) Blumenson et al., Special Problems, ch. I. (3) Ltr, Adv AG to Deputy Chief, KMAG, 11 Aug 50, sub: History Korean Army AG Section, KMAG 314.7.

4) (1) Blumenson et al., Special Problems, ch. I. pp.9. 11, 13~14. (2) Schnabel, Korean War, ch. IV, p. 8. 155mm 곡사포도 7월 초에 일본으로부터 들여온 것으로 보인다.

6일 처치 장군은 한국에 파견된 미군을 위해 수일 전 조직한 것과 같은 자동 보급 체계를 한국군에게도 조직해 줄 것을 극동군사령부에 요청했다. 하지만 한국군에는 무반동포를 지급할 필요가 없으며 차량은 정상적인 편제의 1/3, 통신장비도 1/3만 지급하도록 했다. 처치 장군은 한국군에 식량과 피복류를 자동 보급할 필요는 없을 것이라고 지적했다.[5]

극동군사령부가 대규모 전쟁은 물론 한국군이 큰 피해를 입게 될 것을 거의 예측하지 못하고 있었기 때문에, 일본에 비축되어 있던 군 장비 중 소수만 한국군에 인도할 수 있었다. 게다가 재보급의 우선순위가 당연히 미군 부대에 주어진데다가 미군이 전쟁 초기의 퇴각 도중 심각한 손실을 입었기 때문에 한국군을 대규모로 재정비하는 것은 미뤄질 수밖에 없었다. 그리고 한국의 철도 시설과 도로망이 미군 부대와 그 보급품을 수송하는데 사용되었기 때문에 주한미군사고문단으로서는 한국군에게 배정된 얼마 안 되는 보급품과 장비를 배분하는 것조차 어려움을 겪을 수밖에 없었다. 한 고문단 장교는 한국군에 배정된 보급품과 장비들이 '신속하게' 하역되어 전방으로 전달되는지, 그리고 그 품목들이 '완전한 상태이고 목록과 동일한 것인지' 살펴보라는 지시와 함께 부산에 파견되었다.[6]

---

5) Msg, ROB 084, Chief KMAG to CINCFE, 26 Jun 50. (2) Msg, ROB 013, KMAG to CINCFE, 2 Jul 50. (3) Msg, ROB 014, KMAG to CINCFE, 2 Jul 50. (4) Msg, ROB 118, ADCOM to CG Eighth Army, 6 Jul 50. 이 전문들은 슈나벨, Korean War, ch. IV, pp.4-8에 인용되어 있다. (5) See also Msg, 929, US Ambassador Korea, sgd Muccio, to State Dept, 25 Jun 50.

6) (1) Ltr, G-4 Adv (sgd Vieman) to Maj Brannon, KMAG, CO Pusan Base Command, 16 Jul 50, copy attached to KMAG Daily Jnl, entry for 16 Jul 50, KMAG AG 370. (2) Blumenson et al., Special Problems, ch. I. pp.13-15.

이러한 문제들만으로도 충분하지 않았던 것인지, 한국군의 군수참모부는 복잡한 군수보급 문제에 대응할 능력이 없다는 사실이 전쟁 초기에 드러나고 말았다. 군사고문단이 점차 이 문제를 해결하는 것을 떠맡게 되었으며 고문관들은 계획 입안, 획득, 분배, 비축, 운송, 그 밖에 관련된 업무들을 책임지게 되었다. 고문단 장교들은 보급 문제를 해결하기 위하여 최대한의 창의력을 끌어내야만 했다. 고문관들은 초기에는 사실상 글자 그대로 미 8군 부대에 "사정하고, 빌려오고, 그리고 훔쳐왔으며" 한국군 부대가 보급품과 장비를 받을 수 있느냐 없느냐는 고문관이 수송 수단을 확보하는 능력에 좌우되었다.[7]

군사고문단은 한국군에 남아있는 사단들을 두 개의 군단사령부에 배속시키라고 조언하면서 한국군을 재조직하기 시작했다. 한국은 통신이 매우 어려운 지역이었기 때문에 이러한 조치는 보다 국지적인 통제를 가능하게 하고 전반적인 재편성을 촉진할 수 있었다. 한국 측은 이 조치에 찬성하여 1950년 7월 8일 청주에서 한국군 제1군단 사령부를 창설했으며 6일 뒤에는 함창에서 제2군단 사령부를 창설했다. 이 무렵 대한민국 정부는 육군 총참모장 채병덕 장군을 정일권 소장으로 교체하였다. 한국군 제1군단은 수도사단과 제1사단에 대한 직접 통제를 담당하였고 제2군단은 창설될 당시 제3사단, 제6사단, 그리고 제8사단에 대한 통제를 담당하였다. 군사고문단 사령부는 힘겨운 전투 상황에서 군단 작전과 행정을 배우기 시작한 각 군단사령부에 소수의 고문관을 배치하였다.[8]

---

7) Blumenson *et al.*, Special Problems, ch. I, 10-11, 13-15.
8) (1) Interv, Col Kessler. (2) Interv, Maj James H. Hausman, 24 Mar 54. (3) Ltr, Maj May, 23 Apr 54. (4) G-3 Opns Rpt, GHQ FEC, 16 Jul 50, item 22. 주한미군 사고문단의 문서 2건은 한국군 제2사단이 1950년 7월에 한국군 제1군단에 배속된 것으로 기록하고 있다. 다른 모든 자료들은 한국군 제2사단이 개전 초기에 전투 불능 상태가 되었으며 1950년 11월에 한국군 제2사단이 새롭게

두 군단이 작전을 시작하면서 군사고문단은 8월 중으로 남아있던 5개의 한국군 사단들을 강화할 방안을 강구하였다. 전쟁 이전 편성되어 있던 원래의 8개 사단 중에는 완전히 편성되지 못한 사단도 있었다. 예를 들어 한국군 제3사단과 제8사단은 각각 2개 연대로 편성되어 있었으며 수도사단은 거의 대부분 '서류상으로만' 존재하는 사단이었다. 많은 한국군 부대들은 원래의 편제가 무너져 남쪽으로 밀려 내려가면서 다른 부대들과 통합되었기 때문에 문제는 인력이 아니었다. 게다가 한국군 지휘관들은 보충병이 필요하면 그냥 근처의 도시나 마을에 '모병'을 위한 부대를 파견해서 눈에 띄는 젊은이들을 징집했다. 따라서 군사고문단은 7월에서 8월 사이에 한국군이 새로운 연대와 그 밖의 다른 부대를 더 편성할 수 있도록 도왔다.

8월에 있었던 한국군 제26연대의 편성은 이 무렵 군사고문단의 업무 수행에 조급함과 편의주의가 만연했음을 보여주는 전형적인 사례이다. 8월 초 군사고문단의 작전 고문관은 야전에 있던 프랭크 루카스(Frank W. Lukas) 대위를 호출해 한국군 제3사단에 배속할 새 연대를 창설하라고 명령했다. 루카스 대위는 한국 육군본부로부터 두 명의 통역을 배속받아 대구에 있던 해당 업무를 담당하는 한국군 참모장교와 접촉했다. 대구의 경찰과 공무원들의 도움으로 가두에서 모집된 청년들은 1~2일 만에 거의 1천여 명에 달했다. 루카스 대위와 한국군 장교들은 인원을 모집해 나가면서 분대, 소대, 중대, 그리고 최종적으로는 2개 대대를 편성했다. 가장 교육을 잘 받은 것으로 보이는 신병은 부사관과 소대장으로 임명했으며 모병을 지원했던 장교들은 중대장, 대대장, 그리고 연대

편성되었음을 보여준다. (5) SW: Ltr to Col McPhail, 8 Jul 50, sub: Ltr of Instructions, KMAG, AG 210.3; Ltr, Adv G-1 to Asst CofS, G-1, EUSAK, 18 Jul 50, sub: Duty Assignments, Officers of KMAG, KMAG AG 210.3(100).

장과 연대 참모가 되었다. 2개 대대가 편성되자 군사고문단 군수참모부는 여러 방법을 동원하여 이들에게 충분한 소총을 조달했다. 그리고 루카스 대위는 제26연대를 대구 외곽으로 이동시켜 병사 한 사람당 아홉 발의 실탄 사격을 실시했다. 사격 훈련이 끝나고 얼마 안 있어 제26연대는 사복과 교복, 그리고 미제 군복을 대충 챙겨 입은 병사들이 뒤섞인 상태로 대구에서 기차에 탑승해 동쪽에 있는 포항동 근교로 향했다. 창설된 지 일주일밖에 안 된 제26연대는 그곳에서 전투에 참가하라는 명령을 받았다. 한국군 제26연대는 1951년 4월까지 어떠한 정식 훈련도 받지 못했다.9)

한편, 맥아더 장군은 1950년 7월 17일 그의 참모진이 작성한 연구에 근거하여 가까운 장래에 한국군이 감당할 수 있는 지상전력은 보병 4개 사단과 이 사단들이 전투에서 능력을 발휘하는데 필요한 지원 부대들로 제한해야 한다는 결론을 내렸다. 맥아더 장군은 7월 31일 일부 중장비는 제외되더라도 한국군을 이 결론에 따라서 재정비할 것이라고 육군부에 통보했다. 맥아더는 일부 장비는 이미 한국군에 제공되었으며 다른 장비들의 여분이 있는지 알아보기 위해 일본에 비축된 물자들을 확인하는 중이었다고 말했다. 일부 품목들은 미국 본토에서 조달할 계획이었다.10)

무초 대사와 워커 장군은 맥아더의 참모진이 내놓은 분석에 동의하

---

9) Based on Interv, Maj Frank W. Lukas, 21 Apr 54.
10) (1) Staff Study on Reequipping and Support of the ROK Army's Ground Forces, cited n. 3 (1), above. (2) Msg, CX 59051, CINCFE to DEPTAR, 31 Jul. 50. (3) See also: Memo, Maj Gen Robinson E. Duff, Dep CofS, G-3, for Gen Bolté 1 May 51, sub: Composition of ROK Armed Forces, KMAG FE&Pac Br, G-3, folder 2, tab H; Ltr, Chief KMAG(sgd Wright) to CG EUSAK, sub: Requirements for Re-equipping of Korean Army 21 Jul 50, KMAG AG 475.

훈련소로 향하는 한국군 징집병

지 않았다. 8월 1일 무초 대사는 국무부장관에게 미국은 전쟁 이전의 제약을 고려하지 말고 최대한 많은 한국인에게 무기를 주어야 한다고 주장했다. 무초 대사는 그와 워커 장군은 한국인들이 북한을 무찌르는 것을 돕고 미국인의 희생을 줄일 수 있도록 최대한 많은 인력을 제공해주어야 한다고 느낀다는 점을 밝혔다. 무초 대사는 계속해서 이뿐만 아니라 한반도에서 주요 군사작전이 종결된 뒤 빨치산이 산악지대에서 싸움을 계속하게 될 가능성이 있으며 이를 진압하는 데 한국군을 될 수 있는 대로 많이 투입해야 한다고 지적했다.[11]

무초와 워커의 견해가 일주일 뒤 맥아더의 입장 변화에 어느 정도 영향을 끼쳤는지는 불분명하지만, 맥아더는 그가 처음에 내린 결정을

---

11) Msg, State 98, USAMB Korea to Secy State, 1 Aug 50.

뒤집었다. 8월 9일 맥아더는 워커 장군에게 그가 적절하고, 가능하다고 생각하는 수준으로 한국군의 병력을 '즉시' 증강하도록 허가했다. 워커 장군은 8군 참모진과 군사고문단 대표들 간의 회의를 끝낸 뒤 한국군 사단을 5개 더 창설하고 이와 함께 군단과 군 직할 부대들을 만들어 한국 육군을 10개 사단으로 하는 계획을 제출했다. 워커는 9월 10일까지 1개 사단을 창설하고 이후 5개 사단이 편성될 때까지 매월 10일에 추가로 1개 사단씩을 창설하도록 했다. 지원부대는 사단의 창설에 맞춰 장비가 확보되는 것에 따라 창설하기로 했다. 맥아더는 이 계획에 동의하여 육군부에 미국 본토에 있는 물자로 이 계획에 필요한 장비를 확보할 수 있는지 문의했다. 육군부는 9월 2일에 새로운 한국군 사단에 필요한 (공병용 중장비와 통신, 그리고 정비에 필요한 특정 품목을 제외한) 최소한의 기본 장비를 보급하는 것을 1950년 11월 10일부터 시작할 수 있다고 회신했으며 맥아더에게 필요한 장비의 소요 내역을 제출하라고 지시했다.[12]

군사고문단 참모진은 중장비의 대다수를 제외하고 미육군의 1942년형 보병사단 편제에 기반하여 황급히 편제표를 작성하였다. 맥아더 장군은 일본에 비축된 물자에서 추가로 장비를 더 보내 한국 측이 자체적으로 조달할 수 없는 편제외의 품목들을 보충해 주었다. 6주 뒤에 맥아더는 워싱턴에 제7, 11, 5사단 등 3개의 한국군 사단을 새로 창설하여 부분적으로 장비를 갖추었으며 추가로 제9사단과 제2사단 등 두 개의 사단의 창설이 "실행될 것"이라고 보고했다. 맥아더는 전투에 투입된

---

12) (1) Msg, CX 59709, CINCFE to COMGENARMYEIGHT (Adv), Info DA, 9 Aug 50. (2) WD (EUSAK), G-4 Rpt, 19 Aug 50. (3) Msg, CX 60760, CINCFE to DEPTAR, 21 Aug 50. (4) Msg, WAR 90530, DA to CINCFE, 2 Sep 50. See also: Memo, Duff for Bolté cited n. 10, above; OPS Memo for Rcd, sub: Supply of ROK Divs, G-3 File 091 Korea, case 198; MS, Development of ROKA Following the Outbreak of War, undated, in KMAG, FE&Pac Br, G-3, folder 1, index 28.

미군의 재보급에 지장을 초래하지 않고 한국군의 증강을 실행할 수 있다고 말했다. 맥아더는 새로 창설하는 5개 사단에 지급되도록 예정된 장비들을 최대한 빨리 수송해줄 것을 요청했다.13)

한국군 제2사단이 창설된 방식은 그로부터 수주일 전에 창설된 26연대를 연상하게 했다. 11월 초 파렐 장군은 작전 부고문관 토마스 로스(Thomas B. Ross) 소령을 자신의 집무실로 호출해 한국군에 또 다른 사단을 편성하는 데 얼마나 시간이 걸리겠냐고 질문했다. 로스 소령이 몇 주일이면 충분하다고 대답하자 파렐 장군은 웃으면서 다음 날까지 사단을 편성할 것을 기대하겠다고 말했다.14) 당시 서울 근교에는 자대에 배치받기 전에 보충병들을 집결시키는 한국군의 보충대 세 곳이 있었다. 로스 소령은 세 곳을 연이어 방문해서 한국군 책임자에게 신병들을 200명씩 모아서 줄세워 달라고 요청했다. 로스 소령은 200명씩 모인 집단을 중대로 편성하고 각 중대를 대대로 통합한 뒤 각각의 보충대를 연대로 만들었다. 중대급 이하의 장교와 부사관은 루카스가 했던 것처럼 각 집단에서 학력이 높은 것으로 판단되는 사람을 임명했으며 대대와 연대급 간부, 사단장과 사단 참모들은 한국 육군본부에서 차출한 장교들로 충당했다. 군사고문단 본부는 고문단 파견대 하나를 긁어모아서 이들을 한국군 제2사단에 배치시켰고 파렐 장군이 로스 소령과 면

---

13) (1) MSG, CX 67400, CINCFE to DEPTAR, 25 Oct 50. (2) Memo for CofS, GHQ FEC, from G-3 Sec, E.K.W. [Wright], 8 Nov 51. (3) Incl 1 to Memo for Rcd, G-3 (sgd Ross) to Chief, KMAG, sub: Liaison Visit to GHQ FEC, undated, KMAG AG 337. (4) Memo, Duff for Bolté, cited n. 10 above. (5) OPS Memo for Rcd, cited n. 12, above. (6) WD (EUSAK), G-4 Rpt, 19 Aug. 50. (7) DF. Chief, KMAG to G-3 EUSAK, 18 Jan 51, sub: 4.2-inch Mortars, Korean Army, KMAG AG 470. 실제 단대호는 EUSAK War Diaries, Oct, Nov, Dec. 50, 그리고 Memo for CofS, GHQ FEC, sgd Wright (G-3), 15 Sep. 50, OCMH files에서 추출한 것이다.

14) Based on Interv, Col Ross, 15 Dec 53.

담한지 며칠 지나지도 않아 한국군 제2사단은 첫 번째 임무를 위해 출동했다.

11월 초 미 제8군의 전투 사단들은 북한의 근우리 근교에 진출해 있었으며 미 제10군단은 흥남의 북부와 동부에 있었다. 한반도 동부의 이 두 주력부대의 사이와 38도선 인근 지역에는 대규모의 빨치산 집단이 있었다. 한국군 제2사단의 임무는 춘천과 화천을 통해 북진하여 이들 빨치산 집단을 포착하여 섬멸하는 것이었다. 제2사단 소속 병사들은 트럭에 탑승하여 배정된 집결지로 향한 뒤 이곳에서 M1 소총을 지급받았다. 일부는 자동소총이나 경기관총을 받았으며 제2사단은 북쪽으로 행군하는 동안 하루의 1/4을 훈련에 할애했다. 한국군 제2사단의 창설은 무계획적으로 이루어졌지만 결국에는 효율적인 전투 부대가 되었다.

병력 보충과 훈련

한국군에 대한 병력과 장비 조달은 1950년 여름과 가을에 걸쳐 진행된 재조직 과정의 한 측면에 불과했다. 병력을 확보하는 문제는 그 자체로는 쉽게 극복할 수 있었지만 전투가 계속되면서 심한 압박이 가해졌기 때문에 시간이 문제가 되었다. 새로 모집된 보충병들이 며칠 안 되는 훈련만 받은 뒤 곧바로 전투에 투입되는 것은 너무 흔한 일이었다. 그 밖에 보급품과 장비를 운반하는 노무자로 활동하면서 공식 훈련은 전혀 받지 않는 경우도 있었다. 보충병의 모집을 총괄하는 체계가 필요했고, 이보다 더 중요한 것은 부대에 신병을 배치하기 전 충분히 훈련시킬 수 있는 체계였다.[15]

---

15) (1) Interv, Maj Lukas. (2) Ltr, Maj May, 23 Apr 54. (3) Emmerich MS, pp. 18, 48,

전쟁이 발발하기 전 신병의 훈련은 부대 자체적으로 이루어졌다. 각 사단은 자체적으로 모병을 하고 훈련을 시켰으며 전쟁이 발발할 당시까지만 해도 한국군은 효율적인 훈련 체계를 가지고 있지 못했다. 전쟁으로 인한 인력 소요로 인해 곧 총괄적인 체계가 필요해졌으며 7월 중순에는 군사고문단 소속의 장교 세 명과 부사관 다섯 명의 감독하에 대구에 제1육군 훈련소(Replacement Training Center)가 창설되었다. 8월에는 부산 북서쪽의 김해에 두 번째의 훈련소가 문을 열었고 한 명의 군사고문단 소속 고문관이 배속됐다. 각각의 훈련소는 그 당시 존재하고 있던 5개의 한국군 사단에 매일 150명의 훈련병을 제공했다. 초기에 군사고문단은 신병에게 소총 사격술과 같은 필수적인 훈련에 초점을 두고 10일간의 훈련을 실시하려고 했으나 전선에서 보충병에 대한 요구가 빗발치고 있어서 이 짧은 훈련마저 단축해야만 했다. 신병 교육은 시설과 장비의 부족이 만연했기 때문에 더 단축되었다. 전쟁 초기 막대한 무기를 잃었기 때문에 소총과 기관총이 심각하게 부족했으며 보충병을 훈련하기 위해서 전투 부대로부터 장비를 빼올 수도 없었다. 이런 상황에서 훈련병들이 적과 싸우기 전에 실탄 사격을 할 기회라도 주기 위해서 구식 일본제 소총과 고장난 무기, 그리고 심지어 노획한 적군의 화기까지도 지급되었다.[16]

8월에는 세 번째 훈련소가 역시 부산 근교의 구포리(龜浦里)에, 네 번

---

76. (4) Blumenson et al., Special Problems, ch. I. p. 12.
16) (1) Blumenson et al., Special Problems, ch. I. p.12. (2) War Diary (EUSAK), G-1 Rpt, 1 Sep. 50. (3) Operational Research Office, Report ORO R-4 (FEC), Utilization of Indigenous Manpower in Korea (Baltimore, Johns Hopkins University, 1951). 1951년 1월 중의 한국군과 주한미군사고문단의 보충병 훈련 체계에 대한 정보는 부분적이고 서로 모순되는 경향이 있기 때문에 이 부분은 인용한 자료들에 있는 정보를 종합하고 다른 자료들과 최대한 조화시켜 서술하였다.

째 훈련소가 8월 말 부산 북서쪽의 삼량진(三浪津)에, 그리고 다섯 번째 훈련소가 9월 8일 제주도에 설치되었다. 이 무렵에는 대구에 있는 제1육군훈련소에서 매일 1천여 명을, 그리고 김해와 구포리에서는 매일 500여 명을, 그리고 삼량진의 훈련소에서는 매일 200여 명의 보충병을 배출할 수 있었다. 제주도의 훈련소는 매일 750명의 훈련병을 배출했다. 군사고문단의 장교와 부사관들이 본토에 있는 보충훈련소를 감독했다.17)

  7월에서 8월에 걸쳐 한국군의 훈련소가 급격히 팽창한 배경에는 이 시기 한국과 미 8군의 요구가 있었다. 맥아더 장군은 9월의 인천상륙작전을 준비하면서 미군의 보충병력을 일본에 있던 미 7보병사단으로 돌리고 있었다. 이러는 동안 한반도에서 심한 압박을 받고 있던 미군 사단들은 인원부족 상황에 처했다. 8월 9일 맥아더는 미 제8군 사령관 워커 장군에게 각각의 미군 보병중대와 포대에 한국 병사 100명씩을 충원하도록 지시했다. 이렇게 해서 8월에는 한국군의 훈련소에서 매일 배출되는 2,950명의 한국인 보충병 중 500여 명이 매일 미군 부대로 차출되었고 나머지는 한국군 사단으로 배치되었다. 미군 부대에 배속된 한국인 보충병들은 카투사(KATUSA, Korean Augmentation to the U.S. Army)로 불리게 되었다.18)

---

17) Memo for Col Conley (sgd Mize), 8 Sep 50, sub: Korean Training Centers, War Diary (EUSAK), G-1 Rpt, 8 Sep 50. 이 비망록에는 주한미군사고문단 소속으로 임무를 담당한 장교들의 명단이 실려 있지 않지만 1950년 7월 19일자 주한미군사고문단 명단에 따르면 이들은 군사고문단 소속인 것으로 확인된다.

18) (1) War Diary (EUSAK), G-1 Rpt, 16 Aug 50. (2) Circular 21, CG EUSAK, in WD (EUSAK), G-1 Rpt, 22 Aug 50. (3) Memo to CG (EUSAK), 1 Sep 50, sub: Korean Augmentation, WD (EUSAK), G-1 Rpt, 1 Sep 50. 카투사 보충병을 배출한 구포리의 훈련소에 대한 내용은 Memo for Rcd, sub: Inspection Korean Replacement Center Kup'o-ri, WD (EUSAK), G-3 Rpt, 9 Sep 50. 참조.

가을로 접어들면서 한국군의 병력보충 체계는 적어도 당장 급한 병력 수요를 감당할 만큼 잘 확립되었으며 신병들은 16일의 훈련을 받게 되었다. 대구에 있는 제1육군훈련소는 다섯 곳의 훈련소 중에서 가장 규모가 컸으며 이곳의 훈련병들은 기본 화기 운용법은 물론 기초 전술 교육도 받았다. 이 무렵에는 보충병들을 훨씬 다양하게 구분해서 배치할 수 있었기 때문에 대구 제1훈련소는 특화된 대대들로 구성되었다. 4개 대대는 소총대대, 2개 대대는 카빈대대, 1개 대대는 자동소총(BAR)대대, 1개 대대는 기관총 대대, 1개 대대는 박격포 대대, 1개 대대는 '로켓포' 대대(바주카포일 것이다)였다. 각각의 대대에 배속된 신병들은 각 대대의 무기 운용법과 해당되는 전술 운용에 대하여 교육받았다. 1950년 12월 초에는 동일한 대대 조직하에서 훈련병들의 교육 기간이 21일로 늘어났으며 1951년 1월 모든 훈련소들이 제주도로 통합될 때까지 유지되었다.[19]

한국군의 장교 훈련은 병력 보충과 밀접히 관련된 문제였다. 전쟁 초기에 한국군 장교 중 많은 수가 전사하거나 부상을 입었고 적에게 포로가 되기도 했기 때문에 한국군은 새로운 장교들을 절실히 필요로 했다. 북한 인민군은 6월 25일로부터 얼마 지나지 않아 육군사관학교를 점령했고 대부분의 교육 및 훈련 시설이 노획되거나 파괴되었다. 이것은 새로운 사관학교를 다른 지역에 창설하고 새로운 교육 프로그램을 개발해야 한다는 것을 의미했다. 비록 군사고문단과 한국군 모두 전쟁 수행에 집중하고 있어서 전쟁 이전까지 육성해 놓은 정교한 사관학교 체제를 확립하는 데 인력과 그 밖의 자원을 돌릴 여력이 없었지만

---

19) Office of the Army Attaché, Seoul, Rpt R-24-52, 25 Jun 52, G-2 Doc Lib, DA, ID 871092.

1949년에서 1950년까지 사관학교를 세우고 운영한 경험으로 인해 다른 경우와는 달리 훨씬 일찍 사관학교 운영을 재개할 수 있었다.[20]

가장 먼저 운영을 재개한 학교는 종합학교였다. 1948년 한국군 보병학교를 조직한 존 클라크(John B. Clark) 소령의 감독하에 부산에서 북쪽으로 수마일 떨어진 동래에 보병, 포병, 공병, 정비, 그리고 통신병과 장교를 위한 교육 과정이 설치되었다. 새로운 학교는 한국 육군종합학교로 불렸으며 8월 28일 200명의 생도에 대한 사관후보생 교육과정을 개설함으로써 운영을 시작하였다. 6주간의 교육 과정 중 4주는 일반 교육이었으며 2주는 병과별로 특화된 교육이었다. 동시에 종합학교는 한국군 부사관 200명에 대한 2주간의 교육과정과 미국의 주방위군에 상응하는 조직인, 국민방위군의 간부에 대한 2주간의 특별 교육과정을 개설하였다. 1950년 말 육군종합학교에 배치된 군사고문단 고문관은 장교 8명과 부사관 4명이었다. 이러한 임시방편의 교육 과정은 한국군의 교육 및 보충훈련체계가 개편되는 1951년 1월까지 계속되었다.[21]

고문관들의 전투 참여

재건 과정이 진행되는 동안에도 미국 고문관들은 전쟁 중에 한국군의 전술 부대들을 유지하는 심각한 문제에 맞서고 있었다. 전쟁 초기 군사고문단은 한국군 부대가 전투작전에서 확실하게 자기위치에 병력

---

20) (1) Blumenson et al., Special Problems, ch. I. pp.16-18. (2) Office of the Army Attaché, Seoul, Rpt R-24-52, 25 Jun 52, G-2 Doc Lib, DA. (3) ORO Rpt, ORO-R-4 (FEC), Utilization of Indigenous Manpower in Korea, pp.25-40.
21) 이 책의 8장을 참고할 것.

을 배치하고 싸우도록 하는 데 대부분의 노력을 쏟아야만 했다. 적군은 더 좋은 장비를 갖추고 훈련도 잘 받았기 때문에 고문관들은 한국군의 저항 능력과 의지를 강화하기 위하여 부단히 노력했다.

고문관들이 평화 시기에 직면했던 문제들은 이제 전쟁으로 인해 더 복잡해졌다. 한국군 부대들은 일반적으로 교통과 통신이 어려운 최전선의 산악지대에 배치되어 있었기 때문에 대부분의 고문관들은 군사고문단 본부와 미 제8군사령부와 독립적으로 작전을 해야 했으며 스스로의 판단과 지략에 크게 의존했다. 비록 고문관들은 자신의 계급과 경험에 맞춰 한 단계에서 세 단계 위의 계급을 가진 대상에게 조언을 했지만 한국군 부대의 성공이나 실패에 대한 책임은 전적으로 고문관이 홀로 져야 하는 것처럼 보였다. 고문관들은 거리, 부실한 도로 사정, 그리고 장기간의 악천후로 인해 고립되었기 때문에 군사고문단은 일선의 고문관들에게 식량과 그 밖의 필수품을 보급할 수 있는 확실한 수단이 없었다. 그래서 고문관들은 오랫동안 한국 음식을 먹어야 했으며 피복과 연료, 그리고 야전텐트와 같은 것을 할 수 있는 만큼 빌려야 했다. 고문관의 숫자가 적었기 때문에 이들은 때때로 하루 종일 빡빡한 일정을 소화해야 했으며 심지어 몇 시간의 쪽잠도 잘 수가 없었다.[22]

군사고문단의 고문관들이 전쟁 이전부터 씨름하고 있었던 문제들, 즉 한국인들이 군사적인 지식이 부족했다는 점, 지휘관과 사병 모두 훈련이 부족했다는 점, 그리고 중화기와 통신장비와 같은 품목이 부족했다는 점은 해결하기 어려운 문제였다. 이런 문제들은 고문관들이 개인적으로 극복해 나가야 했던 익숙한 장애물들이었다. 이제 담당한 병력

---

[22] (1) Intervs, Col Greenwood, Col Kessler, Maj Lukas, Capt Schwarze. (2) Ltr, Maj May, 23 Apr 54. See also Blumenson et al., Special Problems, ch. I. p.30.

이 생사의 기로에 서고 유엔군의 패배가 경각에 달리면서 고문관들에게 새로운 문제가 발생했다.

언어 장벽 또한 전적으로 참가하는 작전에 따라 좌우되곤 했다. 경험 많은 고문관들은 그들의 초기 경험에 따라 해 나갈 수 있었겠지만, 신임 고문관들은 한국 육군본부에서 제공한 통역[23]이나 자신이 상대하는 한국군 장교의 영어 실력에 의존해야만 했다. 부분적으로는 이러한 이유 때문에 군사고문단이 다른 임무에서 통신 요원을 차출할 형편이 아닌 상황에서도 하급 제대까지 병행된 통신선을 구축해야 했던 것이다. 한국군의 무선 통신은 "불안정하고, 느리고, 게다가 위험할 정도로 보안이 유지되지 않았고"[24] 한국 육군본부와 군사고문단 본부 단위에서 통신문이 수신처까지 도달하도록 하고 고문관과 그의 한국군 상대역 모두가 이해할 수 있도록 하기 위해서는 이중적인 통신망이 필수적이었다.[25]

게다가 한국군은 일반적으로 전쟁을 수행하는데 필요한 수단이 부족했다. 이것은 나중에 1950년 7월 15일 한국군 제1사단에 합류한 메이(Ray B. May) 소령이 서술한 것과 같은 상황에 이르게 했다. 메이 소령은 이렇게 기록했다. "……우리는 총 14문의 105mm 곡사포를 보유하고 있었으나 4.2인치 박격포나 무반동포, 전차는 전무했다. 우리는 22km의 정면을 거의 대부분 소총만 가지고 방어하려 했다." 몇몇 한국군 사단

---

[23] (1) Interv, Lt Col Thomas E. Bennett, 20 Feb 52. (2) Interv, Lt Col Carl E. Green, 21 Apr 54. (3) Interv, Maj Lukas, 21 Apr 54.
[24] Ltr, Gen Farrell to CG EUSAK, 10 Aug 50, sub: Emergency Personnel Requisition, KMAG AG 210.3 (106).
[25] Blumenson et al., Special Problems, ch. I. pp. 22-23. See Communications Procedure in Allied Operations, prepared by the Signal School, Fort Monmouth, N.J., pp. 36-42, OCMH files.

들은 미군 사단과 거의 비슷한 정도의 정면을 방어해야만 했지만 미군과 비교했을 때 포병과 기갑 지원이 부족했으며 지형도 험준한 곳을 담당했다. 이는 한국군이 담당 지역을 제대로 방어하지 못한 것을 설명하는 또 다른 이유이다.[26]

몇몇 문제점들은 상대적으로 새로운 것들이었다. 전쟁이 시작되기 이전에 한국군 병사는 자대에 배치를 받은 뒤 상당 기간을 훈련받았다. 이제 시간은 촉박하고 훈련받은 병사에 대한 요구가 높아진 상황에서 전선으로 보내진 보충병들은 완전한 신병이었다. 단지 10일간의 속성 훈련만 받거나 고작 한 세트의 소총사격 이상의 훈련은 받지 못한 상태에서 이러한 신병들이 잘 훈련된 전투병으로 활동하기를 기대할 수는 없었다. 훈련이 부족한 한국군 신병들은 방어해야 할 지역을 지켜내는 데 어려움이 많았으며 보다 경험 많은 전우들에 비해 더 큰 희생을 치러야 했다. 이러한 상황이 자주 발생했기 때문에 부대의 행동은 지휘관의 역량에 크게 좌우되었다. 만약 지휘관이 유능하고 훌륭한 인물이라면 그의 지휘능력이 부대에 반영되었고 그 반대일 경우에도 마찬가지였다.[27]

각 훈련소가 더 잘 훈련된 병사들을 배출할 수 있을 정도로 전선의 전술적 상황이 안정되거나 개선되기 이전에 한국군 보충병의 자질은 나아질 기미가 없었다. 따라서 고문관들은 지엽적인 수준에서 도움을 줄 수밖에 없었다. 한 고문관은 한국군 제6사단의 보충병들이 그들의 장비는 물론 그들 앞에 닥친 것이 무엇인지도 거의 모르는 상태에서 전투에 투입된다는 사실을 알고는 사단 단위에서 무기와 기초 전술을

---

26) Ltr, Maj May, 23 Apr 54.
27) (1) Ltr, Maj May. (2) Interv, Col Sorensen, 17 Dec 52. (3) Blumenson et al., Special Problems, ch. 1. p. 12.

교육하는 단기 과정을 시작했다. 그 고문관은 땅바닥에 그림을 그리고 손짓 발짓을 해 가면서 신병들에게 가늠자를 정렬하는 방식과 편자를 조정하는 법, 그리고 정확하게 사격하는 방법을 가르쳤다. 마찬가지로 그 고문관은 어떻게 돌격해야 하는지, 다른 병사들의 전진을 어떻게 엄호해야 하는지, 그리고 어떻게 진지를 공격해야 하는지와 같은 사격과 기동에 대한 몇 가지 원칙을 설명했다. 이 고문관은 이러한 짧은 교육이 제6사단의 전투 효율에 엄청난 변화를 가져온 것을 발견했다.[28]

전쟁 초기 한국군 퇴각과 붕괴로 나타난 문제들에 도전한 고문관 각각의 대응은 고문단의 역량을 보여주었다. 고문관들은 시간에 쫓겨가며 정신없이 활동하는 동시에 전투 상황하의 부족한 조건에서 작전하면서 한국군 부대들이 유지될 수 있도록 관리했고 재건 임무를 시작하였다. 고문관들이 처한 어려움을 감안할 때 9월에서 10월에 걸쳐 한국군이 압록강을 향해 진격하면서 보여준 능력은 군사고문단의 고문관들이 1950년 여름 내내 보여주었던 탁월한 노고를 증명해 주는 것이라 할 수 있다.

---

28) Interv, Col Sorensen.

제8장 임무의 지속

1950년 10월 전쟁의 종결이 가까워진 것처럼 보였다. 왜냐하면 유엔군사령부(UNC)는 만주 국경을 향한 공격에서 북한군의 격렬한 저항을 받지 않았기 때문이었다. 중국의 정치인들과 같이 전투에서 생포된 중국군 포로들도 중국군이 대규모로 전쟁에 개입했다고 경고했지만 이는 무시되었다. 11월에 유엔군사령부가 압록강으로 진격하려고 할 때, 북한으로 넘어온 대규모의 중국군은 격렬한 공격을 감행하였고, 이 공격으로 유엔군을 38선 그리고 그 이남으로 총퇴각하게 만들었다. 더 강력한 적이 등장하면서 맥아더가 '새로운 전쟁(New War)'이라고 이름 붙인 상황이 시작되었으며 '새로운 전쟁'은 아마도 더 높은 차원의 이해관계를 위한 싸움이었을 것이다.

주한미군사고문단의 성장

1950년대 후반 전쟁의 향방이 급격하게 변하자 주한미군사고문단도 불가피하게 영향을 받을 수밖에 없었다. 그리고 군사고문단의 공식적 지위 또한 변화된 전쟁의 성격에 따라서 불가피하게 변화되어야만 했다. 워커 장군의 미 제8군은 1950년 7월 13일에 주한미군사고문단의 작전 통제를 맡았지만, 군사고문단은 9월 14일까지 실제로 배속되지 않았다. 그리고 8월 29일 맥아더의 요청에 따라 육군부가 긴급상황에서 행정을 용이하게 하기 위해 군사고문단을 육군부 직할에서 해제하고 나서야 주한미군사고문단은 극동군사령부(Far East Command)에 배속되었다. 이렇게 해서 주한미군사고문단은 육군부 행정부대라는 자신의 지위를 상실하고 하나의 육군부대가 되었다. 이러한 변경은 1951년 1월 10일 미 제8군의 지시가 있을 때까지 공식적인 것은 아니었다.[1]

공식적이건 아니건 간에 워커 장군이 한국에서 지휘권을 잡을 당시 주한미군사고문단은 미 제8군에 통합된 일부가 되었다. 고문단의 업무는 한국군을 돕는다는 주요 임무 이외에도 미 제8군 사령부와 한국군 간의 연락을 유지함으로써 워커 장군이 한국군의 활동과 역량에 관한 정보를 습득하고 그의 작전명령이 잘 수행되도록 하는 것이었다.[2]

주한미군사고문단은 대구에 있는 한국군과 본부를 같이 사용했고 연락장교를 통해서 미 제8군 사령부와 접촉을 유지하였다. 고문단은 군수지원을 위해서 미 제8군의 각 조직으로부터 직접 보급을 받았다.[3]

---

1) (1) Msg, CX 62333,CINCFE to EUSAK, 7 Sep. 50. (2) Msg, WAR 90144, WAR to CINCFE, 29 Aug. 50. (3) GO 212, Hq EUSAK, 24 Dec. 50, as amended by GO 17, 10 Jan. 51. See also: Ltr, Chief, Manpower Control Div, to TAG, 28 Aug. 50, sub : Transfer of KMAG, DAAA G-1 334 ; Ltr, Chief, KMAG, to CINCFE, 28 50, with Incls, sub : Redesignation of Unit, Eighth Army File, AG 322 ; Msg, CX 51551, CINCFE to EUSAK et al, 19 Dec. 50, Eighth Army File, AG 322.

2) 이승만의 요청으로 맥아더 장군이 지휘하게 됨으로써, 워커 장군은 1950년 7월 17일 모든 한국 지상군의 명령을 떠맡게 되었다. See (1) WD(EUSAK), Summary, entry 17 Jul. 50, p.8 ; (2) Command Rpt, GHQ SCAP, FEC, UNC, 1 Jan. 31 Oct. 50, G-3 Rpt, pt. I, p.26, par.56.

3) Memo, Gen Duff, Actg ACofS, G-3, DA, for Lt Gen Alfred M. Gruenther (Deputy CofS, P&CO), 27 Oct. 50, sub : Status of Korea Military Advisory Group(KMAG), G-3 091 Korea, case 216. (2) Advisor's Handbook, KMAG, 1 Mar. 51, copy in KMAG File, FE&Pac Br, G-3, folder 20. (3) Information Folder, ROKA and

워커 장군이 주한미군사고문단의 지휘권을 잡은 직후, 미 제8군은 주한미군사고문단 본부의 규모를 대폭 축소하고 주한 미 제8군의 다섯 번째 참모조직(G-5)으로 통합하려고 했다. 7월 25일 파렐(Farrell) 장군은 고문단이 감독의 책임뿐만 아니라 작전상의 책임도 가지고 있음을 지적하면서 이런 움직임에 반대했다. 야전에 흩어져 있는 주한미군사고문단 고문관들은 종종 비정상적 방법으로 군수지원을 받아야만 했고, 경우에 따라 한국 부대에 대해 그리고 전술적 상황에서 실질적인 지휘권을 가져야 했다. 이런 이유 때문에 주한미군사고문단장은 야전인력을 지원하기 위한 견고한 본부가 필요하다고 판단했다. 더욱이 파렐 장군은 한국에서 전쟁이 끝난 이후에도 군사고문단이 임무를 계속할 수 있기 때문에, 일시적 상황에 따라 고문단을 급격히 재편한다면 고문단은 이후 처음부터 다시 시작해야 할 것이라고 주목했다.4)

비록 주한미군사고문단장은 고문단이 참모기능과 감독기능을 가진 채 기본적으로 원래 형태로 유지되도록 추진했지만 극소수의 행정병력을 가지고도 효과적인 기능을 할 수 있을 것이라는 사실은 인정했다. 만약 미 제8군이 군사고문단의 인사행정, 재무활동, 감찰 및 특수 업무, (군사고문단에 보급장교 한명을 남겨두는 대신) 일반 보급, 그리고 일반 군법회의에 관한 책임을 떠맡는다면, 고문단은 이러한 업무에 관해서는 병력

KMAG, 1 May 53, KMAG File, FE&Pac Br, G-3, folder 6A, sec. I, tab E. (4) Blumenson et al., Special Problems, ch.1, pp.15~16, 30. (5) SOP for Internal Supply, 20 Dec. 50, in Advisor's Handbook, 1 Mar. 51, app.1. OCMH 파일에 따르면 1950년 7월 19일자 군사고문단 근무표에는 주한 미 제8군 본부에 배속된 총 10명의 군사고문단 연락장교 명단이 기록되어 있다.

4) (1) Ltr, Chief, KMAG, to Deputy CofS EUSAK, 25 Jul. 50, sub : Reduction of KMAG Staff, KMAG File AG 322. (2) See also KMAG Staff Memo 41, 30 Jul. 50, KMAG File AG 314.7.

정찰대 편성에 대해 한국군 공병대에 설명하는 정보고문관

을 재배치하거나 편제에서 제외할 수 있었다. 주한미군사고문단장은 전황이 전개되는 추이를 살펴가면서 군사고문단의 책임과 운용 방법을 명확히 할 수 있으므로, 고문단의 책임과 조직상의 체계는 점진적으로 변경해야 한다고 경고했다. 미 제8군이 군사고문단장의 제안을 승인하면 고문단은 완벽하고 개선된 분배표를 준비해서 제출했을 것이다.

1950년 7월 28일 파렐 장군은 맥아더 장군에게 주한미군사고문단의 한국 해군에 대한 자문책임을 경감시켜줄 것을 촉구했다. 미국의 한국 전쟁 참전이 확대됨에 따라, 기존에 미 육군부 소속의 군무원들이 담당하던 자문기능은 미 해군 요원들이 떠맡게 되었고 육군부 군무원들의 임무는 거의 사라지게 되었다. 워커 장군도 이에 동의하였고, 맥아더는

1950년 8월 4일 한국 해군에 대한 자문책임을 미극동군해군사령관 (COMNAVFE)에게 이관했다.5)

미 제8군은 주한미군사고문단의 조직에 대한 파렐 장군의 제안을 7월 28일에 승인했고,6) 8월 16일 파렐 장군은 한국군의 연대급에 고문으로 내려 보낼 559명의 장교 및 인력을 요청하는 분배표를 제출했다. 파렐 장군은 이 분배표의 타당성을 주장하면서 전투작전, 한국군의 재조직, 참모부서에서 24시간 대기의 필요성, 그리고 신뢰할 만한 내부 의사소통 체계의 절박한 필요성 때문에 부가적으로 군사고문단의 구조를 변경할 필요가 있다고 제안했다. 비록 기존에 존재하던 주한미군사고문단 행정 병력을 이용하고, 한국군에 관한 자문을 여러 부문에서 축소함으로써 대부분의 자문업무를 충분히 효율적으로 수행할 수 있을지라도, 제안된 분배표를 통해 바로잡아야 할 구조적 취약성은 여전히 남아 있었다.7)

취약성이 두드러진 분야는 주로 야전 포병, 병기, 그리고 통신 부문이었다. 그리고 이 모든 분야는 추가적인 병력을 필요로 했다. 평시에는 작전참모부의 고문관으로 있던 2명의 장교와 1명의 사병으로도 한국 포병의 요구를 관할하기에 충분했다. 개정된 분배표는 (포병대대가 편

---

5) (1) Ltr, Chief, KMAG, to CINCFE (through CG EUSAK), 28 Jul. 50 sub: Korean Coast Guard, KMAG File AG 091.7. (2) Ltr, Comdr Speight, USCG(Ret) to Chief, KMAG, 21 Jul. 50, sub: Present Assignment Report on, KMAG File AG 091.7 (3) Msg, CX 59229, CINCFE to WAR, COMNAVFE, EUSAK, Info AMIK, 4 Aug 50. See also Ltr, Comdr Speight, USCG, sub: Submission of Information Concerning U.S. Advisory Group to Republic Korea Coast Guard, 16 Sep. 53.

6) 1st Ind to Lrt, Chief, KMAG, to Dep CofS, EUSAK, 25 Jul. 50, sub : Reduction of KMAG Staff, KMAG File AG 322.

7) Ltr, Chief, KMAG, to CG EUSAK, 16 Aug. 50, sub : Justification of Revised T/D, KMAG File AG 322.

성되어 있을 경우) 한국군 사단의 각 포병대대에 그리고 한국 육군본부 포병감실에 2명의 장교와 2명의 사병으로 계산해서 18명의 장교와 18명의 사병을 요구하였다. 한국 육군의 장비보급과 정비시설이 군수지원사령부(ASCOM City)에 집중되어 있었을 때, 병기부문의 원래 할당인원은 7명의 장교와 20명의 사병으로 적절했다. 이제 병기부대의 활동이 확대되고 분산되었기 때문에 더 많은 병기분야의 고문관이 필요했다. 주한미군사고문단에 가장 필요한 것은 추가적인 통신전문요원이었다. 고문단은 작전상 미 육군 군단급부대의 규모와 유사한 정도의 한국군을 지원하고 있었기 때문에, 조직에 적절한 통신체계를 갖추는 것이 가장 중요했다. 전쟁 전 분배표에 따라 인가된 8명의 장교와 66명의 사병이라는 규모는 고문단이 작전하던 상황에는 그리고 미래에 작전이 예측되는 상황에 부합하기에는 완전히 부적절한 것이었다. 더욱이 군사고문단에 배치된 극소수의 통신 고문 병력이 고문단의 통신체계를 운용하는데 매달려 있는 한 한국군 통신부대는 개선될 기회를 거의 가질 수 없었다. 개정된 분배표는 통신부문에 16명의 장교와 177명의 사병을 필요로 했다. 파렐 장군은 이 규모가 통제장비와 정보장비 모두를 유지하는 데 소요되는 최소 인원이라고 생각했다.

　7월과 8월 동안 주한미군사고문단의 책임이 증가하면서 군사고문단은 주한 미 제8군에 통합된 참모부서나 작전기구로서가 아니라 미 제8군 예하의 주요 사령부로 존재해야 더욱 효과적으로 활동할 수 있다는 사실이 분명해졌다. 험난한 지형과 부적절한 통신설비, 그리고 한국군 부대 간의 방대한 거리 때문에 야전고문관에 대한 통제와 군수지원이 점차 어려워졌을 뿐 아니라, 한국군은 더 많은 미국 고문관을 필요로 하고 있었다. 그러므로 주한 미 제8군 작전참모부의 제안에 따라서 주한미군사고문단은 또 다른 분배표를 작성했다. 이 새로운 분배표에는 미

제8군 본부에 위임되어 있던 행정기능을 복원했고, 대대 단위까지 고문단을 제공했으며, 총 835명의 장교와 사병을 필요로 하고 있었다.[8)]

　미 제8군 사령관은 9월 26일 이 분배표를 승인했다. 2주 후에 맥아더 장군의 부관인 부시(Kenneth B. Bush) 준장은 최고사령관의 생각을 워커 장군에게 알려주었다. 맥아더는 "이번 전쟁에서 주한미군사고문단을 현저하게 증강하는 것을 인정할 수 있으나" 육군부에 군사고문단의 규모를 지속적으로 증강할 것을 제안하는 것은 "현 시점에서" 현명하지 않다고 생각하고 있었다. 부시는 워커 장군이 필요하다고 생각하는 정도까지, 그리고 가용자원을 가지고 군사고문단을 일시적으로 강화하는 것을 승인하는데 반대는 없다고 언급했다.[9)]

　맥아더가 주한미군사고문단의 규모를 영구적으로 증가하는 것을 반대한 이유는 한국전쟁이 9월에는 조기 종결될 것이라 예측했기 때문이 틀림없다. 다시 설명하자면 군사고문단의 존재는 1949년 3월 트루먼 대통령에 의해서 승인되었다. 그 당시 트루먼 대통령은 미국이 지원할 한국 국방군의 규모와 군사고문단의 여러 기능을 명시적으로 언급했다. 비록 한국전쟁으로 트루먼 대통령의 조치를 촉진하는 조건이 만들어졌지만, 1950년 당시 국무부는 미국과 한국간의 전후 관계에 대한 정책결정이 내려지기 전에는 군사고문단의 구성을 변경해서는 안 된다고

---

8) Informal Check Sheet, attached to Ltr, Chief, KMAG, to CG EUSAK, 16 Aug. 50, sub : Justification of Revised T/D, EUSAK File AG 320.3. (2) Ltr of Transmittal, Chief, KMAG, to CG EUSAK, 18 Sep. 50, KMAG File AG 312. (3) Ltr, CG EUSAK to CINCFE, 26 Sep. 50, sub : Tables of Distribution for Korean Military Advisory Group, EUSAK File AG 322.

9) (1) Ltr, CG EUSAK to CINCFE, 26 Sep. 50, sub : Tables of Distribution for Korean Military Advisory Group, with 1st, 2nd, and 3rd Inds, EUSAK File AG 322. (2) See also Ltr, Chief, KMAG, to CG EUSAK, 11 Jan. 49, sub : Monthly Personnel Strength Rpt, KMAG File AG 210.

생각한 것으로 알려졌다. 예를 들면 유엔이 가지고 있던 한국에 관한 책임 범위는 그런 결정에 영향을 줄 수 있었다.10)

그러나 군사고문단은 미 제8군의 작전을 수행하는 조직으로서 책임 범위가 엄청나게 커졌으며 부적합한 분배표보다 더 큰 규모로 증강되었다. 주한미군사고문단은 원래 평시 6개의 한국군 사단을 자문하도록 계획되었기 때문에 전시에 10개의 한국군 사단과 3개의 군단 사령부를 정확히 관할하는 것은 불가능했다.11) 워커 장군은 부시 장군이 제안한 것처럼 고문단을 일시적으로 확대하는 것을 승인했고, 주한미군사고문단은 1950년 9월 말 447명에서 10월 31일 509명까지, 그리고 1950년 말까지 746명으로 급격히 증가했다.12)

주한미군사고문단은 모든 방면에서 확장되었지만 편제에 있어서는 근본적으로 동일하게 남아있었기 때문에 그로인한 취약성을 여전히 가지고 있었다.([표 2] 참조)13) 예를 들면 한국 군단사령부가 고문감독을 받도록 하기 위해서 몇몇 한국 대대는 고문관 없이 일을 처리해야만

---

10) (1) See Memo, Duff for Gruenther, 27 Oct. 50, sub : Status of Korea Military Advisory Group. (2) See also JCS 1776/146.
11) 한국군 3군단은 1950년 10월에 전시 편제되었다. See WD (EUSAK), Oct. 50, sec. I, p.29.
12) Strength figures extracted form Strength in Troop Program Sequence by Organization and Type of Personnel(CSCAP-13), entries for dates cited, Statistical and Accounting Branch, AGO, DA. 그린우드 대령은 초과증강 권한부여는 제한이 없었다고 쓰고 있다. Ltr, 14 May 54.
13) 군사고문단 조직을 재건립하는 것은 실제로 불가능했다. 왜냐하면 그 조직은 실제로 1951년 이전에 어떤 구체적 시기에 놓여있었기 때문이다. 1950년 여름과 가을의 상황 때문에 군사고문단 참모가 계획, 정책, 절차 등을 비망록, 안내문, 기타 기록에 포함시키기는 힘들었다. 군사고문단 조직에 영향을 미치는 많은 행정 업무는 전화 또는 개인적 대화를 통해서 비공식적으로 수행되었다.

[표 2] 주한미군사고문단의 규모, 1950년 7월~1951년 9월[a]

일자	장교	준사관	사병	전체
1950년 7월 31일	175[b]	5	290	470
1950년 8월 31일	175	4	256	435
1950년 9월 30일	199	3	245	447
1950년 10월 31일	274	3	232	509
1950년 11월 30일	337	3	292	632
1950년 12월 31일	356	4	386	746
1951년 1월 31일	356	3	385	744
1951년 2월 28일	401	3	400	804
1951년 3월 31일	407	3	454	864
1951년 4월 30일	427	3	493	923
1951년 5월 31일	416	5	563	984
1951년 6월 30일	411	5	504	920
1951년 7월 31일	397	5	540	942
1951년 8월 31일	408	15	632	1,055
1951년 9월 30일	454	14	840	1,308

a : 50년 7~12월은 제8668 AAU 부대. 51년 1~9월은 제8202 AAU 부대.
b : 간호사 1명 포함.
출처: From Strength in Troop Program Sequence by Organization and Type of Personnel(CSCAP-13) Statistical and Accounting Branch, Adjutant General's Office, Department of the Army.

했다.

10월 15일 트루먼 대통령과 맥아더 장군은 북한군이 붕괴함에 따라 향후 한국에서 주요한 적대행위가 종식되고 발생할 중요한 문제들을 논의하기 위해서 웨이크 섬(Wake Island)에서 만났다. 여기서 주한미군사고문단과 그 전후 위치에 대한 문제들이 비중 있게 다루어졌다. 맥아더 장군은 회의에서 고문단이 "무기한 지속되어야만 한다"고 말했는데, 이 의견은 그가 고문단의 업적을 크게 칭찬할 정도로 평가한 것이라기보다는 한국군이 장래에도 계속해서 관리를 받아야 할 것이라는 인식에 기초했던 것으로 보인다. 맥아더는 또한 트루먼에게 전후에 한국은 "10개의 사단이 있어야만 한다"고 말했고, 이후 10월 24일 전후 한국군은 전체 25만 명 규모로 10개의 보병 사단과 지원부대로 구성되어야 한다고 구체적으로 건의했다.14)

또한 워싱턴의 작전참모장 대리(Acting Assistant Chief of Staff, G-3) 더프(Robinson E. Duff) 소장도 군사고문단의 미래에 관심을 가지고 있었다. 1950년 10월 27일 그는 전투기획작전국 참모차장(Deputy Chief of Staff Plans and Combat Operations) 그루엔더(Alfred M. Gruenther) 중장에게 군사고문단은 전후에도 계속되어야 한다는 견해를 밝혔다. 게다가 고문단이 형성될 당시의 조건과 1950년 후반에 고문단이 운용되던 여러 조건을 완전히 검토한 후에 더프 장군은 다음과 같이 지적했다. 즉 작전참모부가 "주한미군사고문단의 구조와 임무를 개선해야할 필요성을 인식"하여 시찰을 위해 극동으로 가고 있던 육군부 대표단에게 그들이 취급해야할 "적절한 문제들"을 포함시켰다는 것이다.15)

군사고문단 참모진은 더 적합한 분배표를 승인받으려는 시도가 실패하자 낙담하고 이 내용을 맥아더 장군에게 제출하려고 준비했다. 고문

---

14) (1) *Substance of Statements Made at Wake Island Conferences on October 15, 1950*, complied by General of the Army Omar N. Bradley from notes kept by the conferees from Washington (Washington, 1951). (2) Msg, CX 67296, CINCFE to DEPTAR, 24 Oct. 50. (3) G-3 Memo for CofS USA, 30 Oct. 50, sub : Postwar Korean Military Establishment (JCS 1776/146), G-3 File 091 Korea, case 216. See also below, page 169.

15) Memo, Duff for Gruenther, 27 Oct. 50, sub : Status of KMAG. A perusal of G-3 File 333 Pacific (1950), 이것은 조사단이 그 기간에 극동군사령부에 제출한 보고서를 포함하고 있으며, G-3 질문의 특성 또는 질문을 묻고 답하였는지는 드러내지 않고 있다.

단이 제기한 불만 중에는 다음과 같은 내용이 있었다. 즉 고문단의 증강을 단지 일시적으로만 승인한다면 급격하게 변화하고 있는 한국군의 규모와 편제를 충족할 수 있는 숫자의 고문관을 제공할 수는 있어도 주한미군사고문단 내부의 승진은 가로막는 효과를 낼 것이라는 점이었다. 많은 고문관들은 위관급 장교와 영관급 장교였는데, 이들은 한국전쟁 당시 가장 힘들었던 시기에 업무를 훌륭하게 처리하고 있었다. 미군 부대에서 복무하고 있는 동료들이 한 계급 또는 두 계급 승진하고 있다는 생각은 자신들이 승진할 기회가 실질적으로 전혀 없다는 것에 대한 인식으로 사기에 악영향을 끼쳤다.[16]

　1950년 11월 중국군이 개입하면서 고문단은 조직적 문제에 대해 완전히 재검토하게 되었다. 실제로 드러났지만, 한반도에서 대규모 작전이 끊임없이 계속될 경우 한국군에 필요한 최소한의 필수적인 자문과 감독을 위해 인력을 정신없이 돌려막는 방식으로는 주한미군사고문단을 계속 운영할 수는 없었다. 따라서 주한미군사고문단 참모부는 겨울 동안 10개의 한국 사단과 2개의 군단 사령부에 기초한 총 1,013명을 인가하는 또 다른 분배표를 준비했다. 이 분배표는 승인만 받는다면 군사고문단을 합리적인 규모로 강화할 수 있었고, 최종적으로 기존 조직의 모든 취약점을 개선할 수 있으리라는 기대를 받았다. 주한미군사고문단은 완전한 증강을 통해서 모든 한국군 전술부대와 지원부대에 업무가 중복되는 일 없이 고문관을 제공할 수 있었을 것이다. 다른 고문 업무에서 고문관을 차출하지 않고도 모든 한국군의 군사학교와 훈련시설에 충분한 수의 고문관을 할당할 수 있었을 것이다. 고문단 내의 의사

---

16) (1) Ltr, Col Greenwood, 14 May 54. (2) Interv, Col Ross, 15 Dec. 53. (3) See also Memo to Senior Corps and Div Advisors, 29 Sep. 50, KMAG File AG 210.

소통은 더욱 효율적일 것이며, 통신 고문관들은 한국군 통신 인력의 개선에 철저하게 헌신할 수 있었을 것이다. 게다가 새로운 분배표는 주한미군사고문단 병력에게 더 좋은 행정지원과 병참지원을 가능하게 했을 것이다.[17]

1951년 1월 또는 2월에 제출된 것으로 보이는([그림 2]) 이 분배표는 1951년 3월 16일 극동군사령부에 의해서 승인되었고 1951년 3월 20일부터 효력을 발휘했다.[18]

그럼에도 불구하고 그저 분배표를 승인하는 것만으로 분배표에 인가된 병력이 즉시 가용한 것은 아니었다. 고문단 성립 직후인 1949년의 경우와 마찬가지로 주한미군사고문단은 몇 달 동안 새로운 병력한도를 채울 수 없었다. 고문단의 재조직화가 발효된 직후 보고에 따르면, 고문단은 총 850여 명의 규모로 시작하여 1951년 8월 31일에는 총 1,055명 규모로 천천히 확장되었다.(203쪽의 [표 2] 참조)

한국 육군의 개선

1950년 8월 맥아더 장군과 육군부는 워커 장군이 제안한 10개 사단의 한국 육군조직을 승인하면서 다음과 같은 사실을 전제로 하였다. 트

---

17) (1) Ltr, Col Greenwood, 14 May 54. (2) Ltr, Chief, KMAG, to CG EUSAK, 16 Aug. 50, sub : Justification of Revised T/D, EUSAK File 320.3. (3) Ltr, Gen Farrell to CG EUSAK, 10 Aug. 50, sub : Emergency Personnel Requisition, KMAG File 210.3 (106). (4) Ltr, CG EUSAK to CINCFE, 26, Sep. 50, sub : Tables of Distribution for Korean Military Advisory Group, EUSAK File AG 322.

18) (1) Ltr, Col Greenwood. (2) GO 149, Hq EUSAK, 18 Mar. 51. (3) Ltr, Cheif, KMAG, to CG EUSAK, 6 Apr. 51, sub : Reorganization of Bulk Authorization Unit(KMAG) KMAG File 320.4.

[그림 2] 주한미군사고문단 분배표(1951년 3월 기준)

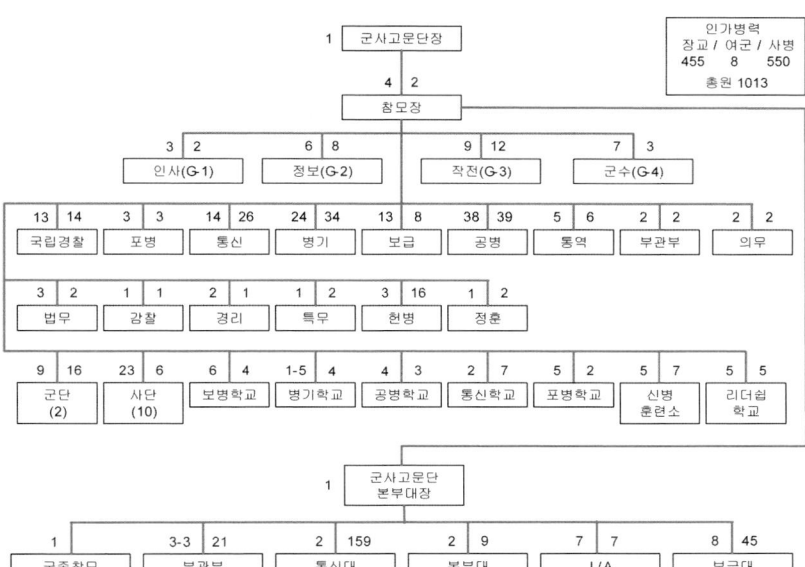

Source: EUSAK File AG 322

루먼 대통령의 6월 27일자 지시는 1949년 미국이 지원할 한국군의 규모를 65,000명으로 정한 한계를 초과할 충분한 권한을 주었다는 것이다. 그들의 계획에 대한 의회의 승인은 없었고, 국방부에서 항상 받아왔던 대통령의 특별승인서도 없었다. 그러므로 1950년 10월 5일 육군정책회의(Army Policy Council) 모임에서, 고위 육군 기획자들은 한국군 지원에 관해 최근 제기된 육군의 조치들에 대해서 트루먼 대통령의 서면 승인을 받기로 결정하였다. 육군부 장관 페이스(Frank Pace, Jr.)가 11월 1일 이 승인을 요청했고, 3일 후에 대통령은 승인서에 서명하였다.[19]

---

[19] (1) G-4 Staff Study with Memo for Secy Def, 7 Oct. 50, sub : Approval for Issue

10월에는 미 육군 참모총장 콜린스(J. Lawton Collins) 장군 또한 전후 극동군사령부와 한국군의 병력기준과 보급지원체계를 만들 필요성에 관심을 가지고 있었다. 콜린스 장군은 가까운 장래에 승리가 이루어질 것으로 보았기 때문에 10월 3일 합동참모본부에게 조만간 한국군에 대한 결정을 내려야 한다고 다시 알렸다. 2일 후에 콜린스는 그의 참모부에 예산과 자금지원을 포함하는 한국군 지원에 관한 명확한 계획을 수립하라고 지시했다.[20]

이와 동시에 육군부는 극동군사령부에 한국군 사단을 위한 새로운 편성장비표(T/O&E)를 작성하도록 했다. 원래의 편성장비표는 급히 준비 계획된 것이었고, 육군은 이제 영구적인 표를 요구하였다. 1948년 미 육군의 편성장비표(T/O&E 7N)를 기초로 해서 주한미군사고문단은 한국 육군의 규모에 부합하는 표를 작성하였다. 그 결과는 13,554명(장교 712명, 준위 38명, 사병 12,804명)의 한국군 사단급 편성표와 장비표로, 이것은 미국의 18,855명(장교 939명, 준위 164명, 사병 17,752명)의 사단 규모에 비교되는 것이었다. 이 새로운 표는 T/O&E 7-ROK라고 불렸고, 1951년 2월 21일 육군부의 승인을 받았다.[21]

T/O&E 7-ROK에서는 미국 사단에 사용되던 대부분의 중화기가 제외

---

    of Equipment to South Korean Army, KMAG File, FE&Pac Br, G-3, folder 1, index 6. (2) Memo for the President from Secy of the Army, 1 Nov. 50, sub : Logistic Support to Republic of Korea Army, KMAG File, FE&Pac Br, G-3, folder 2, bk. 1, tab E.

20) (1) JCS 1776/124, 4 Oct. 50. (2) G-4 Staff Study, 7 Oct. 50, cited preceding note.
21) (1) Msg, WAR 93553, CSGPO to CINCFE, 6 Oct. 50. (2) Ltr, CG EUSAK to CINCFE, 28 Oct. 50, sub : T/O&E for ROKA Div, EUSAK, AG 322. (3) G-2 Memo for Rcd, 3, Jan. 51 sub : T/O&E for ROKA Div, KMAG, FE&Pac Br, G-3, folder 1, tab 16. (4) G-3 His of DA Activities Relating to the Korean Conflict, Unit and Equipment Sec, pp.3-4.

되거나 대폭 축소되었다. 한국군 각 사단은 포대로서 단지 105mm 곡사포 1개 대대와 155mm 곡사포 1개 대대만을 가지게 될 예정이었다. 사단내에 고정적으로 편제된 기갑부대는 중형전차 1개 중대로 구성되었다. 무반동포는 제외되었다. 필요할 경우, 추가적인 포병지원과 전차지원은 미 제8군 소속부대에서 제공할 계획이었다. 게다가 각 전투공병대대는 공병중대가 1개씩 부족했으며, 각 사단의 병기중대는 1개 소대가 부족했고, 보급중대에는 목욕반과 세탁반도 없었으며, 보충병력도 없었다. 한국군 사단편제에서 중장비와 정교한 장비를 제외하거나 숫자를 줄인 데에서 한 가지 중요한 특징은 지원부대와 정비부대가 결과적으로 축소된 것이었는데 이것은 한국 육군에서 항상 커다란 문제였다.[22]

전후 한국군의 규모와 조직에 대한 관심은 10월까지 계속 고조되었는데, 11월 중국군이 전쟁에 참여하면서 수그러들었다. 유엔군이 38선까지 그리고 그 이남으로 철수함에 따라서 생존의 문제가 다시 새로 제기되었다. 유엔군사령부가 한국을 고수하면서 전투를 계속할 수 있다는 점이 확실해지기 전에 전후 한국 군대에 관한 계획은 탁상공론으로 보였다. 1950년대 말 한국의 상황은 매우 암울하게 전개되었다. 적은 38선 남쪽으로 공격해 1월 4일에는 서울이 두 번째로 함락되었다. 중국군과 북한군이 남쪽으로 공격을 계속하자 유엔군과 한국군은 낙관적인 전망을 하기가 힘들었다.

이승만은 몇 번의 좌절에도 불구하고 한국은 싸움을 계속하기로 결

---

[22] (1) G-3 Memo for Rcd, 3, Jan. 51 T/O&E for ROK Army Div, cited preceeding note. (2) MS, U.S. Military Advisory Group to the Republic of Korea, no date, KMAG File, FE&Pac Br, G-3, folder 19, tab M. (3) Advisor's Handbook, 1 Mar. 51, p.3.

정했다고 미국에 알렸다. 이승만은 이미 약간의 군사훈련을 받은 대한청년단(大韓靑年團)이라 불리는 전국적 조직의 성원들을 포함하여, 많은 수의 한국 청년을 무장시켜줄 것을 미국에 요청했다. 육군장군 마샬(George C. Marshall)은 9월에 국방부 장관이 되었는데, 그는 합동참모본부에 이승만의 요구를 검토해보도록 요청했다. 1951년 1월 초에 합동참모본부는 맥아더에게 한국인 10만 명을 추가로 무장시키기 위해서 소총, 카빈소총, 자동소총, 경기관총 등을 이용할 수 있을 것이라는 점을 통보했다.23)

그러나 맥아더는 가까운 장래에 한국군을 증강하는 것이 가치가 있을지에 회의적이었다. 1월 초 유엔군의 상황은 최악이었고, 맥아더는 전쟁의 결과에 대해서 비관적 경향을 보였다. 맥아더는 한국군의 실력이 그동안 뛰어나지 못했고, 전장을 축소해야 할 것이며, 일본경찰예비대(Japanese National Police Reserve) 병력에 장비를 갖추는 것이 최우선이라고 지적했다. 맥아더는 또한 가용한 한국인 인력은 새로운 부대를 만드는 것보다는 기존 부대의 손실을 보충하는 것으로 이용하자고 했다.24)

한국군 조직을 확대하는 것을 유엔군 사령관이 꺼린다는 관점에서, 합동참모본부는 군사적 관점에서 대한청년단과 다른 가용한 인력은 기존의 한국군 부대의 사상자 보충에 이용하는 것이 최상이라고 마샬 장군에게 알렸다.25)

---

23) (1) Memo, Chief, International Br, G-3 for Maj Gen [Cortlandt V. R] Schuyler, no date, sub : Proposed Arming of Korean Youth Corps, G-3 091 Korea, case 137. (2) Msg, JCS 80254, JCS to CINCFE, 4 Jan. 51. (3) G-3 Hist of DA Activities Relating to the Korean Conflict, Incl. A, pp.12·14. (4) Schnabel, Korean War, ch. Ⅸ, pp.26~28.
24) Msg, G 52879, CINCFE to DEPTAR, 6 Jan. 51.
25) (1) Memo, JCS for Secy Defense, 17 Jan. 51. (2) See also G-3 Hist of DA

1951년 1월의 암울한 분위기가 2월에는 낙관적인 분위기로 바뀌었다. 미 제8군은 활기 넘치는 새로운 사령관 리지웨이(Matthew B. Ridgway) 중장을 맞이했고, 그의 지휘 아래 미 제8군은 전투부대로서의 모습을 다시 갖추기 시작했다.26) 전선이 안정되자, 리지웨이는 다시 한 번 적군을 38선 이북으로 격퇴했다.

겨울을 거치면서 유엔군사령부의 전망이 밝아졌기 때문에, 육군부는 한국군의 향후 임무와 전후 한국 육군의 규모에 대한 입장을 다시 검토했다. 첫째, 유엔군사령부가 한국에서 지상 작전을 안정화시킬 수 있게 되고, 그래서 한국군이 주요한 유엔군의 도움 없이도 적을 억제할 수 있게 된다. 둘째, 중국군이 한반도에서 결국에는 철수할 것이라는 점을 전제하면서, 육군부는 한국군의 규모를 필수적인 전투부대와 지원부대를 갖추되 전체 규모는 30만 명을 초과하지 않는 상태에서 10개 보병사단으로 해야 한다고 결론 내렸다. 이 정도 규모의 육군은 국내 방위를 유지할 수 있을 것이고, 강대국이 아닌 다른 세력의 공격을 막아낼 수 있으며, 만약 한반도 밖으로 침략을 격퇴할 경우에는 태평양지역에서 특정 전쟁계획을 수행할 때 미국을 실질적으로 도울 수 있을 것이었다. 한국 육군의 훈련 교리와 방법이 만족스러웠다는 점을 인정하면서, 육군부는 이러한 분석을 통해서 한국군 보병사단의 편성 장비표를 최근 경험의 관점에서 개선해야 한다고 결론 내렸다.27)

Activities Relating to the Korean Conflict, p.14. 전쟁터의 상황이 호전되었을 때, 맥아더가 한국인 자원을 이용했고 한국군 사단 증강과 관련하여 25% 증가를 승인했다는 점을 주목하는 것은 흥미로운 일이다. 증강은 단지 소총병뿐이었으며, 전체 33,885명이었다. 왜냐하면 그는 소총과 다른 장비를 육군부에 요청하여 받았기 때문이었다. See Memo, Duff for Boltĕ, 1 May 51, KMAG, FE&Pac Br, G-3, folder 2, tab H.

26) 워커 장군은 성탄절 바로 전에 한 사고로 사망했다.

기획참모차장(Deputy Chief of Staff for Plans) 볼테(Charles L. Bolté) 소장은 1951년 3월 7일 이런 결론을 맥아더에게 알렸고, 부대편성과 장비확충에 대해 우선순위 선정을 포함한 의견을 제시해 줄 것을 요청했다. 맥아더는 1951년 4월 5일 볼테의 질의에 답변하였는데, 맥아더는 자신이 "이전에 설명한 개념"에 따라서 10개 보병사단과 적절한 지원 부대로 이루어진 총 25만 명 규모가 "여전히 유효"하다고 말했다. 게다가 그는 최근에 육군부가 승인한 한국군 보병사단 편제를 변경해서는 안 된다고 말했다.[28] 맥아더는 자신이 한국군 편제와 장비확충의 우선순위에 대해서 명확한 조언을 하는 것은 가능하지 않다고 답했다. 맥아더는 연합군 지상군이 한국에서 철수하게 될 때 한국군 사단을 완전히 편성하고 대폭적으로 장비를 확충하도록 전제하는 것이 합리적일 것이라고 말했다. 그러므로 추가로 편성할 한국군 부대에 장비를 확충하는 문제에 있어서 우선순위는 당시 상황에 달려있다고 말했다. 맥아더는 만약 육군부가 결론을 내리는데 근거가 된 전제조건을 유효한 것으로 판단한다면, 한국 육군을 증강하는 계획보다는 아직까지는 일본경찰예비대에 더 높은 우선순위를 부여해야 한다는 결론을 내렸다.[29]

다음 날 맥아더는 리지웨이에게 유엔군 사령관으로서 자신은 한국군의 확장규모를 입안할 권한이 없다고 말했다. 주권국가로서 오직 한국만이 그것을 할 수 있었다. 그의 권고는 병력 상한선보다는 장비 가용성이라는 기초에서 만들어졌다.[30]

---

27) Msg, DA 86891, Deputy CofS for Plans (sgd Bolté) to CINCFE, 7 Mar. 51.
28) See above.
29) Msg, C 59376, CINCFE to DEPTAR, 5 Apr. 51.
30) Msg, CX 59480, CINCFE to CG, Army Eight, 6 Apr. 51, cited in Schnabel, Korean War, ch. X, p.18.

1주일이 채 안 되어서 맥아더 장군은 트루먼 대통령으로부터 해임되었다. 리지웨이는 유엔군 사령관, 극동군 사령관, 그리고 연합군 최고사령관으로서 맥아더의 뒤를 이었고, 밴플리트(James A. Van Fleet) 중장은 미 제8군 사령관이 되었다.

　4월 18일 콜린스 장군은 기획 차원에서 전후 한국군의 상한선을 10개 사단과 지원부대로 이루어진 25만 명으로 승인하였다.31)

　그러나 한국군 장교들은 10개 사단에 만족하지 않았다. 4월 유엔 한국 대표 임병직(林炳稷, Limb Ben C.)은 한국인 37만 5천 명을 위한 미국 무기를 공식적으로 요청했다. 그는 이들이 즉시 군복무가 가능하다고 말했다. 곧이어 이승만 대통령은 4월 23일 추가 10개 사단에 미국이 무기와 장비를 제공하도록 리지웨이에게 요구했다. 이승만의 요구는 상황이 좋지 않을 때 이루어졌다. 왜냐하면 4월 22일 한국군 1개 사단이 북한군에게 어처구니없이 처참한 패배를 당하였기 때문이다.(사창리 전투를 말한다: 역자 주) 한국군 제6사단이 열세한 적을 상대로 도주한 사건은 유엔군 전체를 위험에 처하게 했고, 리지웨이 장군이 개인적 관심을 가지기에 충분할 만큼 심각한 것이었다. 리지웨이는 즉시 한국 육군의 효율성을 증대시킬 수 있는 것이 무엇인지 결정할 연구에 착수하도록 했다.32)

　리지웨이는 그 후에 밴플리트 장군, 무초 대사, 이승만 대통령과 회의를 했는데, 한국 육군에게 절대적으로 필요한 것은 인력과 장비가 아니라 리더십과 훈련이라고 결론 내렸다. 그때까지 존재하던 한국군이

---

31) G-3 Hist of DA Activities Relating to the Korean Conflict, Unit and Equipment Sec, p.8.
32) See CINCFE G-3 Presentation for Mr. Archibald S. Alexander, Under Secretary of the Army, no date, G-3 File 091 Korea(1951), case 187/7, tab C.

전장에서 안정적으로 임무를 수행할 능력을 보여줄 수 있을 때까지, 추가적인 부대에 무기와 장비를 제공하는 것은 의미가 없어 보였다.[33] 이 회의 중에 논의된 한 가지 가능성은 한국 육군의 각 부대를 지휘하는 데 미국 육군 장교들을 배치할 수 있다는 점이었다. 그와 같은 가능성은 1951년 4월 18일 임병직이 브래들리(Omar N. Bradley)에게 제안한 것이었는데, 마샬 장군은 그 생각에 흥미를 보인 바 있었다. 그러나 리지웨이, 무초 대사, 그리고 이승만 대통령은 다음과 같은 이유 때문에 이런 조치가 실현가능하지 않다며 거부하였다. 즉 필요한 미군 장교의 숫자가 엄청나다는 점, 언어 장벽이 항상 존재하고 있다는 점, 그리고 미국 장교가 한국군 부대를 성공적으로 지휘하려면 주권을 가진 우방 국가의 군대를 관리하고 훈육하기 위한 전제조건으로 완전한 지휘권이 필요하다는 것 등이었다.[34]

실질적인 해결책은 리지웨이 장군 스스로 5월 2일에 제시했는데, 리지웨이는 이날 밴플리트에게 한국군 장교의 지휘력 부족을 개선하기 위해 특별훈련과정을 진행할 수 있는지 실행가능성을 조사하도록 지시했다. 주한 미 제8군 작전참모부 머제트(Gilman C. Mudgett) 대령이 이번에는 한국 육군 내에 일종의 사령부를 설립할 것을 제안하였다. 이 사령부는 제2차 세계대전기에 미국 육군이 설립한 교육사령부(Replacement and School Command)와 유사한 것이었다. 미군 장성이 고문관으로서 이 사령

---

33) (1) Msg, C 61433, CINCFE to DEPTAR, Personal for Collins, 1 May 51. (2) Msg, C 61856, CINCFE to DEPTAR for Lt Gen John E. Hull, 5 May 51.

34) (1) CINCFE G-3 Presentation for Mr. Alexander. (2) Summary Sheet, Joint War Plans, 25 Apr. 51, sub : Steps To Be Taken To Arm and Equip an Additional Ten South Korean Division, (sgd Maj Gen Maxwell D. Tayor), G-3 091 Korea, case 174. (3) Memo, General Wade H. Haislip, Vice CofS for Bradley, 28 Apr. 51, sub : Additional Korean Divs, G-3 091 Korea, case 174.

부에 임명될 수 있었고, 그는 한국 육군의 전투필수품을 적절히 조정하는 것을 보장하기 위해서 미국 군사고문단의 일원이 될 수 있었다.35)

머제트 대령은 현재의 규모에서 주한미군사고문단이 한국 육군의 각 병과학교에 충분한 고문관을 제공할 수 없음을 지적하고, 군사고문단의 규모를 증가하도록 권고하였다. 1951년 2월 동래에 있는 육군종합학교는 보병학교(Infantry School)로 개칭되었다. 이때는 분야별로 헌병학교(military police school)와 야전 경리학교(field finance school)와 함께 통신, 공병, 화기, 병참, 포병 병과학교가 설립되었던 시기였다. 각 병과학교는 1951년 5월까지 독립적으로 운영되면서 당시 미 육군이 운영하는 병과학교에서 제공되는 모든 기본과정을 수행하고 있었는데, 고급과정은 1951년 5월 15일에 시작하도록 계획되어 있었다. 보병학교는 5명의 고문관이 있었고, 공병학교는 3명, 포병학교는 2명, 그리고 다른 대부분의 학교에는 1명의 고문관이 있었다.36)

파렐 장군은 머제트의 제안에 동의했지만 한국 육군에 필요한 사령부는 조화를 위해서 주한미군사고문단의 지휘하에 두어야 한다고 강조했다. 군사고문단의 규모 확대와 관련하여 파렐 장군은 그 무렵 33명의 장교와 34명의 사병이 한국군 교육시설에 배치되어 있다고 언급했다. 교육훈련을 총괄하는 사령부의 성공을 위해서는 군사고문단 교육병력이 적어도 68명의 장교와 85명의 사병 정도로 증가되어야했을 것이다.

---

35) (1) Comment Sheet (sgd Mudgett), 4 May 51, sub : Troop Leadership School for Senior Korean Officers, KMAG File AG 353. (2) See also Msg, G 61856, CINCFE to DEPTAR for Hull, 5 May 51.

36) (1) Comment Sheet (sgd Mudgett), (2) Advisor's Handbook, 1 Mar. 51, G-3 an., sec. Ⅲ, pp.2, 3. (3) Office of the Army Attaché Seoul, Rpt R-24-52, 19 Jan. 52, G-2 Doc Lib, DA, ID 871088. (4) Excerpt from DATT 4456 (Teletype Conference), ref note 1, DATT 4449, 6 Mar. 51, FE&Pac Br Files, G-3.

파렐 장군은 교육시설에서 고문관의 역할에 대해 자신의 생각에 기초한 다음과 같은 규모의 증강을 생각했다.

 1. 시설운영의 일반적 감독
 2. 각각의 훈련과정에서 한국인 교관요원의 개별적 교육
 3. 교육프로그램과 강의계획에 관한 개발과 준비의 직접 감독
 4. 강의실 강의의 직접 감독
 5. 교육 평가
 6. 미국 육군교범을 한국어로 번역하기 전의 개정작업

그러나 그는 군사고문단의 분배표를 변경하는 모든 조치는 교육사령부를 인계받을 장교가 그의 필요사항을 결정할 기회를 가질 때까지 연기되어야 한다고 권고했다.37)

리지웨이 장군과 밴플리트는 극동군총사령부 참모차장(Deputy Chief of Staff, General Headquarters, Far East Command) 챔페니(Arthur S. Champeny) 대령을 그와 같은 프로그램을 지휘할 자격을 갖춘 장교로 선정했다. 한국 업무에 참여하는 것과 관련해 챔페니 대령에게 새로운 것은 없었다. 챔페니는 1946년 1월 국방경비대가 수립될 당시 미군정(USAMGIK)하의 국방국장(Director of National Defense)이었고, 이후에는 군정 차장(Deputy Military Governor of Korea)직을 수행했다.38) 챔페니는 전쟁 초기 미군 연대를

챔페니 대령

---

37) Comment (2) by Gen Farrell, Chief, KMAG, 13 May 51 (Troop Leadership School for Senior Korean Officers), KMAG File AG 353.
38) See ch. Ⅰ, above.

지휘하다가 1950년 9월 부상당했으며, 1951년 5월까지 한국과 일본 양국에서 업무를 담당하고 있었다.39)

극동군사령부 참모장(FEC chief of staff) 히키(Doyle O. Hickey) 중장은 1951년 5월 7일 도쿄에 있는 다이이치(第一) 건물에 있는 자신의 집무실로 챔페니 대령을 불러 리지웨이 장군의 사적인 대리인으로서 임명사실을 알려주었다. 히키는 챔페니 대령에게 바로 다음날 한국에 가서 정황을 파악하고, 미국이 한국 육군의 훈련을 개선하는데 필요한 것이 무엇인지 결정하여 그 다음날 일본으로 돌아온 다음, 즉시 미국으로 출발하라고 말했다. 챔페니는 업무를 분석하는 데 주어진 시간이 너무 촉박한 것에 놀라서 그 점을 지적했으나 히키 장군은 사령부에서는 그이상의 시간을 줄 수 없을 것이라고 간략하게 대답했다.

챔페니 대령은 다음날 대구에서 미 제8군 부사령관(deputy commander of Eighth Army) 하데스(Henry I. Hodes) 장군과 회의를 한 후 군사고문단 본부에서 파렐 장군에게 보고를 하였다. 군사고문단장은 고문단이 이용 가능한 시설과 장비에 대해서 개괄적으로 설명하고, 동래에 위치한 교육훈련 시설을 조사하도록 제안하였다. 다음날 챔페니는 하데스 장군이 사용하도록 제공한 연락기에 즉시 올라타고, 부산지역에 있는 가능한 많은 훈련시설을 방문하였다. 한국에 있는 모든 한국 육군훈련구역을 방문하는 것, 또는 부산 인근의 이런 시설을 실제로 완전히 조사하는 데에는 적어도 2주는 필요했을 것이다. 챔페니 대령은 그가 가용한 시간 내에서 할 수 있는 한 많은 업무를 완수하였고, 5월 9일 일본으로 돌아갔다. 그는 2일 후에 미국으로 떠났다.

---

39) (1) Ltr, Brig Gen Arthur S. Champeny(Ret), 17 Nov. 53. (2) See also Memo for Secy Army from Gen Hull, Dep CofS for O&R, 17 Jul. 51, sub : Development of ROK Officers and NCO Corps, KMAG File, FE&Pac Br, G-3, folder 2, tab J.

챔페니는 워싱턴에서 작전참모부의 대표인 테일러(Maxwell D. Taylor) 소장과 논의한 후에 포트 먼로(Fort Monroe)에 있는 육군지상군본부(Headquarters, Army Field Forces)로 갔다. 챔페니는 그곳에서 많은 병과학교와 훈련시설에 대한 방문계획을 세웠는데, 여기서 여러 가지 방향과 의견을 얻고, 훈련에 필요한 자료와 그리고 가장 중요한 군사고문단에 임명할 교관요원 등을 확보할 것을 기대했다. 챔페니는 그 다음 주 동안 포트 베닝(Forts Benning)과 포트 실(Forts Sill)에 있는 보병학교와 포병학교(Infantry and Artillery Schools)를 방문했다. 그리고 포트 라일리(Fort Riley)의 제10산악사단(10th Mountain Division), 포트 녹스(Fort Knox)의 제3기갑사단(the 3d Armored Division), 포트 딕스(Fort Dix)의 제9보병사단이 실행하고 있는 기본훈련을 관찰했다. 그리고 그는 포트 몬모드(Fort Monmouth)에서 미국 육군통신대의 훈련을 조사하고 자신의 여행을 마쳤다. 이후 그는 극동으로 돌아오는 길에 방공학교(Antiaircraft School), 캠프 로버츠(Camp Roberts)와 포트 오드(Fort Ord)의 훈련을 관찰하기 위해서 포트 블리스(Fort Bliss)에 들렀다.

챔페니 대령은 포트 먼로(Fort Monroe)에서 영어에 대한 지식이 없다면 한국인 장교들이 보병학교나 포병학교의 교육에 참여하는 것은 별 효과가 없다는 것을 알게 되었다. 그러므로 그는 이들 학교에서 한국 장교를 150~200명씩 집단으로 배정한 후 교관이 통역관을 통해서 강의를 전달할 것을 제안했고, 적절한 통역관은 하와이에 있는 대규모 한국인 집단거주지에서 확보할 수 있을 것이라고 제안했다. 챔페니는 한국 육군에 보병과 포병 장교가 부족하다고 생각했기 때문에, 한국 장교에 대한 이 같은 집단 교육은 앞서 말한 학교(보병과 포병 학교: 역자 주)로 국한해야 한다고 건의했다.40) 이와 연계하여, 챔페니 대령은 한국의 상황에

---

40) (1) Ltr, Gen Champeny, 17 Nov. 53. (2) Also see Ltr, Gen Champeny to CG

서 필요한 것은 기술병과가 아니라 전투병력과 지휘관이라고 확신했기 때문에 제10산악사단, 제3기갑사단, 제9사단에서 실행하는 지휘관과정 그리고 포트 오드(Frot Ord)와 캠프 로버츠(Camp Roberts)의 유사한 과정을 조사했다. 챔페니는 한국 육군을 위한 지휘관과정을 발전시킬 계획이었지만 미국에서 실행되는 지휘관과정은 교수법(methods of instruction)을 너무 강조하는 경향이 있고, 전장에서 필요한 지휘력의 측면에는 소홀하다고 생각했다. 챔페니의 입장에서 보면 이런 이유 때문에 미국식 교육과정은 한국에 적절하지 않았다.

챔페니는 워싱턴으로 돌아와 통역관을 통한 한국 장교의 집단교육계획을 테일러 장군에게 알렸고, 육군야전군(Army Field Forces)과 관련 학교의 승인을 언급했다. 챔페니의 계획을 위해서는 병과학교를 세우기 위한 예산집행에 대한 미국의 정책이 변경되어야만 했다. 그러나 테일러 장군은 챔페니 대령에게 작전참모부의 지원을 보증했고, 한국으로 돌아갔을 때 군사고문단장과 세부내용을 작성하라고 제안했다. 챔페니는 후에 통역관의 문제와 관련하여 하와이에 있는 한국 영사와 논의했지만 영사는 열의를 보이지 않았다.

챔페니 대령은 각 학교의 추천을 받은 교관으로 자질이 확인된 그리고 극동군사령부에 발령이 난 장교 명단을 확보하였다. 그들이 동양에 도착하였을 때 뛰어난 장교를 고문단에 임명하도록 군사고문단이 요청할 수 있을 것이라고 생각했던 것은 그의 생각이었다. 그는 워싱턴에서 개별기록을 더욱 자세히 검토하였지만 교관과 훈련병력 확보에서 그렇

EUSAK, 24, Jul. 51, sub : Agreements Relative to Groups of Korean Officers Going to the United States for Attendance at Service Schools, KMAG File AG 350.2 ; Ltr, Gen Champeny to CG EUSAK, 24, Jul. 51, sub : Rpt of Trip to Zone of Interior on Leadership Schools, KMAG File AG 352.

게 성공적이지는 않았다. 그렇지만 챔페니는 한 사람의 도움을 받을 수 있었는데 그 사람은 바로 오헌(William W. O'Hearn) 대령으로 그는 한국 육군교육사령부를 설립하는 데 있어 챔페니에게 매우 큰 도움이 된다는 것이 증명되었다. 챔페니는 오헌의 복무기간을 연장시키도록 해서 현역으로 소환했다. 챔페니와 마찬가지로 오헌도 미군정 초기 한국에서 복무한 배경을 가지고 있었다.

챔페니가 7월 한국으로 돌아온 후 얼마 되지 않아 육군부는 리지웨이에게 한국군을 완벽하게 효율적으로 만들기 위해서 필요한 것이 무엇인지 평가하도록 요청했다. 리지웨이 장군은 7월 22일 한국 육군에게는 무엇보다도 적절한 전문능력을 갖춘 장교와 부사관단이 필요하다고 대답했다. 이 병력들은 철저한 전투의지를 가지고 있어야 하고, 공격적 지도력이 있어야 하며 애국심, 명예심, 단결력, 의무에 대한 헌신성 그리고 전문가적 자부심과 같은 필수적 자질을 가지고 있어야만 했다. 당시의 조건을 보면 한국 육군을 효과적으로 개선하기 위해서는 적어도 3년의 시간이 필요했을 것이다. 그리고 만약 한국에서 전쟁이 종료된다면, 그 일은 2년이면 끝날 수 있을 것이었다.[41]

리지웨이의 견해에 따르면 이 목적이 달성되려면 몇몇 절차가 필수적이었다. 이것은 다음과 같은 것들이었다.

> 1. 한국 육군의 교육과 훈련을 감독하기 위한 교육사령부(a replacement training and school command)의 설립

---

41) (1) Msgs, DA 96162, DA to CINCFE, 12 Jul. 51, and DA 96459, DA to CINCFE, 16 Jul. 51, cited in Memo, Col Loius A. Walsh, Jr., Acting Chief, FE&Pac Br, G-3, for Brig Gen Ridgley Gaither, 24 Jul. 51, sub : Status of Efforts in Improving the ROK Army, KMAG File, FE&Pac Br, G-3, folder 2, tab K. (2) Msg, CX 67484, CINCFE to DEPTAR, 22 Jul. 51.

2. 미국 육군 형식의 군용지 설정, 한국 육군의 무장전투 훈련시설의 집중화
3. 한국 육군 훈련시설에 미국 육군 병력 수의 증대
4. 한국 육군의 집중적인 지도력 프로그램
5. 미 육군의 병과학교에 한국 장교의 위탁교육 확대
6. 무능력하고 부패하고 비겁한 한국 장교와 정부 관료에 대한 훈육 조치를 보장하기 위해서 한국 정부에 대한 압력
7. 모든 한국 보병사단을 위한 재건 프로그램
8. 10개 한국 육군사단을 위한 지원부대의 편성
9. 추가 장비를 수용하여 이용할 수 있는 능력을 보여주는 부대에 한해서 자동화기, 대포, 탱크의 수량 증대

유엔군 사령관은 소련이 북한군 사단 또는 중국군 사단에 장비를 제공하는 데 대응하여 미국이 한국군 사단에 장비를 보급하는 방식으로 소련에 대한 군비경쟁에 가세할 필요는 없다는 자신의 입장을 강조했다. 한국 육군의 효율성은 장래에 공산군의 침략을 저지하기 위해서 한국군이 필요하다고 판단하는 수준이 아니라, 10개 사단이라는 병력 규모에 기초해야 한다는 것이다.

1951년 여름 한국전쟁이 새로운 국면에 접어들었을 무렵, 주한미군사고문단이 직면한 임무는 동일하게 남았다. 한국 육군은 여전히 전투능력을 갖추고 지휘관들의 역량을 키우기 위해서 모든 수준의 훈련과 교육이 필요했다. 이 문제에 대한 쉬운 해결책 또는 빠른 해결책이란 없었다. 과거에는 전장의 압력 때문에 당시 필요한 훈련에 적절한 시간이 허락되지 않았다. 그러나 유엔군사령부와 적 협상대표가 휴전의 가능성에 대해서 논의하기 위해서 7월 개성에서 만났기 때문에, 전선은 소강상태에 들어갔다. 처음으로 훈련 프로그램을 제도화하고 한국 육

군의 근본적인 취약점을 손볼 수 있는 시간적 여유가 주어진 것처럼 보였다.

제9장 한국군의 기반 확립

　전쟁의 마지막 두해 동안 한국에서 10마일 넓이의 좁고 긴 땅을 두고 교전이 벌어졌다. 전선의 서쪽 끝에서는 38선을 넘나들고 있었고, 동해안 쪽에서는 38선 북쪽으로 올라가 있었다. 양측은 상대에게 군사적 압력을 가하기 위해서 그리고 개성에서 열리다가 나중에는 판문점에서 열리게 된 휴전협상 과정에 영향을 주기 위해서 때때로 제한적 목적의 공격을 가했다. 그러나 대부분의 전선은 별 움직임이 없었고, 전쟁의 특징은 방어적이었다.

　전장에서 작전의 소강상태는 주한미군사고문단의 참모진에게 큰 도움이 되었다. 마침내 군사고문단은 상대적으로 양호한 조건에서 임무를 수행하기 위한 충분한 시간과 병력과 시설을 확보할 수 있었다. 미국과 한국 양측은 잘 훈련되고 장비를 잘 갖춘 한국 육군을, 또 다른 공격으로부터 나라를 성공적으로 지켜낼 수 있는 육군을 간절히 원했다. 전선에서 전투가 소강상태로 접어들자 그 순간은 한국 육군을 개선하는 데 있어 행운인 것으로 보였다.

학교체계의 강화

　한국 군대에서 나타났던 대부분의 취약점은 부적절한 훈련에서 연유

했으며, 주한미군사고문단이 휴전협상의 첫 해에 중점을 둔 분야도 바로 이것이었다. 모든 훈련기능을 위해서 미 제8군의 직접 지휘 아래에서 작전하면서 군사고문단은 한국 육군의 학교체계와 훈련시설을 확장하고 강화하고자 했다. 협력과 지도에 관한 증대된 프로그램을 수행하기 위해서 군사고문단은 1952년 1월 578명의 장교와 1,237명의 사병으로 이루어진 총 규모 1,815명을 요청하는 새로운 분배표를 요청하여 승인받았다. 군사고문단은 또한 39명의 장교와 99명의 사병을 임시로 증강할 것을 허가받았다. 그러므로 군사고문단은 완전한 규모로 모두 1,953명을 확보할 수 있었다.[1]

시간은 더 이상 핵심적 요소가 아니었기 때문에, 학교에서의 주안점은 전투를 위해서 한국 군인과 부대를 더욱 적절하게 준비하는 것으로 변했다. 훈련에 더 많은 시간을 투여하고 지도력의 수준향상에 더욱 주의를 기울이면서 군사고문단은 전문적 능력을 갖춘 장교와 부사관단을 양성하고자 했고 모든 계급에서 사기와 자신감을 확립하고자 했다.

1951년 후반과 1952년 초반에 걸쳐 주한미군사고문단은 기존 교육시설의 개선을 이루었고, 새로운 시설을 설립하기 시작했다. 북한의 침략으로 문을 닫았던 학교는 다른 장소로 옮겨져 다시 문을 열었다. 1951년 10월 1일에 한국 육군의 학교들은 동시에 1만 명 이상의 수용능력으로 운영되고 있었다. 유사한 과정이 훈련시설 확장에서도 진행되고 있었다. 챔페니 장군이 설립한 교육사령부(RTSC) 예하에 있는 시설들은 10월

---

1) 별도로 표시되지 않는 한 이 장의 근거자료는 다음과 같다. (1) Walter G. Hermes, *Truce Tent and Fighting Front*, a forthcoming volume in the UNITED STATES ARMY IN THE KOREAN WAR series ; (2) Kenneth W. Myers, *The U.S. Military Advisory Group to the Republic of Korea*, pt. Ⅳ, KMAG's Wartime Experiences, 11 July 1951-27 July 1953, MS in OCMH files. Hereafter cited as KMAG's Wartime Experiences.

에 2만 3천 명 이상의 병력을 동시에 다룰 수 있을 정도로 발전하였다.

학교와 훈련시설을 집중하려는 노력 속에서 교육사령부는 보병학교, 포병학교, 통신학교 모두를 한국 남동쪽의 광주에 위치시켜야 한다고 계속 주장했다. 1월 초 통합된 학교(후에 한국육군훈련소로 불림)가 새로운 장소에 개설했고 곧바로 1만 5천 명을 동시에 수용할 수 있었다.

한국육군훈련소(KATC)는 본부에서 도보로 쉽게 이동할 수 있는 거리 내에 권총과 소총 사격장을 그리고 모든 구경의 야포 사격장을 갖춘 잘 계획된 시설이었다. 한국육군훈련소는 또한 소부대 전술문제를 수행하기 위한 적절한 공간과 악천후에도 모든 학생을 수용할 수 있는 충분한 강의실을 가지고 있었다.

미래의 위관급 장교들을 위한 추가훈련을 제공하기 위해서 장교후보생학교의 교육과정은 1951년 겨울동안 18주에서 24주로 연장되었고 한국 육군사관학교가 진해의 새 장소에 다시 설립되었다. 미국 육군사관학교(West Point)를 본뜬 전 4년 과정이 1952년 1월 1일 시작되었고, 최초 학급에 200명의 지원자가 교육을 시작하였다. 영관급 장교를 위한 지휘참모학교(Command and General Staff School)가 한국군 고급장교를 교육하기 위해서 1951년 12월 11일 대구에 다시 개교하여 훌륭한 참모에 관한 그리고 지휘 절차에 관한 세세한 내용을 가르쳤다.

육군부는 1951년 후반 한국 육군의 병과학교 체계를 보완하기 위하여 250명의 한국 장교를 미국 병과학교에 보내자는 군사고문단의 요청을 승인하였다. 150명의 장교가 포트 베닝에 있는 보병학교에 등록하였고, 또 다른 100명은 포트 실에 있는 포병학교에서 제공하는 과정에 참여하였다. 많은 한국 장교들은 미국 학교에서 얻은 기술적이고 전문적인 혜택과 더불어 약간의 영어도 배울 수 있었다. 미국 학교에서 훈련받을 수 있도록 선택된 사람들은 자질이 우수한 사람들이었기 때문

포트 베닝 보병학교의 한국 학생들,
보병학교장 위더스 A. 버 소장, 이형근 준장, 장창국 중령

에, 그들은 학습에서 좋은 성과를 얻었고 특히 한국으로 돌아와 교관으로서 복무할 수 있는 좋은 자격을 갖추었다. 1952년 3월 첫 번째 유학자 집단이 졸업했을 때, 250명의 두 번째 파견대가 다음 과정을 시작하기 위해서 미국으로 떠났다.

주한미군사고문단은 장교 수준 향상에 덧붙여 또한 전선의 부대에게 사기와 전투능력을 고취시키고자 했다. 1951년 7월 말 밴플리트 장군은 미4군단 부사령관 크로스(Thomas J. Cross) 준장을 야전교육사령부(Field Training Command) 사령관에 임명했다. 이후 3개월 동안 주한미군사고문단 참모들은 한국 육군을 재훈련시키기 위해서 각 군단별 1개소씩 총 4개

소의 훈련소 설립을 감독하는 데 도움을 주었다. 전황이 긴박하여 수많은 병사와 부대가 거의 훈련도 받지 않고 어쩔 수 없이 전투에 투입되었기 때문에, 전장의 소강상태는 한국군 사단들에게 부족한 군사교육을 채울 수 있는 기회가 되었다. 각 사단들이 전선에서 돌아오고 군단 예비대로 가면서, 그들은 9주 동안의 기초훈련을 위해서 야전교육사령부(FTC)로 보내졌다. 무기와 전술에 관한 보충교육이 개별적으로 시작되었고 분대, 소대, 중대 단위로 확대되었다. 그 과정의 마지막에는 대대 과제를 시연하고 훈련했다. 집중훈련 2개월 동안 한국 군인들은 전투부대에서 더욱 숙달된 성원이 되었고, 한국 사단들은 전투의 효율성에서 일반적 수준에 도달하였다. 공교롭게도 전선의 요구 때문에 몇몇 사단들은 9주 과정을 다 채울 수 없었다. 그러나 1952년 말에는 이미 편성되어 있던 10개의 한국군 사단들 모두가 최소한 5주간의 보충 교육을 받았다. 일부는 야전교육사령부 훈련소에 몇 차례 입소하여 총 11주간의 훈련을 받았다.

학교시설과 훈련시설의 급속한 확장기간 동안 주한미군사고문관들이 직면한 문제들은 전쟁 전에 직면했던 문제들과 크게 다르지 않았다. 여전히 자격을 갖춘 한국인 교관이 부족했다. 한국어 교범이 없었고 또한 수업시간과 실습시간에 사용할 보조교재와 장비를 조달하기 어려웠기 때문에 교육임무는 무척 어려운 일이었다. 더욱이 의사소통이라는 고질적인 장애는 극복되지 않았다. 군사적 개념과 기술 용어를 한국어로 번역하는 것은 여전히 까다로운 문제였고 잘못된 해석이나 잘못된 이해의 가능성이 있었다.

한국 육군 지원체계의 확립

한국 육군병력의 교육과 훈련과 더불어 주한미군사고문단은 야전에서 전투부대에게 더 많은 지원을 제공하여 그들의 효율성을 증대시키려고 노력했다. 과거에 한국 보병들은 종종 짐꾼으로서 이중의 역할을 담당했다. 한국 부대가 배치된 지역에서는 거의 틀림없이 험악한 지형과 열악한 통신체계로 인하여 재보급 문제는 아주 번거로운 일이 되었다. 음식, 탄약, 장비는 인력으로 운송해야만 했고, 종종 그 일을 보병이 담당했는데 이는 가용한 인원이 그들뿐이었기 때문이었다. 리지웨이 장군은 이러한 군수의 부담을 덜어주고 전선부대의 효율성을 개선하기 위해서 밴플리트에게 1951년 11월 한국노무단(Korean Service Corps, KSC)을 6만 명으로 증강하도록 승인해 주었다. 한국노무단은 전투병력이 각자의 주특기에 전념할 수 있도록 노무자와 짐꾼으로 구성되어 있었다. 리지웨이는 최종적으로 한국노무단을 7만 5천 명으로 증강해서 보병들이 적과 싸운다는 그들의 주요 목적에 집중할 수 있기를 희망했다.[2]

또한 주한미군사고문단은 근본적인 약점을 안고 있던 한국 육군이 배치된 전장에서 리지웨이와 밴플리트의 지원을 확보하는 통로였다. 한국군 사단에 충분한 자체 포병대가 없다는 문제는 전쟁 초기부터 지적되고 있었다. 왜냐하면 미국 1개 사단이 일반편성으로 105mm 곡사포 3개 대대 그리고 155mm 곡사포 1개 대대를 가지고 있던 반면 한국 육군은 1개 사단에 105mm 곡사포 1개 대대만 가지고 있었기 때문이다. 더욱이 미국 사단은 여기에 더해서 추가적인 화력 지원에 대응하기 위해서 1개의 전차 대대와 1개의 중박격포 중대를 가지고 있었다. 전쟁이

---

2) Msg, DA-IN 354, CINCFE to DEPTAR, 18 Nov. 51.

105mm 곡사포를 운용하는 한국군과 이를 감독하는 포병 고문관

유동적 국면에 있는 한 극동군사령부와 미 제8군 참모부는 한국군 포병 증강에 난색을 표하고 있었다. 그들은 거친 지형, 탄약 재보급의 어려움, 훈련받은 한국 포병의 부족 그리고 대포의 부족 때문에 증강이 어렵다고 생각하고 있었다.[3]

시간이 흐르고 전선의 교착상태 때문에 이러한 결점은 극복되었다. 1951년 9월 리지웨이는 4개의 155mm 곡사포 대대가 연말 이전에 가동되도록 승인하였다. 각 대대는 활동을 시작하면서 미군 군단에 배속되어 8주간의 훈련을 받았다. 1951년 11월 3개의 포병 본부중대와 6개의 105mm 곡사포 대대가 인가되었고, 2개월 후에 이들에 대한 훈련이 시

---

3) Hermes, Truce Tent and Fighting Front, ch. X.

작되었다. 전장의 소강상태가 지속되었고, 더 많은 대포가 이용 가능해졌으며, 미국 포병학교에서 훈련받고 돌아온 한국 포병장교들은 추가적 증강을 위한 부가적인 혜택이었다. 리지웨이는 마침내 한국의 10개 사단에 완편 상태의 105mm와 155mm의 곡사포 대대를 제공하기 위해서 충분한 105mm 곡사포 대대와 155mm 곡사포 대대를 편성할 수 있는 계획을 만들었다. 1952년 5월 육군부는 이 계획을 추진할 임시 권한을 극동군 사령관에게 보장해주었다.[4]

1952년 남은 기간 동안 포병 프로그램은 매우 진전되었다. 10월에 16개 105mm 곡사포 대대가 임무를 위해서 준비를 마쳤고 다른 4개 대대는 연말 이전에 한국 육군에 배치될 계획이었다. 그동안 6개의 155mm 곡사포 대대 간부단이 미국 사단의 포병과 함께 훈련 중에 있었고, 11월에 대대 사격시험을 할 준비를 하고 있었다.[5]

주한미군사고문단은 한국의 화력을 증강시키기 위해서 1951년 4월에 보병학교에서 기갑부대 훈련을 시작했다. 목적은 한국 각 사단에 1개의 전차 중대와 전차 운용을 유지할 병력을 제공하는 것이었다. 10월에 처음 2개 중대가 활동을 시작하였고 90mm 주포를 장착한 M36 대전차자주포(M36 gun motor carriages, M36은 2차 대전 시기 대전차포병에 배치된 전차 차체를 가진 자주포: 역자 주)에 대하여 훈련하였다. 1개 중대가 그달에 한국 제1군단에 배치되었지만, 전차가 부족하여 두 번째 중대는 훈련을 완성하지 못했다. 1952년 봄이 되어서야 M24 경전차가 미국에서 도착하였고, 추가적인 전차 중대가 작전을 준비할 수 있었다. 10월에 1개의 해병 전차 중대와 4개의 한국 육군 전차 중대가 만들어져 전차를 확보

---

4) Msg, DA 909826, G-3 to CINCFE, 27 May 52.
5) Hq Eighth Army, Command Reports, Sec. Ⅰ, Narrative, October and November, 1951.

했다. 그리고 다른 3개 중대는 미국에서 오는 중인 작전을 가능하게 해 줄 장비를 기다리고 있었다.6) 완벽한 포병의 공급과 약간의 탱크 지원으로 한국군 사단의 전투능력은 상당히 보강할 수 있었으며, 전투 지원을 위해 미국 사단에 의존하는 것이 실질적으로 감소할 것이라고 기대되었다.

보급과 조달 분야에서 주한미군사고문단은 합리적인 군사적 보급 절차의 실행에 대해 한국 육군부대를 교육하고 훈련해야 했다. 한국 육군에 대한 미국의 군수지원은 한국이 국내에서 생산할 수 없는 품목으로 제한되었다. 그러므로 군사고문단은 가능하면 언제든지 한국의 자급자족 노력을 고무시키고자 했다. 군사고문단은 한국 육군 조달기관을 감독했고, 한국 산업의 잠재적 생산능력에 관한 정보를 수집했으며, 한국 육군의 장비와 군수품을 개선하여 한국 스스로 이런 품목을 생산할 수 있게 되도록 제안했다.7)

또한 주한미군사고문단은 한국의 보급능력을 발전시키는 책임과 함께 미국이 제공하는 군수지원이 적절히 사용되도록 책임져야만 했다. 군사고문관들은 보급물품의 준비에서 그들의 한국 관계자와 긴밀히 작업해야만 했다. 그 다음에 준비된 자료는 군사고문단 보급담당 선임고문관에게 보내져서 검토와 승인을 받고 정리된 뒤 미 제8군에 제출되었다. 미 제8군이 특정한 보급요청을 승인하면 군사고문단 고문관들은 반드시 한국군 부대들이 그 보급품을 올바르게 사용하고 소모하도록 책임져야 했다.8)

1952년 중반이 되면 전쟁의 나머지 기간 동안 주한미군사고문단이

---

6) Myers, KMAG's Wartime Experiences, pp.211 ff.
7) Ibid., pp.252 ff.
8) Ibid.

활동하게 될 방식이 확립되었다. 학교와 훈련 프로그램 그리고 시설이 설립되었고, 대규모의 학생과 훈련병을 관리할 수 있게 되었다. 한국 사단들은 야전교육사령부 훈련소에서 보충교육을 받았는데, 이것은 한국 육군 전체를 위한 훈련기준을 만드는 데 도움을 주었다. 특기병도 육군 내에서 증가하는 그들의 기술에 대한 요구를 충족시키기 위해서 증가세에 있었다. 그리고 전투부대와 지원부대는 한국 육군의 공격과 방어 능력을 강화시키고 있었다.

초기 어려움의 결과와 질적 저하와 함께 한국 육군이 관할하는 병력과 사단수를 두 배로 만들 때에는 엄청난 기간이 소요되었다. 그러나 조직은 만들어졌고 간부단이 형성되었다. 한국 육군은 성장을 위한 토대를 가지고 있었고 그 토대를 만드는 데는 주한미군사고문단이 커다란 도움을 주었다.

주한미군사고문단에 대한 고찰

주한미군사고문단의 성과는 그들이 가지고 있던 제약을 고려해야만 적절히 평가할 수 있고 군사고문단의 초기에는 이런 제약이 매우 많았다. 군사고문단을 설립하라는 1949년 6월의 육군부 명령을 보면 주요한 제한사항이 설정되어 있었다. 즉 군사고문단은 한국 경제가 지탱할 수 있는 범위 내에서 한국의 국방력을 강화해야 한다. 그러므로 그 강조점은 공격이나 방어를 할 수 있는 군대의 형성이 아니라 질서를 유지하고 38선을 방어할 수 있는 국내 안보력에 있었다. 이러한 제약은 군사고문단이 작전해야 하는 체제를 규정했다. 미국은 한국군에게 군대보다는 경찰에 더 적절한 수준의 소화기와 장비만 제공함으로써 이런 체제를 더욱 강화했다. 전쟁 이전 시기에 미국이나 맥아더 장군은 대한민국을 미국의 방어체계에 있어 핵심적인 지역이라고 생각하지 않은 것 같다. 달러로 지급되는 군사원조는 상대적으로 적었으며, 원조를 신속히 제공하려는 노력은 거의 없었다.

주한미군사고문단 자체는 특히 한국군의 급격한 증강과 비교해 평가할 때 또한 지극히 소규모였다. 원래 5만 명의 일반적인 군대를 훈련시키는 것이 계획되었는데 전쟁 이전의 군사고문단의 규모는 한국군이 지속적으로 확대되는 동안에도 답보상태에 있었다. 그러므로 군사고문단의 고문관들은 자신들의 업무를 한 군데 집중하지 못하고 여러 부대에 분산해야 하는 경우가 빈번했다. 그리고 그들의 전반적인 노력의 미약함은 한국 육군의 훈련수준 저하에 반영되었다.

주한미군사고문단은 남한 전역에 흩어져 있는 유격대와 빨치산에 대항해 싸움을 계속하는 동시에 도시의 정치적 반대파에 직면해 있는 한국 정부와 함께 국내의 불안이라는 환경에 직면하여 긴급사태에 휘둘리는 임시변통의 훈련계획에 따라 작전을 해야만 했다. 미국은 한국의 지도자와 국민들이 군사적으로 경험이 없다는 점 그리고 효율성의 기준과 작전방법에서 미국과 달랐다는 점을 극복해야만 했다. 군사고문단은 한국군에게 현대적 군사개념에 관한 기초적인 이해를 전달하면서 언어와 의사소통의 문제에 직면했다. 미국은 한국군을 완벽하게 지원하는 것이 적절하다고 판단하지 않았고 한국 정부도 그럴 능력이 없었기 때문에, 보급과 장비 그리고 장병의 급여는 적정 수준 이하였다. 군사고문단은 정신력 말고는 모든 것이 부족한 군인들을 훈련받은 군대로 만들려고 노력해야 했다.

아마도 주한미군사고문단에게 부과된 가장 중요한 제약은 바로 시간이었을 것이다. 전문적인 자격을 갖춘 지휘관들을 육성하고 한국군의 장비와 무기를 확충할 수 있을 때까지 한국군을 훈련시킬 충분한 시간이 있었다면 군사고문단은 북한의 공격을 저지하고 물리칠 군대를 만들었을 것이다.

군사고문단은 전쟁발발 1년 전에 출범하였다. 군사고문단은 한국 육군의 조직과 배치를 개선하고 강화하였으며, 통합훈련프로그램을 확립하여 중대훈련을 통해서 대부분의 부대를 훈련시켰다. 군사고문단은 군사학교를 설립하여 한국 육군 지휘관들의 질적 수준과 능력을 향상시키기 시작하였다. 그리고 군사고문단은 한국 육군의 군수지원을 국가 경제와 연계시키려고 노력하면서 일정한 진전을 이루어내기도 하였다. 2차 대전 직후에 주한미군사고문단의 개별적 노력은 고문관들에게 닥친 어려움에도 불구하고 전반적으로는 훌륭했다. 고문관들은 확고한 기초를 만들기 위해서 손에 자료를 들고 장시간 어렵게 일하였다. 전쟁이 발발했을 때 한국 육군이 50%의 전투병력이라도 유지할 수 있었던 것은 바로 군사고문단의 성과였다.[9] 불행히도 시간은 부족했고 군사고문단의 첫 번째 시도는 실패할 수밖에 없는 운명이었다.

북한군은 더 좋은 대포를 갖추고 전차와 비행기의 지원을 받으면서 공격을 감행했고, 한국 육군의 방어를 분쇄하면서 그 진로에서 대부분의 한국군 부대를 격퇴하였다. 새로 만들어진 토대는 그 영향으로 깨지고 부서졌으며, 주한미군사고문단은 이후 몇 달에 걸쳐 후퇴와 부산 방어선에서 재정비를 하는 동안 업무를 임시변통으로 처리할 수밖에 없었다.

한국군은 압록강까지 북한군을 추격하면서 신속히 움직였고 작전을 잘 수행했다. 그러나 중국군의 공세가 가한 압박은 충분히 훈련받지 못

---

9) See KMAG, SA Rpt, 15 Jun. 50, an. Ⅴ.

한 한국군에게 또다시 너무 과중한 부담을 지워주었다. 한국군은 두 번째로 패배하여 철수하였다.

　복구작업이 다시 시작되었지만 전투의 압력이 남아있는 한 결정적 진전은 거의 이루어질 수 없었다. 38선을 따라 전선이 고정된 이후에서야 주한미군사고문단은 강고한 군대를 만들고 훈련시킬 시간, 병력, 장비를 보장받을 수 있었다.

　전쟁의 마지막 2년 동안 한국 육군은 안정적으로 발전하였고 자신의 국가방어에서 점차 중요한 역할을 맡았다. 몇몇 실수에도 불구하고 한국 육군의 전반적 성과는 고무적이었으며, 주한미군사고문단이 효율성과 능력을 증대시키기 위해서 기울였던 노력의 결과를 보여주었다. 많은 시간과 노력, 인내심과 결단력 모두가 더 훌륭한 한국군을 만드는데 기여했고, 주한미군사고문단은 이런 발전 과정에서 자신의 역할에 충분히 자부심을 가질 만하다.

참고문헌

현대사를 다루는 역사연구를 집필할 때는 대부분 공식문헌이나 비공식문헌을 주요 자료로 삼고 여기에 더해 관계자들과의 면담이나 서신을 활용한다. 하지만 주한미군사고문단의 활동을 담고 있는 기록은 매우 드물다. 그리고 한국군을 조직하고 훈련시키는 임무를 담당한 미군 장병들이 직면했던 문제에 대한 내용도 많지가 않다. 결국 미군사고문단에 대한 연구는 미군사고문단에 소속되었던 인물들의 회고에 크게 의존할 수밖에 없다. 이러한 경향은 상급 사령부 이하의 단위에서 일어났던 일들에 대한 내용을 다룰 때 두드러진다. 인간의 기억력은 정확하지 않기 때문에 이것을 보완하기 위해서 가능한 많은 관계자들을 만나기 위해 노력했다. 각주에 언급된 모든 서한과 면담중 별도로 명시하지 않은 것은 육군군사감실(OCMH, Office Chief of Military History) 문서에 속한 것이다.

주한미군을 다룬 연구로는 주한미군정(USAMGIK)을 포함하여 몇 가지가 있지만 이중에서 한국군의 발전을 상세하게 다룬 것은 별로 없다. 예를 들어 주한미군정 통계연구국(Statistical Research Division)에서 세권으로 편찬한 주한미군정사에서는 1946년 봄 국방경비대의 창설을 그저 "새롭게 창설된 경비대"에서 "모병을 추진"했다고 서술하는 수준이다. 극동군사령부에서 공식적으로 월간으로 발행한 "한반도에서의 비군사활동 요약(Summation of Non-Military Activities in Korea)"중 6호에서 22호(1946년 3월에서 1947년 7월)는 국방경비대와 해안경비대에 대해 간략하게 다루고 있지만 여기에 배속된 미국 고문관들에 대해서는 언급하고 있지 않다. "한반도에서의 비군사활동 요약"을 대체하는 자료로서, 주한미군정청에서 간행한 "남조선과도정부활동(South Korean Interim Government Activities)"중 26호에서 36호(1947년 11월에서 1948년 9~11월) 또한 국방경비대나 미고문단에 대해 전혀 언급하고 있지 않다.

주한미군이나 주한미군정청의 공식 문서들도 비슷하다. 이 문서들은 대부분 일상적인 행정업무와 남조선의 경제발전이나 2차대전 직후 조선의 복잡한 정치 상황 등 점령문제를 다루고 있다. 한국군 창설에 관한 배경정보와 관련 계획의 상당부분은 합동참모본부의 문서에 있다. 미 연안경비대 한국파견대에 관한 정보는 워싱턴에 있는 미연안경비대 문서군에서 찾을 수 있지만 매커비(McCabe) 대령이 남긴 문서가 약간 있는 정도다.

존 R. 하지 중장은 1952년 3월의 서한에서 주한미군사령관으로 재직하는 동안 "주한미군이 관여한 모든 사건에 관련된 전문, 텔레타이프 통신문 등을 담은 주한미군사령관 문서"를 가지고 있었다고 썼다. 하지 장군은 1948년 3월 미국으로 귀환할 때 이 파일을 한국에 남겨뒀는데 나중에 일본으로 이송된 것 같다고 썼다. 그는 이 문서들을 참고하지 않으면 미국의 한국 점령통치에 대한 역사서를 쓸 수 없다고 했다. 미군정청을 포함한 점령군의 다른 부서는 이 문서들에 접근할 수 없었다고 한다. 주한미군사령관 문서군은 찾을 수 없었지만 여기에 담긴 내용이 주한미군사령부의 일반 문서에 통합되어 있을 가능성이 있다.

임시군사고문단(Provisional Military Advisory Group)에 대한 기록은 명확한 역사 연구에 사용하기에는 그 양이 적고 불충분하다.

1949년 7월부터 1950년 6월까지의 주한미군사고문단 기록물은 사정이 훨씬 좋지만, 그래도 다른 자료를 통해 보충해야 할 내용이 많다. 주한미군사고문단의 역사보고서 및 반년차보고서는 매우 유용해서 이 시기 군사고문단의 활동과 이들이 직면한 문제에 관한 윤곽을 구성할 수 있다. 하지만 군사고문단에 관해 상세히 서술하기 위해서 전직 고문관들과의 면담과 서신교환이 필요했다.

공식기록

주한미군(USAFIK)

1945년부터 1949년 6월 30일까지의 부관참모부 문서는 미주리주 캔자스시의 행정지원국(GSA, General Services Administration) 산하의 연방문서관리국(Federal Records Center)에 소장되어 있다. 이 기록은 주로 한반도 점령과 관련된 일반적인 행정 업무와 문제들을 다루고 있다. 이 자료는 미군정의 배경을 파악하는데 도움이 되며 1948년에서 1949년에 걸친 주한미군의 철군에 관한 상세한 내용을 담고 있어 유용하다.

주한미군정청(USAMGIK, U.S. Army Military Government in Korea)

1945년 8월부터 1948년 12월까지의 부관참모부 문서는 워싱턴 D.C.의 행정지원청(General Services Administration) 산하 국립문서기록관리국(National Archives and Records Service)이 소장하고 있다. 이 기록은 2차대전 이후 조선 경제와 행정의 발전과 그 당시 한반도의 정치 정세를 다루고 있다. 주한미군정청에 관한 정보는 풍부하게 담겨 있지만 한국군을 조직하고 육성한 국방부(훗날의 통위부)에서 근무한 미군 장교와 사병들에 대한 내용은 얼마 되지 않는다.

임시군사고문단(PMAG, Provisional Military Advisory Group)

1948년에서 1949년까지의 부관참모부 문서는 캔자스시티(Kansas City)의 연방문서관리국(Federal Records Center)에 소장되어 있다. 이 기록물의 내용은 주로 일반적인 행정 업무들을 다루고 있으며 임시군사고문단의 조직과 규모를 살펴보는데 상당한 도움을 준다. 이 기록은 고문단 임무의 문제점에 대해서는 별로 다루고 있지 않다.

주한미군사고문단(KMAG, U.S. Military Advisory Group to the Republic of Korea)

1949년에서 1950년까지의 부관참모부 문서는 캔자스시의 연방문서관리국에 소장되어 있다. 이 문서에는 일반적인 행정업무 외에 육군부, 극동군사령부, 그리고 주한미사절단과 교환한 문서들이 포함되어 있으며 주한미군사고문단에 대한 상세한 내용을 담고 있다. 일반명령과 특별명령은 이 문서에 포함되어 있다.

육군부 작전참모부(Department of the Army, ACofS, G-3)

기획작전부 문서는 워싱턴의 국립문서기록관리국에서 관리하고 있다. 이 문서들은 한국군, 임시군사고문단, 주한미군사고문단에 대한 매우 중요한 자료이며 이 문제를 이해하는데 필요한 배경과 기획과정에 대한 내용을 담고 있다. 작전참모부 문서는 공식서한과 전문 외에 로버츠(William L. Roberts) 준장과 볼테(Charles L. Bolté) 소장 간에 오고간 서신 등의 자료도 포함되어 있다.

합동참모본부(JCS, Joint Chiefs of Staff) 문서, 1945~1950

이 문서는 모두 육군부 작전참모부 기록처(G-3 Records Section)가 소장하고 있다. 이 문서들은 합동참모본부의 연구 및 결정에 대한 내용을 담고 있으며, 한국군의 창설과 발전, 그리고 미국의 대한군사원조에 이르는 방대하고 다양한 주제를 다루고 있다. 이 책에서 인용한 합동참모본부의 문서들은 이 파일에 속한 것들이다.

보고서와 교범류

1949년 7월 1일에서 12월 31일까지의 주한미군사고문단 역사보고는 1945년에서 1949년까지 있었던 사건들을 요약한 내용을 담고 있으며 1949년 4월 1일에서 1949년 12월 31일까지 군사고문단(임시군사고문단) 소속의 개별 고문분과의 보고서를 포함하고 있다. 다른 연구들에 포함된 개요(summary)의 일부 내용은 오류가 있으므로 개요는 신경을 써서 사용해야 한다. 각 분과의 보고서는 정확하며 훨씬 유용한 내용을 담고 있다. 여기서 특별히 명시하지 않은 기록들은 워싱턴의 행정지원청 산하 국립문서기록관리국에서 찾을 수 있을 것이다.

주한미군사고문단에서 작성한 1949년 8월 1일부터 1949년 12월 31일, 그리고 1950년 1월 1일에서 1950년 6월 30일까지의 반년차보고서(Semiannual Report)는 매우 유용하며 보고서가 다루는 시기의 주한미군사고문단과 고문단의 활동에 대해 포괄적인 내용을 담고 있다. 1950년의 반년차보고서는 실제로 1월 1일에서 6월 15일까지를 다루고 있다.

육군부 정보참모부 문서군에 포함된 1949년 2월 25일에서 1950년 7월 28일까지의 정보참모부 주간정보보고서 1호에서 75호는 한국내의 빨치산 활동, 38도선상의 사건, 한국 전투경찰대대, 그리고 한국군의 빨치산 대응 방법에 관련된 내용을 담고 있다.

극동군사령부 1949년과 1950년의 연간 역사보고서는 주한미군사고문단에 관한 배경 정보, 특히 군사고문단과 극동군사령부의 관계에 대한 내용을 파악하는데 매우 유용하다.

육군부 정보참모부 문서군에 포함된 1949년과 1950년의 육군부 무관과의 보고서들은 주한미군사고문단과 한국군, 그리고 부수적인 주제에 관한 정보들을 담고 있다.

1949년 10월 17일자의 주한미군사고문단 고문관 지침서(Advisor's Handbook, U.S. Military Advisory Group to the Republic of Korea)는 군사고문단의 조직과 임무, 그리고 정식 임무 절차에 관해 매우 자세한 내용을 담고 있다. 이 지침서의 사본은 1949년 7월 1일에서 12월 31일까지의 군사고문단 반년차보고서의 부록3으로 들어 있다.

1946년 발행된 주한미군정청의 군정 조직과 기능에 대한 교범은 주한미군정청의 조직 개요와 군정청의 임무에 대해서 다루고 있다.

미간행 역사서(Manuscript Histories)

주한미군사령부가 간행한 『조선점령사(History of the Occupation of Korea)』 제1부는 미 제24군단의 조선 진주, 일본의 항복, 연합군 전쟁포로의 석방, 각 도의 점령, 일본군의 이송과 무장해제, 미군정청의 수립, 그리고 주한미군의 행정에 관한 내용을 다루고 있다. 2부는 조선의 정세와 인물(1946~47), 그리고 미소관계(1945~47)를 다루고 있다. 별도로 명시하지 않은 내용들은 모두 육군 군사감실(OCMH) 문서에 포함되어 있다.

주한미군정청 통계조사국(Statistical Research Division)이 작성한『주한미군정사(History of the United States Military Government in Korea)』1, 2, 3부는 1945년 9월부터 1946년 6월 30일까지를 다루고 있다. 1부 1권은 주한미군정의 구조를 국가, 그리고 각 도 단위에서 서술하고 있으며 군정요원의 확보와 배치, 경제적인 문제, 정당과 정치 지도자들, 대한민국정부의 수립과 소련과의 관계를 다루고 있다. 2부 1권은 군정청 각 기구의 조직, 기능, 활동을 다루고 있으며 여기에는 국방부와 국립경찰도 포함되어 있다. 2부 1권과 2권은 해방 당시 남조선 각도의 현황과 군정청의 각 기구가 문제를 해결하기 위해서 취한 조치들을 다루고 있다.

임시군사고문단의 하우스만(James H. Hausman) 대위의 책임하에 작성된 해방부터 1948년 7월 1일까지의『통위부사(History of Department of Internal Security)』는 미국 군사고문관, 조선 국방경비대, 그리고 조선 해안경비대에 대한 유용한 정보들을 담고 있다. 그러나 구성이 체계적이지 않고 활용할 때 유의해야 한다.

미연안경비대의 매커비(George E. McCabe) 대령이 작성한 1946년 9월 2일에서 1947년 2월 25일까지의『미연안경비대 조선파견대사(History of the U.S. Coast Guard Detachment in Korea)』는 이 시기 조선 해안경비대에 대한 개괄적인 내용과 미 연안경비대 고문관들의 감독하에 이루어진 발전에 대해 다루고 있다. 저자가 확인한 바에 따르면, 이것은 조선 해안경비대에 대한 유일한 역사서이다.

미극동육군사령부(USAFFE, Headquarters U.S. Army Forces, Far East)의 제500군사정보단(500th Military Intelligence Service Group)이 번역한 대한민국정부의『한국군사사』는 1945년에서 1949년 말까지 한국군의 발전에 관한 자세한 내용을 담고 있다. 이 저작은 여러 방면에서 가치가 높으나 주의해서 활용해야 한다. 이 저작의 단점은 한국군을 조직하고 훈련하는데 있어 중요한 역할을 담당한 미국 군사고문관들에 대해 거의 서술하고 있지 않다는 것이다. 그렇지만 이 저작은 다른 문헌에는 나오지 않는 구체적인 사실들을 담고 있다.

주일미육군사령부의 마이어스(Kenneth W. Myers)가 집필한 『주한미군사고문단사(U.S. Military Advisory Group to the Republic of Korea)』의 4부, 『주한미군사고문단의 전시 경험 : 1951년 7월 11일~1953년 7월 27일(KMAG's Wartime Experiences, 11 July 1951~27 July 1953)』은 한국전쟁 마지막 2년간의 주한미군사고문단 조직과 활동에 대해 상세하게 서술하고 있다.

슈나블(James F. Schnabel) 소령이 집필한 극동군사령부/UN군사령부의 『한국전쟁사, 1950년 6월 25일~1951년 4월 30일(History of the Korean War, 25 June 1950~30 April 1951)』은 한국전쟁 초기 한반도의 군사력 현황과 상태에 대한 유용한 정보들을 많이 담고 있다.

슈나블이 집필한 『정책과 지도 :전쟁 첫해, 1950년 6월~1951년 7월(Policy and Direction: The First Year, June 1950-July 1951)』은 위에서 언급한 저작을 보충한 것으로 미국 본토의 상황도 다루고 있다. 이 저작은 한국전쟁기의 미육군(UNITED STATES ARMY IN THE KOREAN WAR) 시리즈의 일부로 집필되었다.

허미즈(Walter G. Hermes)가 집필한 『휴전 협상장과 전선(Truce Tent and Fighting Front)』은 한국전쟁의 마지막 2년에 대한 자세한 내용을 담고 있으며 이 기간 동안 주한미군사고문단의 활동에 대해 여러 절에서 다루고 있다. 이 저작 또한 한국전쟁기의 미육군(UNITED STATES ARMY IN THE KOREAN WAR) 시리즈의 일부로 집필되었다.

간행된 저작물

Appleman, Roy E. South to the Naktong, North to the Yalu. UNITED STATES ARMY IN THE KOREAN WAR. Washington, 1961.

Department of State. The Conflict in Korea. Washington, 1951.

Department of State. Korea 1945 to 1948. Washington, 1948.

Department of State. Korea's Independence. Washington, 1947.

Department of State. Mutual Defense Assistance Program.

A Fact Sheet. Publication 3826. General Foreign Policy Series 25. April 1950. Washington, 1950.

Department of State. North Korea: A Case Study of a Soviet Satellite. Report 5600. Washington, 20 May 1951.

General Headquarters, Commander in Chief, Far East, U.S. Army Forces Pacific. Summation of Non-Military Activities in Korea. Vol. 6, March 1946, through vol. 22, July 1947.

Grajdanzev, Andrew J. Modern Korea. New York: The John Day Company, 1944.

KMAG Public Information Office. The United States Military Advisory Group to the Republic of Korea, 1945-1955.

Tokyo: Daito Art Printing Co., Ltd, no date.

McCune, George M. Korea Today. Cambridge: Harvard University Press, 1950.

BIBLIOGRAPHICAL NOTE

196 MILITARY ADVISORS IN KOREA

Meade, E. Grant. American Military Government in Korea.

New York: King's Crown Press, Columbia University, 1951.

National Economic Board (USAMGIK). South Korean Interim Government Activities. No. 23, August 1947, through No. 36, September-November 1948.

Nelson, M. Frederick. Korea and the Old Orders in Eastern Asia. Baton Rouge: Louisiana State University Press, 1946.

Oliver, Robert T. Korea-Forgotten Nation. Washington, Public Affairs Press, 1944.

Supreme Commander for the Allied Powers. Summation of Non-Military Activities in Japan and Korea. Nos. 1-5, September-October 1945, through February 1946.

U.S. House of Representatives, 81st Congress, 2d Session. First Semiannual Report on the Mutual Defense Assistance Program. House Document 613. 1950.

U.S. House of Representatives, 81st Congress, 2d Session, Committee on Foreign Affairs. Background Information on Korea. House Report 2495. 1950.

U.S. Senate, 82d Congress, 1st Session, Hearings Before the Committee on Armed Services and the Committee on Foreign Relations on the Military Situation in the Far East. 5 vols. Washington, 1951.

U.S. Senate, 83d Congress, 1st Session. The United States and the Korean Problem, Documents 1943-1953. Senate Document 74. Washington, 1953.

정기간행물

Skroch, Major Ernest J. "Quartermaster Advisors in Korea." *The Quartermaster Review*, September-October 1951.

기타

　1950년 봄 로버츠 준장이 후임 군사고문단장을 위해 정리한 오리엔테이션 폴더에는 군사고문단의 각 참모부와 고문조직에 대한 내용이 들어있는데 여기에는 각 기구의 조직과 기능, 그리고 상호방위원조계획, 한국군 훈련계획, 그리고 한국군 학교체계에 관한 내용이 들어있다. 또한 여기에는 한국의 생활 환경에 대한 자세한 내용도 주제별로 담겨있다. 이 문서철은 매우 유용하다. 이 문서철의 사본은 군사감실 문서군에 들어있다.

　1950년 2월 20일 비어먼(Lewis D. Vieman) 중령이 한국군 참모학교에서 "파멸로 가는 길(The Road to Ruin)"이라는 제목으로 한 강연록은 한국군의 군수 상황과 이를 개선하기 위해 제시한 대안을 담고 있다. 군사감실 문서군에 들어있다.

　필자 미상의 "여수사건에 대한 진실(The Truth About the Yosu Incident)"은 임시군사고문단 정보 고문관이었던 리드(John P. Reed) 소령이 군사감실에 대여한 것인데, 리드 소령에 따르면 이 글은 여순반란 당시 일본어 및 지역학 교육을 받기 위해 극동에서 근무 중이던 어떤 영관급 장교가 작성한 것이라고 한다. 사본이 군사감실 문서군에 있다.

　군사고문단 작전참모부에 있었던 피시그런드(Harold S. Fischgrund) 대위가 작성한 작성일 미상의 한국군 작전 요약(Summary of Operations, Korean Army)은 1948년과 1949년의 빨치산 활동과 38도선상에서 일어난 사건들을 다루고 있다. 이 자료는 그가 군사감실에 대여한 것이다.

역자후기

 "우리는 총 14문의 105mm 곡사포를 보유하고 있었으나 4.2인치 박격포나 무반동포, 전차는 전무했다. 우리는 22km의 전선을 거의 대부분 소총만 가지고 방어하려 하였다."

한국군 제1사단에 개전 후인 1950년 7월 15일 합류한 고문관 메이(Ray B. May) 소령이 자신이 속한 부대의 장비의 열악함을 빗대며 지적한 내용이었다.

흔히들 '고문관'이라는 단어는 군대를 나온 대부분의 한국인들에게는 '어리버리', '어수룩'의 대명사로 받아들이고 있다. 국립국어원이 발간한 표준국어대사전에 따르면 고문관은 '군대에서 어수룩한 사람을 놀림조로 이르는 말로, 미 군정기에 파견 나온 미군 고문관들이 한국어를 못하고 어수룩하게 행동했던 데서 유래한다'고 정의하고 있다.

하지만 이는 사실과 매우 다른 것으로 오히려 상황에 미숙하고, 대처능력이 미비했던 당시 한국군에 대한 미국인의 또 다른 표현이 아니었나 생각한다.

한 미군장교의 견해에 따른다면 1949년 6월 한국군은 '1775년의 미군 수준'이었다고 평가받았다. 물론 이는 신생 군대를 너무나 비하하는 것이기도 하지만 최근까지 우리 군대에서 보이는 지나친 '계급'문화를 되돌아보면 별로 이상한 평가도 아니다.

어쨌든 우리사회에서 저평가된 '고문관'이 있었으니, 전쟁 직전 한국 육군이 50%의 전투 병력이라도 유지할 수 있었던 것은 바로 군사고문단의 성과라고 이 책은 결론에서 지적하고 있다.

한반도에 군사고문단은 생각보다 꽤 오래된 문화로 외국과의 수교 이후 나타난 하나의 기구이다. 1876년 개항 이후 청, 일본, 독일, 러시아 등이 각각 군사고문단을 파견하여 대한제국군대를 훈련시켰다. 미국도 1882년 조미수호통상조약이 체결된 지 6년 뒤인 1888년에 3명의 장교를 최초로 군사고문단으로 파견했다.

이후 1905년 을사늑약 이후 외교권을 강탈당한 대한제국은 1910년 일본에 강제로 병합되었다. 아시아-태평양전쟁을 통해 일본제국의 패망한 이후 한반도에는 미국이 다시 점령군으로 진주하였다. 주한미군정 3년이 경과되고도 1년이 지난 1948년 대한민국이 수립된 후 1949년 6월 주한미군이 철수하였다. 그리고 이전에 존재하던 임시군사고문단(Provisional Military Advisory Group: PMAG)이 정식으로 주한미군사고문단(U.S Military Group to the Republic of Korea: KMAG)으로 출발하였다. 한국전쟁의 발발은 고문단에도 큰 변화를 가져왔다. 전쟁 초기 주한미군사고문단은 한국군의 증강 정책과 함께 규모가 확대되었다. 전쟁기 군사고문단의 주요역할은 한국군에 대한 작전지도와 군수지원이었다. 여기에 한국군 장교 및 사병에 대한 교육훈련 지원 역할도 수행하였다. 전쟁이 끝나자 주한미군사고문단도 대대적으로 개편되었다. 우선 고문단의 규모를 축소하기 시작하였다. 1971년 4월 1일 주한미군사고문단은 군사원조를 담당하기 위해 1955년 설립된 임시주한미합동군사고문단(Provisional Joint Military Advisory Group, Korea)과 합쳐져 주한미합동군사원조단(Joint United States Military Assistance Group-Korea: JUSMAG-K)으로 통합되었다.

역자후기

이 책은 저자가 서문에서 밝혔듯이 1951년부터 55년까지 미육군군사연구소에서 근무하던 소이어(Robert K. Sawyer)에 의해 초안이 작성되었다. 하지만 소이어는 이 책을 완성하지 못하고 전출되었으며, 이후 『휴전천막과 싸우는 전선(Truce Tent and Fighting Front)』의 저자 허미즈(Walter G. Hermes)에 의해 완성되었다. 원래 주한미군사고문단에 대한 역사서는 미 육군군사연구실(Office of the Chief of Military History)의 주한미군사고문단사 편찬사업의 일환으로 1952년에 시작되었다. 이 편찬사업에 따라 1958년 두 편의 초고(monograph)가 완성되었는데 하나는 바로 이번에 소개하는 『Military Advisors in Korea: KMAG in Peace and War』이고 다른 하나는 마이어(Kenneth W. Myers)의 『U. S. Military Advisory Group in the ROK: KMAG's Wartime Experience, 11 July 1951 to 27 July 1953』이다.

이 책이 처음 출간되었을 때(1962년) 다수의 자료를 통해 한국군 창설에 대한 최초의 연구라는 평가와 함께 주목을 받았고, 이후 한국군 연구자들에게는 필독서가 되었다. 그러나 지나친 내용의 개략과 군사고문단 운영에 대한 미국의 정책 집행 체계나 내부의 논쟁이 소개되어 있지 않는다는 점이 단점으로 지적되었다. 또한 다른 나라에 전개된 미국의 군사고문단과의 비교연구 역시 생략되어 있어 주한미군사고문단의 역할과 위상에 대한 이해가 전반적으로 부족하다는 비판을 받아왔다. 하지만 이렇게 중요한 연구 결과물이 있음에도 지금까지 이를 번역하지 않았던 한국 연구자들의 게으름 또한 신랄하게 비난받아야 한다.

이 책은 총 9개 장으로 구성되었다. 책의 분량에 비해 지나치게 세부적인 장절로 편성되어 있어 난잡한 측면도 없지 않으나 아시아태평양 종결 직후 미군의 한반도 진주부터 전쟁기인 1951년 중반기까지를 다루고 있다. 전체 목차는 다음과 같다.

추천사
저자서문
제1장 기원과 배경
제2장 임시군사고문단
제3장 주한미군사고문단: 기구와 변화
제4장 한국군 훈련
제5장 전쟁직전의 상황
제6장 전쟁의 발발
제7장 퇴각
제8장 임무의 지속
제9장 한국군의 기반 확립

　이제는 이미 이 책의 내용이 다수 알려져서 특별히 언급할 것이 많지는 않지만 주목할 부분이 없는 것은 아니다.
　먼저 지적할 것은 미 군사고문단이 한국전쟁 발발 이전 일반 방어계획을 준비했다는 것은 특징적인 부분이다. 이들에 따르면 38선 지역을 여섯 구역으로 구분하고 각 지구에 알파벳 기호를 붙였다. 즉 옹진반도 지역을 A지역으로, 해주만에서 청단지역까지를 B지구로, 예성강부터 임진강까지를 C지구로 구분하였고, 다시 임진강에서 동쪽으로 22마일 정도를 D지구로 하며 의정부지구로 불렀다. 서울-원산 회랑의 부평리에서 홍천강까지를 E지구로 정하고 마지막 F지구는 홍천에서 동해안까지로 구분하였다. 물론 당시 주한미군사고문단은 이 가운데 B, C, D 지구를 취약지구로 인식하고 있었고, 그 가운데 한국전쟁 발발 이후 확인되었지만 D지구인 의정부지구로 남침이 이루어질 것으로 예상했다고 한다.
　물론 이렇게 세부적인 지침을 마련해 놓고 있었지만 계획과 실행은 엄연히 다른 문제이다. 당시 북한의 남침에 대한 국군의 대비책이 치밀

하지 못했고 이를 실행하는 구체적인 행동 절차도 미비했다는 것은 아쉬운 부분이다.

또 하나 주목할 부분은 당시 주한미군사고문단의 지휘관련 사항이었다. 다른 연구서에서 이미 일부 지적되고 있었지만 전쟁직후까지 당시 주한미군사고문단은 맥아더가 지휘하는 극동군사령부와는 관계가 없었다. 주한미군사고문단은 육군관할지역 내의 해외임무단으로서 미 육군부 직할로 수립되었다. 군사적인 명령이나 행정과 관련한 대부분의 문제에 대해서 고문단은 직접 미 육군부로 이를 보고했다. 맥아더로부터의 메시지(1950. 6. 27)가 수신되었는데, 그것은 미 합동참모본부가 주한미군사고문단을 포함해 한국에서 작전하는 모든 미군의 작전통제를 자신에게 위임했다는 내용이었다. 1950년 8월 29일 맥아더의 요청에 따라 육군부가 긴급 상황에서 군사고문단을 육군부 직할에서 해제하고 나서야 군사고문단은 극동군사령부에 배속되었다. 이러한 변경은 1951년 1월 10일 제8군의 명령에 의해 공식화되었다.

이렇게 주한미군사고문단의 지휘관련 사항이 중요한 이유는 지금까지 일부에서 언급하고 있는 한국전쟁에 대한 맥아더의 유도설과 관련이 있기 때문이다. 사료적 엄밀함과 역사적 고증 없이 아직도 한국전쟁은 맥아더의 음모에 따른 결과라고 믿는 이들이 일부 존재하고 있음을 볼 때 쓴 웃음을 짓지 않을 수 없다.

책을 소개할 때 늘 그렇듯이 장점과 단점을 언급하지 않을 수 없다. 이 책 역시 많은 장점에도 불구하고 놓치지 않아야 할 단점이 있다. 바로 한국사에 대한 그들의 인식이다. 미국에서 발간하는 대부분의 한국 관련 저서에서 한국역사에 대한 몰이해를 지적하지 않을 수 없는데 이 책에서도 한국의 분파주의에 대한 강조가 나타나고 있다. 이러한 분파주의로 인해 일본인들은 지난 일제강점기에 한국의 파벌적인 성향을 이용해 서로간의 반목을 조장했다고 지적했다. 꼭 분파주의가 우리 한국인의 특징인 것처럼 묘사되고 있으나 분파주의는 어느 나라, 어느 사회나 나타나는 인간의 본성이다. 물론 이 책이 1950년대 한국사회와 역사에 대한 천박한 이해에서 기인한 것으로 자위할 수도 있지만 현재까지 한국사에 대한 해외소개가 매우 미진함을 확인한다면 앞으로 한국사를 포함하여 한국학에 대한 해외 소개가 절실함을 느낄 수 있다.

이 책은 한국군의 역사에 대해 같이 공부했던 모임에서 처음으로 기획되었다. 논의과정 속에서 중도에 포기하는 등의 우여곡절 끝에 이제 마무리하게 되어 다행스럽게 생각한다. 그리 대단한 분량이 아님에도 잦은 중단과 계속이라는 절차적 곤란함으로 인해 이제야 끝맺게 되었다. 바쁜 와중에도 윤시원(4-5장), 이동원(6-7장), 박영실(8-9장) 선생의 노고에 감사드린다. 그들 역시 해묵은 원고를 다시 꺼내 들어 번역을 다시 대조하며 꼼꼼한 교정을 보았다.

누구보다 감사드리고 싶은 것은 이미 수년 전에 교정지를 보내주었음에도 기다려 주신 윤관백 사장님을 포함한 선인 출판사 여러분들이다. 번역서를 내면서 늘 느끼는 생각은 과연 이 번역이 충실하게 이루어졌는지에 대한 여부이다. 그것에 대한 신뢰도는 전적으로 우리 번역자들의 몫으로 돌리고 싶다.

역자를 대표하여
2018. 10. 1
이 상 호

찾아보기

ㄱ

가빈(Grump Garvin) 170
가이스트(Russell C. Geist) 75, 76, 114
갤라거(James S. Gallagher) 151
경리학교 105, 110, 115, 215
경무국(警務局) 19, 20, 21, 25, 34
경제협조처(ECA) 63, 68, 126, 165, 166, 167
경찰예비대 25, 36, 41, 46
고종 15
공병학교 104, 108, 215
교수훈련프로그램
 (Master Training Program) 96
교육사령부(RTSC) 214, 216, 220, 224, 225
국가안전보장회의(NSC) 54, 59
국군조직법 58
국방사령부 21, 22, 26, 28, 34
군무국 21
군사고문단 15, 47, 52, 55, 60, 61, 62, 63, 65, 68, 71, 75, 87, 90, 95, 100, 104, 113, 114, 115, 116, 117, 118, 119, 120, 121, 122, 131, 132, 135, 139, 141, 142, 147, 150, 151, 152, 155, 156, 160, 161, 162, 163, 164, 166, 168, 169, 170, 171, 172, 179, 180, 181, 183, 184, 186, 187, 188, 189, 190, 191, 193, 195, 196, 197, 198, 199, 200, 201, 202, 204, 205, 215, 216, 217, 218, 219, 223, 224, 225, 231, 232, 233, 234
군사영어학교 23, 24, 26, 28, 106
군수물자위원회(Munitions Board) 127
군수지원사령부(ASCOM) 61, 140, 200
그랜트(Russell P. Grant) 106, 107
그루엔더(Alfred M. Gruenther) 204
극동군사령부 60, 61, 62, 65, 66, 67, 72, 156, 165, 178, 196, 204, 206, 208, 217, 219, 229
길러리(Kirby Guillory) 163

ㄴ

남산정보학교 108
남조선과도정부 43

ㄷ

다리고(Joseph R. Darrigo) 145, 146
대한민국임시정부 16
대한청년단(大韓靑年團) 210
더프(Robinson E. Duff) 204
데루스(Clarence C. DeReus) 28, 36, 38, 40, 46, 82
드럼라이트(Everett. F. Drumright) 129
딘(William F. Dean) 170, 173

ㄹ

라슨(Gerald E. Larsen) 147, 148, 149
라이너(Thomas Reiner) 165
라이트(W. H. Sterling Wright) 78, 80, 81, 150, 154, 155, 156, 157, 158, 159, 160, 161, 169, 170, 171, 174, 177
라인홀트(Reinholt)호 153, 154
러일전쟁 15
러치(Archer L. Lerch) 34, 35
로버츠(William L. Roberts) 37, 38, 48, 52, 54, 57, 58, 66, 67, 75, 76, 77, 78, 79, 80, 81, 83, 86, 90, 95, 96, 99, 104, 107, 110, 112, 117, 118, 119, 122, 124, 129, 130, 141, 150
로버츠 82
로스(Thomas B. Ross) 168, 184
로얄(Kenneth C. Royall) 128
루카스(Frank W. Lukas) 180, 181, 184
리드(John P. Reed) 57, 76
리지웨이(Mattew B. Ridgway) 211, 212, 213, 214, 216, 217, 220, 228, 229, 230

ㅁ

마샬(George C. Marshall) 210, 214
마샬(John T. Marshall) 27, 28, 34
마이어스(Robert E. Myers) 67, 76
매커비(George E. McCabe) 32
맥도널드(Eugene O. McDonald) 93, 96
맥아더(Douglas MacArthur) 13, 18, 22, 25, 29, 31, 35, 44, 54, 65, 66, 140, 152, 155, 156, 157, 158, 161, 168, 170, 171, 175, 176, 181, 182, 183, 184, 195, 196, 198, 201, 203, 204, 206, 210, 211, 212, 213, 233
맥아더 187
맥코넬 3세(Thomas MacConnell Ⅲ) 75
맥페일(Thomas D. McPhail) 149
머제트(Gilman C. Mudgett) 214, 215

메이(Ray B. May) 191
모어하우스(Albert K. Morehouse) 167
무장해제 13
무초(John J. Muccio) 51, 65, 66, 118, 119, 122, 124, 129, 140, 152, 153, 154, 156, 164, 168, 181, 182, 213, 214
미군용어사전 86
미소공동위원회 24, 25, 42
미육군 동원훈련프로그램(U.S. Army's Mobilization Training Program, MTP) 92

ㅂ

바르토식(Mattew J. Bartosik) 61
배로스(Russell D. Barros) 34, 37
백(George I. Back) 166
백선엽(白善燁) 146
밴플리트(James A. Van Fleet) 213, 214, 216, 226, 228
뱀부계획(BAMBOO Plan) 25
병기학교 47, 104, 109, 115
병참학교 105, 110, 115
보병학교 93, 99, 105, 110, 111, 112, 113, 114, 115, 116, 189, 215, 218, 225, 230
볼테(Charles L. Bolte) 212
부관학교 105, 115
부시(Kenneth B. Bush) 201, 202

북조선임시인민위원회 46
브래들리(Omar N. Bradley) 214
비먼(Lewis D. Vieman) 104, 105, 110, 111, 113, 114
빨치산 57, 92, 97, 98, 100, 101, 102, 104, 120, 124, 137, 138, 139, 163, 164, 182, 185, 233

ㅅ

삼부조정위원회 24, 25
삼육위생병원 73
상호방위원조계획(Mutual Defense Assistance Program, MDAP) 115, 118, 122, 128
상호방위원조법 124, 128
셰퍼트(John P. Seifert) 153
송호성(宋虎聲) 37, 57
수송학교 115
숙군 58, 98
쉬크(Lawrence E. Schick) 20, 21, 23, 25, 26
슈튜라이스(Carl H. Sturies) 150
신도(神道) 16
신라 14

ㅇ

아고(Reamer W. Argo) 19
아놀드(Archibald V. Arnold) 18, 21,

34
애치슨(Dean G. Acheson) 130
야전교육사령부(Field Training
    Command) 226, 227, 232
에머리치(Rollins S. Emmerich) 162,
    163, 164, 165, 166, 167, 171, 172
오헌(William W. O'Hearn) 220
워커(Walton H. Walker) 173, 181,
    182, 183, 187, 195, 196, 197, 198,
    201, 202, 206, 211
웨이크 섬(Wake Island) 203
윌로우비(Charles A. Willoughby) 166
유승렬(劉升烈) 162
유엔군사령부(UNC) 195, 209, 211, 221
유엔한국임시위원단 43, 49
육군부 21, 44, 46, 62, 65, 66, 68, 106,
    115, 116, 119, 120, 128, 141, 150,
    152, 155, 181, 183, 196, 198, 201,
    204, 206, 207, 208, 211, 212, 220,
    225, 230, 232
육군사관학교 79, 105, 106, 107, 110,
    112, 115, 116, 188, 225
육군정책회의(Army Policy Council) 207
육군종합학교 189, 215
육군피복공창 126
의무학교 105, 110, 115
이승만 16, 49, 51, 52, 53, 55, 56, 59,
    63, 84, 103, 116, 128, 129, 142,
    152, 196, 209, 210, 213, 214
이응준(李應俊) 28

이치업(李致業) 160, 161
이형근(李亨根) 28, 37, 58
인천상륙작전 187
일본경찰예비대(Japanese National
    Police Reserve) 210, 212
임병직(林炳稷) 213, 214
임선하(林善河) 37
임시군사고문단(Provisional Military
    Advisory Group, PMAG) 52, 61,
    62, 63
잉여재산법(Surplus Property Act) 123,
    124

ㅈ

장개석 130
장교위원회 21
장창국 27, 58
적산 51
전방지휘사령부(ADCOM) 157, 168,
    169, 170
전쟁부 24, 31, 49
전투정보학교 104, 108
정일권 179
제1육군훈련소 187, 188
제24군단 18, 19, 20, 35, 44, 47, 52,
    54
제5연대전투단 54, 55, 59, 61
제주 4·3사건 56
조선경비대훈련소 106

조선경비사관학교　26, 104, 106
조선국방경비대　24, 117
조선인민군　46
조선해안경비대　30, 31, 32, 33, 68
조이(Turner C. Joy)　167
조재천(曺在千)　163
주한미군사고문단(United States Military Advisory Group to the Republic of Korea, KMAG)　37, 44, 56, 63, 65, 66, 67, 68, 71, 72, 73, 74, 75, 76, 79, 80, 81, 83, 104, 122, 140, 144, 145, 149, 151, 152, 153, 154, 155, 156, 157, 158, 159, 162, 168, 175, 178, 179, 186, 187, 195, 196, 197, 198, 199, 200, 201, 202, 203, 205, 206, 208, 215, 221, 223, 224, 226, 228, 230, 231, 232, 233, 234, 235
주한미군정사령부　21
주한미사절단(American Mission in Korea, AMIK)　63, 65, 66, 67, 71, 76, 139, 140, 153, 156, 164, 165
주한미외교사절단(U.S. Diplomatic Mission in Korea)　51, 67
중앙조달부　126
지휘참모대학(Command and General Staff College)　105, 112, 113, 115

ㅊ

채병덕(蔡秉德)　151, 158, 159, 162, 179
챔페니(Arthur S. Champeny)　25, 28, 216, 217, 218, 219, 220, 224
청일전쟁　15

ㅋ

카이로 회담　17
카투사(Korean Augmentation to the U.S. Army, KATUSA)　187
케슬러(George D. Kessler)　147, 148, 149
콜린스(J. Lawton Collins)　208, 213
콜터(John B. Coulter)　52, 54, 57
쿨리지(Joseph B. Coolidge)　35
크럴러 계획(CRULLER Plan)　139, 154
크로스(Thomas J. Cross)　226
클라크(John B. Clark)　110, 111, 112, 189
키팅(Frank A. Keating)　150

ㅌ

테일러(Maxwell D. Taylor)　218, 219
톰슨(Loren B. Thomson)　21, 26, 28, 29, 34, 35
통신학교　104, 108, 115, 225

통위부 33, 34, 36, 37, 38, 39, 46, 47, 48, 49
트루먼(Harry S. Truman) 51, 53, 55, 124, 130, 161, 171, 201, 203, 204, 207, 213

ㅍ

파렐(Francis W. Farrell) 173, 184, 197, 198, 199, 200, 215, 216, 217
퍼트넘(Gerald D. Putnam) 165, 166
페이스(Frank Pace, Jr.) 207
포병학교 47, 89, 100, 104, 109, 110, 114, 115, 215, 218, 225, 230
포츠담 회담 17
폴리(Edwin H. Foley, Jr) 32
풀러(Hurley E. Fuller) 57
프라이스(Terrill E. Price) 34, 36, 48

ㅎ

하데스(Henry I. Hodes) 217
하야리아(Hialeah) 부대 164, 167
하우스만(James H. Hausman) 36, 37, 48, 57, 81
하지(John R. Hodge) 18, 22, 23, 25, 32, 34, 43, 44, 46, 47, 51, 52, 53, 55, 63
한경록(韓景錄) 163
한국노무단(Koren Service Corps, KSC) 228
한국육군훈련소(KATC) 225
한미협회 86
합동참모본부 25, 32, 33, 45, 54, 131, 155, 157, 169, 208, 210
합동행정국(Joint Administrative Service, JAS) 63, 67, 68
해리스(Charles S. Harris) 19
해밀턴(William E. Hamilton) 145
핸슨(Ralph W. Hansen) 96
헌병학교 104, 115, 215
화이트(Ralph B. White) 110
히키(Doyle O. Hickey) 217

기타

10·19여순사건 53
WVTP방송국(주한미군방송국) 140